谷食中国·煮食卷·

中华小吃糕点主食探源

王仁兴 著

生活·讀書·新知 三联书店 生活書店出版有限公司

图书在版编目（CIP）数据

谷食中国 : 中华小吃糕点主食探源. 煮食卷 / 王仁兴著. -- 北京 : 生活书店出版有限公司, 2024. 11.
ISBN 978-7-80768-493-0

Ⅰ. TS971.202

中国国家版本馆CIP数据核字第2024XA1434号

责任编辑　程丽仙
特邀编辑　廉　勇
装帧设计　崔欣晔
责任印制　孙　明
出版发行　生活書店出版有限公司
（北京市东城区美术馆东街22号）
邮　　编　100010
印　　刷　北京启航东方印刷有限公司
版　　次　2025年1月北京第1版
2025年1月北京第1次印刷
开　　本　880毫米 × 1230毫米　1/32　印张13.625
字　　数　290千字　图135幅
印　　数　0,001-3,000册
定　　价　99.00元
（印装查询：010-64004884；邮购查询：010-84010542）

作者简介

王仁兴，1946年5月生于北京。高级编辑（研究员），2014年被中国食文化研究会授予终身成就奖。曾任中国食品报社副总编辑、《中国食品》杂志主编、北京市食品研究所副研究员，北京实验大学（北京教育学院）等高校餐旅系顾问、客座教授，主讲“中国烹饪史”“饮食文化导论”“烹饪论文的选题与写作”等课程。

长期研究中国饮食文化，并在中国食堂大锅菜的标准化方面有成果应用。20世纪80年代起，陆续出版《中国古代名菜》、《中国年节食俗》、《中国饮食谈古》、《满汉全席源流》、《清光绪全羊谱校释》、《世界名菜丛书》（9种）和《食在宫廷》等著（译）作，并被日本等国学者引用。2012年的译著《食在宫廷（增补新版）》（爱新觉罗·浩著）和2018年的著作《国菜精华（商代—清代）》，均获评“中版好书”。近年来，在《美食研究》上发表《战国铜器纹图鼎烹图像研究》等论文。

现在郑重从事烹饪艺术之人类学研究的乃是法国学者，这不是偶然的。从人类学的立场来看世界上另外一个值得注意的烹饪艺术，即中国的烹饪艺术的时候，也已该到了。

我可以很有自信地说，古代的中国人是世界上最讲究饮食的民族之一。而且如谢和耐（Jacques Gernet）所说的，“毫无疑问，在这方面中国显露出来了比任何其他文明都要伟大的发明性”。

——张光直《中国青铜时代》

张光直（1931—2001），世界著名华裔人类学家、考古学家。美国哈佛大学人类学系教授兼系主任，美国国家科学院院士。

谢和耐（1921—2018），著名汉学家、历史学家、社会学家，法国科学院院士、法兰西学院教授。

世人个个学长年，

不悟长年在目前。

我得宛丘平易法，

只将食粥致神仙。

——〔宋〕陆游《食粥》

目录

五谷为养　本真为尚

——全球视域下的中华谷食文明

公元前7世纪至前6世纪，在亚欧大陆东西，出现了一种奇特的文化现象。同是以小麦面粉为主要食材的三角形包馅面食，东方的中国春秋薛国是以水煮加热的馄饨，西方的波斯阿契美尼德王朝却是油炸的萨莫撒，其还于宋元时代传入中国，一直流传到今天，而欧洲的古罗马则仍是面包与烤饼的世界。

美国著名学者蕾切尔·劳丹指出，在古代，“大多数的饮食变革是在谷物烹饪的高级饮食中产生的”。在中国，考古发现和文献记载表明，谷物烹饪在年代上清晰地显示出以下信息：距今一万年前后，陶质炊煮器的发明正式揭开了谷物烹饪的煮食篇章；距今8000年前后，陶甑的出现开启了谷物蒸制的历程；距今5000余年前，陶鏊的发明成为随后出现的煎饼和烙饼等一切烙食的源头；距今3000年前后，以青铜鼎炸制的早期馓子已在西周王畿和南方荆楚地区出现。

由上，中华谷食文明在整体上显示出以下特点：

器以藏礼　食以蕴意

龙、虎、蛇、羊、龟等上古神话或自然界中的动物，常见于考古发现的红山文化、二里头文化中的玉塑、石塑和商周青铜礼器的器形与纹饰。对这类器形或纹饰，考古学家已有“器以藏礼”的解读。

但汉唐以来，这些形象竟在一件件面制蒸食中出现了。典型的例子是至今仍流传在黄河流域的面花（或称花馍），这在世界小麦面食中也是充满浓郁乡土气息的一朵东方文化奇葩。

在令人眼花缭乱的面花中，龙馍、虎馍、蛇馍和羊馍，是北方乡间普遍流行的四种面花。盘龙馍是过去山东一些地区农家盖房时必做的吉祥馍。蛇盘兔花馍则是山西介休等地清明节时祭奠祖先的旺馍。在豫北农家，面羊是婚后新娘家送给新郎家和6月麦收后舅舅送给外甥的礼物。

如果将这些面花与史前或商周陶器青铜器相比对便会发现，其形象明显源于上古器形与纹饰传统。但不同的是，这些面花则更多地表达了民众的信仰与美好祈愿。

相较之下，见载于隋谢讽《食经》和初唐烧尾食盛宴中的宫廷点心，诸如云头对炉饼、乾坤奕饼、乾炙满天星、新治月华饭和生进二十四气馄饨、御黄（皇）王母饭、天花毕罗、甜雪等，以及民俗节日中的元宵、太阳糕、七夕巧果、月饼和重阳花糕等，从名称到样式，均与天文历法相关联。

这些隋唐宫廷美点和节日民俗美食，除了从名称上即可想见其表现“云头”“满天星”“月华”“天花”和“太阳”等天象之外，其中的“生进二十四气馄饨”，则是将馄饨做成依二十四节气盛开的迎春花、玉兰花、荷花和梅花等二十四种鲜花形，而且“馅料”“各异”。而明清中秋大月饼上的广寒宫、桂树和玉兔，其图案明显源于汉代画像石中的月宫图。

有学者指出，“天文历法衍生一切文化，天文历法是中国文明的根本基因”。并强调：“从新石器时代开始，人类知识的核心和制高点就是天文历法，它是宗教制度、政治制度、文化生活等一切人文建构的总源头。”

此外，在中国古代谷物制品中，也有不少蕴含统治者意识或族群信仰的制品。比如现在大家都熟悉的快餐店中的盖浇饭，其源头应该是周代八珍中的淳熬和淳毋。

简单来讲，淳熬就是油泼肉酱盖浇大米饭，淳毋则是油泼肉酱盖浇小米饭。从表面上看，这两种盖浇饭没有什么奇特之处，但是如果追问一下，这两种盖浇饭为何能名列周天子专享的八珍之中？

细细考量我们会发现，这两种盖浇饭从颜色上看一白一黄，白的是南方长江流域盛产的稻米，黄的是北方黄河流域原产的小米。因而这一白一黄实际上象征疆域的一南一北，显然是迎合并体现了周天子“普天之下，莫非王土”的意志。

在蕴含族群信仰的谷物制品中，中国国家博物馆展出过新疆吐鲁番唐墓出土的多种花式点心，叶片形点心是其中一例。仔细观察会发现，这枚点心的中间纵向为一条较粗的主叶脉，其两侧是行距均匀较细的支脉。

值得注意的是，这两侧的支脉不多不少各为九条。这些花式点心均为阿斯塔那墓的随葬品，而九重天信仰在亚欧大陆东西均曾盛行。屈原《离骚》中有“指九天以为正兮，夫唯灵修之故也”，李白更有“飞流直下三千尺，疑是银河落九天”的千古绝唱，说明古代中国人的九重天信仰，自先秦至唐代从未中断。

而巴泽雷克盾牌石上的九道人字纹，研究者认为系巴泽雷克人九重天宇宙观的表达。车师人是吐鲁番当地土著之一，其先人正是公元前5世纪之前阿尔泰地区文化的创造者巴泽雷克人。由此看来，这枚叶片形点心的叶脉，明显融合了亚欧大陆东西两种文化元素，深刻体现了九重天的信仰。

英国考古学家马丁·琼斯在《饭局的起源：我们为什么喜欢分享食物》中指出：“我们可以试着将面包看成一种文化的产物，一种艺术品，而不仅仅是一种食品。”他认为：“我们已经惯于将烧制的泥塑品视为文化的镜子，确实，我们就是根据这些陶器来界定整个史前‘文化’的。”

他特别强调：“正如不同的陶土混合不同的掺和料就可以制造出不同的陶器一样，不同的面粉混合不同的配料，也可以做出不同种类、不同形状的面包。”看来，马丁·琼斯将考古出土的史前陶器与面包相提并论，借以揭示面包的文化内涵，这启示了我们如何认识中国面花等点心的文化意义。

超出常识　工艺奇特

谈到中华美食的创造，张光直先生在《中国古代的饮食与饮食具》一文中认为：“我可以很有自信地说，古代的中国人是世界上最讲究饮食的民族之一。而且如谢和耐（Jacques Gernet）所说的，‘毫无疑问，在这方面中国显露出来了比任何其他文明都要伟大的发明性’。”

回首中华小吃糕点主食的创造历程，张先生和谢和耐所言的“最讲究”和“比任何其他文明都要伟大的发明性”，主要体现在古代中国人是如何将本土谷物和外来谷物，通过一般人难以想象或置信的制作工艺，创造出惊世之作，并且通过世代传承流传至今。

粟黍稻是典型的中国本土谷物，一般认为，粟黍稻不同于小麦，是做不出线条形食品的。但是，2005年有关青海喇家遗址出土了4000年前的面条的新闻，以及后续的新闻报道，却让国内外不少学者质疑了十余年。最终，民俗学古文化活化石和吕厚远等中国科学家的复制研究结果，颠覆了人们的这种认知。

应当强调的是，喇家遗址出土的面条，在4000年前没有磨面设备的条件下，很可能是先将小米粒煮熟，再装入有孔牛角或葫芦漏瓢或甑内，以挤压法直接将熟小米团压出条。直到今天，这种独特的制条工艺仍然在山西寿阳、山东济南和河南等地流传。显然，这是上古粒食时代的一项伟大的谷物制品发明。

同时，植物考古数据显示，这项伟大发明并非华夏先民一时灵感所致。河北徐水南庄头和北京门头沟东胡林遗址出土的粟黍，均在距今1万年前后。到4000年前喇家遗址的这碗面条问世时，华夏先民从对粟黍野生祖本的驯化到种植与熟食，已经积累了六七千年的熟食制作经验。因而这项伟大发明，可以讲是厚积而薄发。

在本土谷物中，稻米同小米一样，也不能用小麦面团那样的工艺做出线条形制品。为了将稻米做成“面条”，古代中国人发明了“生熟米粉法”和“蒸浆法”，然后借助相应工具将其制成线条形制品，这就是至今仍流传南方各地的米粉。其中，广东、广西和重庆等地的米粉，传统上使用的是“生熟米粉法”。即先将大米洗净，用清水浸泡大约3小时，然后倒入竹筛内沥净水，再将米用石臼舂成粉浆，过罗入盆内。此时，将沸水冲进粉浆中，边冲边搅，即成半熟的浆糊，加入生粉浆，搅匀。凉凉后，再用力搅至有韧性时，装入放在沸水锅上的漏粉器内，用力压浆糊，从漏粉器孔压出的线条形米粉便会落入沸水锅内。当米粉浮至水面时捞出，先后投入两个盆内，分别过凉后，再放入沸水中过一下，即可浇上调料。

“蒸浆法”在广西玉林蒲塘镇等地较为流行。优质白籼米浸泡磨浆后，将10%的米浆用沸水冲熟，再加入剩下的90%生米浆，搅匀后放入盘形竹器内蒸熟。出锅后将熟米粉凉凉，即可改刀切成条，浇上调料或卷上叉烧虾仁，就是好吃的米粉。

不难看出，以“生熟米粉法”制作的米粉，使用的是前面谈到的饸饹工艺；出自“蒸浆法”的米粉，显然是北方手切面工艺。从北方粟作区麦作区的饸饹和手切面，到南方稻作区的两大类米粉，明显留下了北人南迁的历史痕迹，同时也从整体上呈现了古代中国人在本土谷物制品上的发明。

以小麦面团制作的面条，是古代中国人在外来谷物制品上的一项发明。在世界面条文化版图中，意大利面、阿拉伯面和中国面成为古今亚欧大陆面条的代表。日本著名食文化学者石毛直道在考察了全球面条之后指出："我将世界上主要传统制面方法归为五类，这些方法无不起源于中国，流传到其周边地区。"

拉面或抻面，是中国面条的代表。其所用的主要食材小麦，在距今4000年前后经中亚等路径传入中国。而拉面或抻面制作工艺的最终完善，则大致从公元3世纪前后的"索饼""水引"，至9世纪前后的"薄展"，再到11世纪时的"扯面"，以抻拉法制作的中国面条，终于告别以水为饽面的"水引"面阶段，从此步入中国拉面的新时代。

拉面或抻面的工艺高度，主要表现为制作者是以双手而不是工具，将面团进行有序抻拉，从而使小麦软性面团的可塑性发挥到极致。一块1公斤的面团，经双手抻拉上下跌宕，最终能抻出210万根面条，而且每根均细如发丝，细到一个针孔竟能穿过20根。在世界小麦面食制作工艺中，这委实是令世人惊叹的神奇手艺。

春卷是驰名世界的中华小吃佳品，其制皮技艺同拉面或抻面一样，使小麦软性面团的可塑性达到了极致。传统的春卷皮所用面团，比拉面或抻面的面团还要软。一般500克小麦面粉，要逐渐加入350克水，和好后静置1小时左右。制皮时，面点师用右手轻轻抓起一块面团，站在饼铛前，右手稍向饼铛倾斜，面团便会顺势向下流落到烧热的铛面上。此时，面点师的右手要在面团落到铛面时迅即推抹，如此边落下边推抹一圈，即成一张薄薄的圆饼。待饼周边翘起时左手立即揭取，一张薄如蝉翼的春卷皮即制成。

为了使烙出的春饼薄而不破且柔软可卷什锦春菜，古代中国面点师便将本土粟稻二面成条法引入春饼面团中，在冷水面团中加入少量烫面或温水面团，揉匀静置一段时间之后，即可揪剂、擀、烙出又薄又软的春饼。

这种全凭手艺的制皮方法，在世界小麦面食制作工艺中独树一帜。用这种方法制得的春卷皮，包上鲜鸡丝、春笋丝和香菇丝，油炸后捞出趁热食用，松酥香脆的春卷皮与清香鲜美的三丝馅融在口中，此刻才能真正品尝到中华春卷特有的味道。

与春卷皮、拉面、抻面所用软面团相对应的是硬面团，这类面团的制品蒸、炸、煮、烙全覆盖。其驰名者，蒸的为山东戗面大馒头和清代宫廷戗面馒首，炸的是北京排叉和山西麻叶，煮的是北方手擀面和京冀炒疙瘩，烙的则是山东等地的大锅饼和北京的小墩饽饽。这类制品追求的口感，是滑而筋道，咀嚼感强。而其面团的最终和成，则要经过多次揉、饧才能进入成形阶段。

昔日糕点业有“油糖面，随手变”的说法，意思是众多的糕点大部分是由油糖面团以手法塑形制成，只有少数是以模具成形。其中，流传至今的冰皮类点心是宋元波斯—伊斯兰饼食文化的遗响，酥类点心是隋唐亚欧大陆东西美食文化的融合之作，而酥皮类点心则是在借鉴酥类点心面团的基础上，加入了本土擀饼等工艺的创新，其白如霜雪、薄如蝉翼的酥皮可达12层。

不难看出，古代中国面点师对外来小麦物性的认知，首先体现在面团和制时加入的冷水、热水、油脂、白糖或蜂蜜等辅料量的比例及其方法上，其次表现在如何将各种面团运用不同的手法制出千姿百态的点心。而这一切成就的取得，无不生动地印证了谢和耐所言的中华美食文明“比任何其他文明都要伟大的发明性”。

西传东来　融合创新

西传东来与融合创新，主要体现在中国本土谷物的西传、域外谷物的东来以及域外谷物制品及其炊具的融合与创新上。

首先是中国本土谷物的西传。王思明等学者综合研究后在《世界农业文明史》中指出，瑞士植物学家德堪多认为，粟在史前时期由亚欧大陆的大草原，经阿拉伯、小亚细亚传入东欧、中欧等地区。瓦维洛夫也认为，中亚直至欧洲的粟都是从东亚西传过去的。

而实际上，粟至迟在6500年前已途经中亚传入亚洲西南部，6000年前传播到了欧洲，至迟在4500年前传入朝鲜半岛，并与稻在4000年前几乎同步传入东南亚地区。总的来看，在史前至迟到中古时期，粟已经在当时世界上已知的大部分地区种植，并在大移民时代由欧洲人带入美洲。至20世纪初，粟已占美国黍类谷物的90%。

中国稻大约在公元前25世纪传至印度，几乎在同一时间传入印度尼西亚、泰国、菲律宾等东南亚地区。公元前5世纪至前3世纪传入近东，经巴尔干半岛于公元前传入匈牙利，公元前4世纪由亚历山大大帝带入埃及。

法国学者玛丽-克莱尔·弗雷德里克在《不生不熟：发酵食物的文明史》中引述相关考古报告指出，传入欧洲的粟，一般是用来做面包。在公元前5世纪罗马尼亚的一个住宅遗址中，出土了用小米做的圆形大面包，并在住宅内发现了小米的米粒。在面包发酵剂的选择上，希腊人和罗马人是以葡萄汁为原料，而植物学家普林尼给出的配方则是小米加葡萄汁。

关于中国粟黍稻传入亚欧大陆西部的影响，美国植物考古学家罗伯特·N. 斯宾格勒三世在《沙漠与餐桌：食物在丝绸之路上的起源》中指出："小小的粟米牵引着罗马帝国战车的方向，也喂饱了整个东欧。粟米养育了在丝绸之路沿线奔波的人和整个亚洲的'游牧民族'。粟米让一代代波斯农夫填饱了肚子，让东亚水稻种植区之外的先民得以果腹。"

他认为，中国水稻的西传，使稻米在各地特色饮食中扮演的角色有所改变。在9世纪和10世纪的文献中，都记载有稻米用于制作甜布丁、加牛奶熬制、发酵或烤面包等。实际上在8世纪时，稻米在整个伊斯兰世界已广为人知。《宴会钟爱的食色至味》中收录了9种以稻米为食材的美食，其中大部分属于手抓饭，而手抓饭则深刻地反映了土耳其和阿拉伯特色饮食的文化变迁。

对外来谷物及其制品的融合与创新，主要反映在小麦和玉米、红薯上。首先是小麦面粉制品，典型的实例是中国各地的烧饼。依制饼工艺的精细程度和食用方式的不同，烧饼的众多品种分为主食、小吃和茶食点心三大类。可以讲，在人们的三餐、下午茶直至年节礼盒中，几乎都能看到各式烧饼的存在。

"烧饼"一词最早见于公元6世纪贾思勰《齐民要术》中，当时的烧饼是以发面为皮内包羊肉葱花馅烤成。该书在谈到与烧饼同为胡食的髓饼时，提到了“胡饼炉”，这说明包括烧饼在内的胡食类饼品，均系“胡饼炉”炉烤而成。

研究结果显示，汉唐时期流行于中国的胡饼炉，渊源有两个。一个源于中亚西亚的“坦都炉”，即“馕坑”。在波斯语中，烤馕炉被称作“坦都尔”，在我国维吾尔语中称“吐努尔”，在阿富汗塔吉克语中称“坛多里”。此外，在库尔德语、阿拉伯语和亚述语等多种中亚西亚语中，均有“坦都”的变异词。

不言而喻，胡饼炉中的坦都炉系掘地为坑的炉，这主要缘于其地区干燥少雨。而传入中国后，中原等大部分地区均湿润多雨，为避免烤炉遭雨水淹没，因而只能以水缸为炉立在地上。于是，来自中亚西亚的烤馕炉“坦都尔”，就变成了流传至今的“缸炉”。烤出的烧饼，便是河南鹤壁、江苏南通和浙江宁波等地的“缸炉烧饼”。显然，这是坦都炉的中原化中国化。

胡饼炉的另一个来源，是古罗马的“泰斯塔”炉。在罗马古墓浮雕壁画中，这种烤炉形如钟罩，其炉内下方点火，面包就在炉内上下烘烤。泰斯塔炉于汉唐时期传入中国后，就变为北京、河北、山西和山东等地的“吊炉”。由吊炉烤出的烧饼，至今仍被人们称为“吊炉烧饼”，并成为当地的地标性传统美食。

与缸炉和吊炉不同的是，公元6世纪出现了“炉鏊”，这一名称迟至4个多世纪后才见于宋元文献记载中。从“炉鏊”的构造可以看出，其中的“炉”为坦都炉的变型，即将坦都炉内的高度减少大约2/3，炉内口径缩小一半，即成中间放燃料的炉膛、周边烤烧饼的炉道。而炉上口则放“炉鏊”中的“鏊”，即铁鏊或铁铛。

于是，烧饼师先将烧饼坯放在鏊或铛上，待两面烙至上色时，拉开鏊或铛，再将烧饼逐个立放在炉道上，推上鏊或铛，并用石块支开一道小缝。中间将烧饼向火的一面翻个儿改为背火，如此最终烧饼出炉时，饼面膨鼓香气扑鼻，传统的北京等地的芝麻烧饼就是这样制成的。显然，这是将中国本土的“鏊烙”与西来的“坦都炉”的“炉烤”完美结合的杰作。一枚小小的老北京芝麻烧饼，竟如此深蕴着亚欧大陆东西谷食文明融合的内涵。

红薯原产于中、南美洲，玉米则是墨西哥、秘鲁的传统作物，这两种谷物于明嘉靖和万历年间先后传入中国，首先出现在贵族和豪门富户的餐桌上。并在随后的大规模种植中，逐渐显露出与美洲不同的烹制特色。

16世纪时，一位西班牙修道士专门记录了墨西哥阿兹特克国王所享用的美食。在这部名为《君主的食物》的书中，记载了当时墨西哥以玉米粉为主要食材的顶级美食。其中，以白玉米粉制作的双层小圆饼、大圆饼、叶片形饼、玉米粉卷以及玉米粉蒸肉等，均为阿兹特克国王所专享。至今，玉米粉煎饼、玉米粉春饼和干酪玉米浓汤等，仍为墨西哥玉米美食的代表。

而玉米出现在中国人的餐桌上，最早是以传统的蒸法制作。《金瓶梅词话》第三十五回，西门庆所设的家宴中，有“两大盘玉米面鹅油蒸饼儿”。说明玉米传入中国初期，社会上还未有玉米为平民食物的观念。但从清乾隆朝起，随着玉米的大面积种植，玉米面窝头开始成为平民食品。

北京城里有专门卖窝头的“窝窝社”，而京郊“田间所食，则用杂粮面为之。大或至斤许，其下一窝如旧而覆之”。与乾隆年间京郊农家“至斤许”的大窝头形成鲜明对照的是，清末慈禧所享用的“小糖窝头”，其小到只有农家一个大窝头的百分之一。

玉米面蒸食除了纯以玉米面为食材的大小窝头以外，还有胡萝卜香菜咸窝头、菜团子、发糕和银裹金花卷（以小麦面团为皮、玉米面为瓤）等。煮的则有玉米面粥、棒糙粥、煮尜尜（gá · ga）等。

北京等地平民又创造出烙的韭菜虾皮烀饼，而河北农家和天津渔家则创出柴锅贴饼子、柴锅贴饼子熬小鱼等。与北方农家不同的是，四川峨眉人将玉米面和黄豆面掺到一起，再加上肥猪肉粒、精盐、葱花、花椒面，用温水和匀，创出了先烙后烤的肉玉米粑。

不难看出，经过这样一番创制，中国的玉米面食品，已远远超出美洲玉米饼的品种范围，形成蒸、煮、烙、烤四大系列的玉米美食。

相较之下，红薯制品要比玉米的少很多。除了蒸红薯和烤红薯之外，湖南的红薯饼、湖北的桂花红薯、福建的炸薯丸和山东的蜜汁红薯等，均反映了红薯传入中国后，人们在对红薯物性深刻感知的基础上所进行的一系列创造。

五谷为养　食疗为先

五谷为养，出自《黄帝内经 · 素问》之《藏气法时论篇第二十二》。其原文为："毒药攻邪，五谷为养，五果为助，五畜为益，五菜为充，气味合而服之，以补精益气。"唐孙思邈对此段最后诠释道："是以圣人先用食禁以存性，后制药以防命，气味温补以存精形。此之谓气味合而服之，以补精益气也。"

显然，这是在食、药同源的古代中国，当身体健康出现问题时，先用药还是先用食治疗思想的最早论述。由此而延伸开来，后世又多以此段论述作为东方膳食模式的最早记载。如果从历史的角度来看，这应是华夏先民自新石器时代以来在谷物与果蔬畜肉同人类生命活动的关系上长期感悟的结晶。

其中，"五谷为养"的"五谷"，自先秦至汉唐有多种说法。《黄帝内经》所载的五谷为粳米、小豆、麦、大豆、黄黍，显然这是医家所言的五谷。但同为医家，《周礼·天官·疾医》所记的五谷，郑玄则认为是指麻、黍、稷、麦、豆。《蕤呬耶经》中的五谷为胡麻、小豆、小麦、大麦和稻，这应是汉唐佛家眼中的五谷。

五谷之外，尚有六谷、九谷之说。《周礼·天官·膳夫》载："凡王之馈食六谷。"郑司农的解释是指稌、黍、稷、粱、麦、苽，这应是周天子所享用的谷物。《周礼·天官·大宰》还记有"九谷"："一曰三农，生九谷。"郑玄认为是指黍、稷、稻、粱、苽、麻、大豆、小豆、小麦，这应是周代农人所种植谷物的统称。不难看出，五谷、六谷、九谷均为谷物的泛指，只不过言者的身份不同，所指的谷物数量及其品种也稍异。谷物既然不止五种，为何自先秦以至汉唐以来均言"五谷"呢？一般认为"五谷"之说最早出自阴阳五行学说。但还有一说，《齐民要术》所引《汉书·食货志》载："种谷必杂五种，以备灾害。"看来这应是农家的种植经验。

那么五谷的概念起源于何时呢？学者钟华认为，根据目前考古发现的植物遗存，至迟在二里头文化时期，五谷在中原地区已经全部被发现。到仰韶时代中期（约公元前4000—前3300年），粟已取代产量较低的黍，成为北方最重要的谷物。至龙山文化时期，中原地区多数遗址普遍出现大豆。

正如以上所引，"五谷"一词最早见于《黄帝内经》，一般认为此书内容多成于春秋战国时代，而其根基则为西周初叶的《易经》。这说明从二里头文化时期五谷品种的齐集，至西周初叶《黄帝内经》根基的出现，再至春秋战国时代五谷概念在《黄帝内经》中的正式推出，历经了千年左右。

同时，谢文伟先生对《黄帝内经》的根基《易经》的科学内涵的揭示，有助于我们进一步认识"五谷为养"的意义。谢文伟指出："遗传学中的64个遗传因子，居然与《易经》中的64卦都能对应。当我们把20个基本氨基酸的遗传密码排入64卦图后，就更为其中的奥妙而拍案叫绝。"

先秦医家为何要将"五谷"排在所有食物的前面，即排在"为养"的位置上？美国生物学家凯伦·哈代及其团队2015年在《生物学评论季刊》发表的论文《碳水化合物在人类进化中的重要性》，似乎为这一问题给出了科学答案。

这篇论文指出："在过去的一百万年里，碳水化合物的食用对人类大脑的加速进化至关重要。”另一位美国学者斯科特·卡特勒·舍修对此评论道：“长期以来，我们一直认为，人类大脑思维的进化始于第一次使用工具来猎杀动物和切肉。然而这项新的研究却表明，只有到了将碳水化合物加入饮食当中之后，我们在认知意义和社会意义上才称得上是完整的人。”这篇论文及其评论，让我们在新的层面上对“五谷为养”有了更为深刻的认识。

既然谷物在人类膳食构成中如此重要，那么“五谷为养”便意味着华夏先民已经将其作为“主食”。张光直先生在引述《论语》《礼记》和《孟子》的相关记载后指出，古代中国“一顿餐饭的最低限度，要包括一些谷类食物（以粟为主）和一些水”。并强调：“在饭、菜之间，饭较菜更高级、更基本。”

而作为清代著名美食家的袁枚甚至认为：“饭者，百味之本。”“饭之味在百味之上，知味者遇好饭，不必用菜。”

在五谷为养中，无论是古代还是现代，谷物制品除了果腹以外，其中诸如粥等制品，还具有养生与食疗的功效。法国学者玛丽-克莱尔·弗雷德里克认为，粥为“食物之母”，无论是由谷物还是植物块茎煮成的粥，都是新石器时代的典型食物。公元1世纪，罗马军医佩达努思·迪奥斯科里德斯在其所编的《药物志》中，已特别关注到从东方传入欧洲的粟和黍的营养价值。

而在古代中国，长沙马王堆汉墓出土的先秦古医书《五十二病方》和《养生方》，记载了迄今所知最早的四种食疗粥方。其中，更为难得的是，青粱米粥、阿胶粥、烧石大米粥和壮阳药粥，在谷物与水的投料量及其比例上，至迟2300余年前已实现量化。

作为本书前言的结束语，最后需要说明的是，关于中华谷食文明的生成机制、传承机制以及影响因素等，本书已在煮食卷、蒸食卷、烙食卷和炸食卷中，结合对每种谷物制品的溯源进行了探讨。

随着工业化浪潮的冲击，中华小吃糕点主食数千年来形成的工艺传统正在逐渐消失。尽管国家推出了一系列保护“非遗”的举措，但出自传统工艺的精品已成为日常市场上难以寻觅的稀世食珍。取而代之的则是名称与样式依旧、口感与味道却与昔日的相差甚远。

有鉴于此，本书在追溯中华小吃糕点主食源流、理出其历史发展脉络的过程中，对湮没已久或鲜为人知的传统工艺精华进行了深度挖掘和整理，以将这份宝贵的文化遗产留存后世。《仪礼》和《礼记》均有每食前必先敬食物发明者的记载，但这一传统在后世多演变为食品行业祭祖习俗。

比如清康熙至光绪年间的《糖饼行万古流芳碑》碑文显示，明清时北京糕点行业在广渠门内马神庙设雷祖圣会，每年九月十九日拈香敬祀糕点之神雷祖大帝，以“仰神灵之庇荫”。所需香火、供具和庙堂维修等费用，均由京城南案（南方在京糕点铺）和京案共80余家“糖饼铺”捐助。

现在，让我们通过本书，向至少一万年前以来中华小吃糕点主食的历代发明者致敬，并铭记他们为我们民族创造的口福、在世界谷食文明中光耀东方文明的伟大历史贡献。

第一章　古面新证

——4000年前面条的生成

2005年，青海省民和县喇家遗址考古发现4000年前的面条被媒体报道后，一时轰动世界。其中，国外有学者表示质疑，甚至怀疑这碗面条的年代及其是否真实存在。

归纳起来，质疑的理由主要是小米不同于小麦，根本做不出面条，而这碗面条的主料正是小米。况且4000年前的黄河上游青海民和喇家遗址一带，也不具备产生面条的物质条件。这种质疑竟持续了十余年。

民俗学资料和吕厚远等中国科学家的复制研究表明，小米不仅能够做成面条，而且与以小麦面粉做的面条相比，小米面条甚至无须将小米磨成粉即可做出来。这种独特的制作工艺直到现在仍流传在山西和山东等地，可以说是以小米制面条的古文化活化石，只不过在当地民间人们习惯将其称作“饸饹”而已。

世界谷物起源的最新研究成果显示，粟黍起源于中国华北地区并四散传播，对河北省徐水南庄头遗址和北京门头沟东胡林遗址的粟黍遗存的科学检定说明，约11000年前人们已开始对粟黍野生祖本进行驯化。

河北磁山文化遗址出土的黍和粟遗存，分别为距今10000—8700

年和8700—7500年[①]。青海民和喇家遗址齐家文化层距今4300—3900年，出土的粟黍数量比例分别为60%和16%[②]。

这组数据说明，当这碗面条面世时，中国先民从对粟黍野生祖本的驯化到种植、熟食及其炊具的发明，已有六七千年的文化积淀。

而流传至今以小米制饸饹的独特制作工艺，虽然目前在古代文献中尚未发现与上述年代相当的记载，但这碗面条的出土已经证实，这种制作工艺渊源久远。对这种制作工艺所涉及的考古学、文献学和民俗学资料的综合梳理表明，以小米为主料制作饸饹，除了米团或粉团工艺节点之外，其出条器在史前和历史时期大致经历了骨器、葫芦器、木器、陶器和木、铁组合器五个历史阶段。

现在让我们从古代文献相关记载开始，逐一追溯这碗面条的生成历程。

元代北方的荞麦面河漏

我们在前面所谈的饸饹，在明清时写作“合络”“和络”等[③]，从语音来推断，其名称应该是从“河漏”同音异写而来。“河漏”一词

① 何红中：《全球视野下的粟黍起源及传播探索》，《中国农史》2014年第2期，第16—25页。

② 袁靖主编：《中国新石器时代至青铜时代生业研究》第三章《黄河上游及新疆地区新石器时代至青铜时代的生业》，复旦大学出版社2019年版，第55页。

③〔明〕蒋一葵：《长安客话》卷二“皇都杂记”，北京古籍出版社1980年版，第38页。

北京怀柔区怀北镇龙各庄村领导在2019年重阳节“首届龙街长寿宴”上，为老人压长寿饸饹面（张从艳摄）

目前首见于《王祯农书》，该书“百谷谱集之二・荞麦”称，荞麦磨而为面，“或作汤饼，谓之‘河漏’，滑细如粉，亚于麦面，风俗所尚，供为常食”[1]。

根据现场观察饸饹的出条场景和相关民俗资料的解释，“河”是指锅里煮饸饹的水，“漏”是指饸饹床的出条孔及其出条功能，这一名称非常形象地反映出饸饹制作上的出条特点。

据已故著名农史学家王毓瑚先生研究，王祯是元代曾在江南为官的山东人，十分熟悉北方农村的习俗，《农书》成书于元代皇庆癸

① 王毓瑚校：《王祯农书》“百谷谱集之二・荞麦”，农业出版社1981年版，第90页。

山西荞麦面饸饹（于善兴制作，刘宝树摄）

丑年也就是公元1313年，如此看来“饸饹”的称谓至少已有700余年了[①]。

需要说明的是，如今在山西大同、平定和介休等地，还有一种不用饸饹床而用擦子将杂面团压出条的饸饹，当地则叫“抿面”“抿曲”“擦疙斗”或“擦蝌蚪”等[②]。

擦子本是将土豆、萝卜之类擦出丝的一种擦丝器，在朝鲜时代汉语教科书《朴通事谚解》中，它被称作“擦床儿”。

该书对擦床儿的解释是，将长及尺余的小木板中部凿空，再安

---

① 王毓瑚校：《王祯农书》“百谷谱集之二·荞麦”，校者说明，第2页。

② 张洪光、郭起云主编：《传统面食》，山西科学技术出版社1998年版，第39、40、51页。

上穿有二三十个小孔的薄铁片，就可以将萝卜等擦出丝了[①]，这说明擦子这种擦丝器至迟在元明时期就已在中国北方流行了。

至于其当时是否还用于擦饸饹，至今山西上述地区仍有不少家庭主妇，既用其擦土豆，接着用土豆浆和面，再用其压蝌蚪（饸饹），看来当时也很可能用其擦饸饹。

1500年前的牛角饸饹

如果从元代再往上推，还有关于饸饹的记载吗？

答案是肯定的，不仅有，而且文献中还有关于饸饹详细制法的记载，只是当时写食谱的人还没有把这种面食称作饸饹。《齐民要术》卷九中的“粉饼法”，是目前所知有关中国饸饹制法的最早记载。

这种饸饹是将上等高粱面或小米面用热肉汤和成先硬后软的面团，饧一段时间以后，再将面团倒进绸子里，而绸子中央的开口正与一牛角截口相对并被固定缝严。操作时，用手往下按绸子里的稀面团，面团就会从牛角事先钻好的四五个或六七个小孔挤出条进入开水锅中，稍煮即可捞出。

捞出的饸饹色白如玉，或细如麻线，或形如韭叶，浇上浓汁肉汤或酸奶酪、芝麻葱头汤之类的浇头，据说其味道一点儿不比小

① 日本京城帝国大学法文学部：《奎章阁丛书》第八《朴通事谚解》，朝鲜印刷株式会社1943年版，第160页。

麦面条差。这种以牛角为出条器的饸饹，当时叫“粉饼”或“搦饼”[①]。

不难看出，这两个名称，一个强调的是用料，“粉”是指小米面或高粱面的精粉；另一个强调的是出条方法，“搦”音诺（nuò），在这里是指用手往下按，而不是像当时做小麦面条那样用揉搓法将面剂拉成条。

《齐民要术》是北魏益都（今山东寿光）人贾思勰于公元6世纪30年代左右撰就。贾氏虽曾任北魏高阳太守，但书中所记食品却不仅仅限于北魏，其中不少食品在魏晋南朝甚至先秦至汉代文献中都有所记载。

再看这条关于饸饹的制法，和制高粱面、小米面面团所用的“臛”，在先秦战国时期的《楚辞·大招》中即可见其名；浇头中的芝麻葱头汤，来自《齐民要术》之前的《食经》，酸奶酪则是北魏鲜卑食俗的印记。

在当时的历史背景下，能够用浓浓的肉汤来和制饸饹面团并且作为一种浇头，这只有王室贵族才能办到和享用。由此可知这种饸饹流行的年代、地域和阶层，其至少在公元6世纪之前就已经是黄河流域的一种贵族美食。

① 〔北魏〕贾思勰著，缪启愉校释，缪桂龙参校：《齐民要术校释》卷第九饼法第八十二“粉饼法”，农业出版社1982年版，第511页。

2500年前苏贝希遗址的面条

苏贝希是新疆维吾尔自治区鄯善县吐峪沟的一个行政村。在维吾尔语中，苏贝希是“水流的上游”的意思。这里是由博格达山的地下水通过坎儿井溢出地面形成的绿洲，苏贝希遗址和墓葬群就在村南沟西沿岸火焰山前的台地上。

1992年，考古工作者在这里的1号墓地10号墓墓主人头部左侧，发现了一陶钵面条[①]。经科学测定，这钵面条距今已有2500—2300年。

从新疆维吾尔自治区博物馆展出的实物及其图片来看，这件陶钵内的面条呈黄褐色，长短粗细不一。笔者大略数了数，有30根左右。

这钵面条为何是黄褐色？它是用什么食材做成的？

最初的考古报告认为，是用粟米面也就是小米面制作而成[②]。后来，植物考古学家的研究、特别是龚一闻在其硕士论文中提出，经科学检验，这钵面条系以黍米面煮制而成[③]。

一般来说，黍米比小米黏性大，煮或蒸后比小米黏软。2500年前，苏贝希人是用什么方法将黍米做成如此形状的面条呢？相关学者的研究，均未给出明确的指向。

① 新疆文物考古研究所、吐鲁番地区博物馆：《新疆鄯善县苏贝希遗址及墓地》，《考古》2002年第6期，第42—57页。

② 伊斯拉斐尔·玉苏甫、安尼瓦尔·哈斯木编著：《西域饮食文化史》，新疆人民出版社2012年版，第160页。

③ 龚一闻：《新疆苏贝希遗址出土面食的制作工艺分析》第六章结论，中国科学院研究生院硕士学位论文，2011年，第41页。

苏贝希墓地出土的食品，左上第一图的陶钵内为面条（王金魁摄自新疆维吾尔自治区博物馆）

苏贝希墓地出土了大量随葬器物，主要为陶器、木器、铁器和皮革制品等。其中，与这钵面条明显相关的，是用于煮面条的陶釜、烧釜的钻木取火器和盛放面条的陶钵、木俎，以及食用时舀取面条的木勺。

在当时的条件下，苏贝希人将黍米捣碎做成面条，可能有三种选项：第一种是用牛角，如同我们在前面谈到的《齐民要术》"粉饼法"；第二种是兽骨，内蒙古自治区达斡尔人曾将牛肩胛骨钻孔，将荞麦面团放在上面用手压出饸饹[①]；第三种则是用皮囊之类的皮革制品为出条器。

如果从出品的形状来看，用前两种方法做出的面条均为粗细相对一致的细条，而用皮囊之类的革制品挤出的条，模拟试验显示，粗细长短参差不齐，与这钵面条的形状极为相近。由此可以初步推断，这钵面条当年可能是将较稠的黍米糊装入皮囊内，再直接挤入陶釜沸水中煮成。

需要说明的是，用这类食材和这种工艺制作的面条，在古代文献和民俗学资料中，一般被称为"饸饹"。

4000年前喇家遗址的面条

2005年10月13日，新华社驻伦敦记者曹丽君报道了中国科学家在当天出版的《自然》杂志上的报告，报告称，他们在黄河上游青海民和县喇家村的一处河漫滩沉积物地下3米处，发现了一个倒扣的碗，碗中有黄色的面条状物质。研究人员通过科学分析，断定这碗"面条"已经有约4000年历史，是用当时中国西北种植的两种稷做成的。

他们认为，当时的"面条"是直接将面团扯成条状的。这碗

① 鲁克才主编：《中华民族饮食风俗大观》内蒙古卷《达斡尔族食风》，世界知识出版社1992年版，第52页。

“面条”的出现，比人们以前推测的“面条”产生时间早1000年，也比欧洲历史上“面条”的记载早了许多年。

《北京晚报》记者杨孝文转发了《国家地理》相同内容的报道，并配发了这碗“面条”的图片。这则新闻立刻轰动世界，多国媒体纷纷报道。

随后，叶茂林、吕厚远、杨晓燕等学者和科学家相继在《中国文物报》《南方文物》和《科学通报》等报刊上发文，进一步披露了这碗“面条”的发现经过和科学研究的最新进展，同时也有学者质疑小米能否做出“面条”等。

根据发现者和研究者的描述，“面条”当年盛在一个蓝纹红陶碗内，倒扣在地上，拿起碗后，发现扣在地上的“面条”呈浅黄色，卷曲缠绕，粗细均匀，断面略呈圆形，直径约0.3—0.4厘米，以端头为起点，估计“面条”长度约有50厘米，并且少见断头①。

经科学检验，面条是用小米和黍子做成，其中以小米为大量②。研究者最新的估计是，这碗“面条”可能是用某种简单的工具压制而成，有可能是作为祭祀用的食物，并确认这是目前所知最早的“面条”实物遗存。

从考古工作者当年在现场抓拍的这两幅照片来看，这碗“面条”大致呈黄色、半透明、光滑而显胶状。烹饪经验和食品见识阅历告

① 叶茂林：《破解千年面条之谜》，《百科知识》2006年第4期，第46页。

② 吕厚远等：《青海喇家遗址出土4000年前面条的成分分析与复制》，《科学通报》2015年第60卷第8期，第744—756页。

喇家遗址出土的面条（引自吕厚远等《青海喇家遗址出土4000年前面条的成分分析与复制》,《科学通报》2015年第8期，第745页）

诉我们，这可能是一碗以小米面的烫面团做的饸饹。

其二，这碗“面条”虽然倒扣在地下3米处已经4000年，但当翻开碗时却与碗毫不粘连，从图片上可以看出整体呈现碗的轮廓，且“面条”条与条之间也显得松散没有粘在一起成坨。这可以有以下三种解释：

山西太原店头古村的清代木质饸饹床子。该村为中国历史文化古村，已有1700余年的历史（郑宏波摄自店头古村）

1. 这可能是一碗煮后捞出立即过水因而不会粘连的“冷淘”饸饹。

2. 这可能是一碗将小米而不是小米面煮成烂糊后，加盐反复搅至冷却时，再放入出条器内压出来的“冷面”饸饹。

或者是将泡过的小米用杵臼舂成泥，一半煮熟，与另一半合在一起揉成团，用饸饹出条器压出来，稍煮过水。今山西晋中寿阳一带和山东济南等地夏季仍有这种纯以小米制作的“凉饸饹”[①]。

① 张洪光、郭起云主编：《传统小吃》，山西科学技术出版社1998年版，第192页；山东省饮食服务公司编：《中国小吃（山东风味）》，中国财政经济出版社1982年版，第60页。

3. 这碗“面条”当年制作时，可能用了含有动物油的白肉汤或榆皮面、沙蒿、青石水之类的天然胶凝剂，从而使“面条”筋道不粘连。

史前饸饹出条器考

这碗“面条”当年是用什么器具压出来的？综合与饸饹相关的文献记载、考古和民俗资料，如果从出条器具材料的获取及其制器的难易程度来排序的话，中国饸饹的出条大致经历了手、葫芦、牛角、木雕、陶质饸饹器、木质饸饹床子和铁质饸饹床子7个历史阶段。

将一小块小米稀面团握在手中，然后在煮锅上方稍用力握面团，稀面团就会从指缝间流入开水锅中，稍煮捞出，即成为饸饹条，这就是山西平遥、介休一带流行的“握流流”饸饹。但这种饸饹的条长短粗细不一，显然比不上喇家“面条”的技术水平，其历史应该比这碗出土的“面条”还要久远。

在山西中部、东南部和陕西渭河两岸乡间，至今还流行着用葫芦为出条器做饸饹的习俗。这在清代李光庭《乡言解颐》中也有记载：“山右人将瓢底钻一小孔，和麦、菽屑漏于釜汤中，谓之‘瓢儿漏’。”[1] 当地农家有时只用小麦稀面团做瓢儿漏，因此人们也把这种

① 〔清〕李光庭：《乡言解颐》卷四“物部上·水瓢”，中华书局1982年版，第74页。

陕西安康汉阴一带，也有将葫芦一剖两半，在半个葫芦上钻出42个不等的小孔，用以做粉鱼。这是汉阴山区杨氏一家时常还在用的漏瓢

饸饹叫“漏面”。

葫芦是中国一种古老的植物，种植、取用十分方便，在遥远的史前时期，用石锥或骨针在葫芦上钻（扎）个小孔，还是比较容易做到的。因此，它应该是用手做饸饹之后的第一种出条器。

我们在前面已经谈过，《齐民要术》有用牛角为出条器做饸饹的记载，达斡尔人用钻孔牛肩胛骨为饸饹出条器的习俗，相比之下，在牛角或牛肩胛骨上钻孔显然要比在葫芦上费劲得多，因而牛角或牛肩胛骨应该是在葫芦之后出现的饸饹出条器。

比在葫芦和牛角上钻孔要费工费时的是木质出条器，早期的这类出条器制作起来比较简单，只是将一根木头用石刀刮成上圆下尖的牛角状，再用石刀旋空内部，削去尖端，即有一小孔。

这种木器，笔者在喇家等史前遗址的发掘简报中还未见报道，但在《文物》1983年第4期《内蒙古赤峰市元宝山元代壁画墓发掘简报》中却见到一件。这件木尖底器平口短颈，长腹中空，尖底处为一圆孔，长14.5厘米，腹径8.6厘米，发掘简报称此器用途不明。笔者认为，这可能是当时一种饸饹出条器。

笔者的一位晨练朋友也是“40后”，出生在北京市丰台区卢沟桥乡南营张庄。20世纪50年代，他家有一个比玻璃水杯稍矮一点儿的木质小饸饹床子，底面是铁的漏孔。填入面粉、绿豆面和成的面团后，用木摅子将面条直接压入灶台的煮面锅里，压出的条比饸饹床子还细，当地称这种饸饹为“捏格儿”。

问他祖上是从哪里来，他说据老辈传说是从山西到的北京。

具有饸饹出条功能的陶器，在喇家遗址出土的陶器中，有1件陶甑比较特殊，引起了笔者的注意。这件炊器为夹砂双耳红陶甑，与众不同的是，其底部密集排列的箅孔竟有19个，比一般常见的陶甑多①。

甑本为蒸食器，底部的孔通常为通透甑下面的沸水蒸汽上升之用，那么这件陶甑为什么有这么多的孔呢？

① 中国社会科学院考古研究所甘青工作队、青海省文物考古研究所：《青海民和县喇家遗址2000年发掘简报》，《考古》2002年第12期，第24页。

联系陕西渭水一带20世纪70年代还可见到的陶制饸饹出条器（器底有孔50个不等）和山西一些地方乡间也用蒸屉压饸饹，这件陶甑的孔有可能也是作为饸饹出条的漏孔。

一器多用在现代不鲜见，在4000年前陶器制作十分不易、器物功能尚不专一的时代更是可能的。

应该说明的是，葫芦漏瓢和陶盆漏在北方一些农家除了用于饸饹出条以外，往往在夏季还用于凉粉、粉鱼等淀粉类清凉小吃的成形或出条。

以上我们谈的这5种饸饹出条器，应该都是史前时期就可能有的。但这种排序不是绝对的，只是为了表述的方便，也可能这5种出条器，在某一地域的史前时期同时或先后存在。

其中，与这碗面条关系最为密切的，应该是那件罕见的多孔陶甑。上述民俗学资料和吕厚远等科学家的模拟复制研究均表明，小米经浸、捣、饧、捣、煮或蒸、捣后，可以冷却或趁热用饸饹机压出条。因此，4000年前的这碗“面条”，很可能就是在类似这样的工艺流程中，最终由这件多孔陶甑压出的。

从炊器使用寿命的角度来看，如果同后世木质铁底饸饹床相比，这类多孔陶甑的抗压性能显然不强，甑底密集的漏孔无形中又减弱了甑底的抗压性。因此，用多孔陶甑连蒸带压做饸饹，在历史上存在的时间应该不会很长，但它却催生出诸如木质铁底饸饹床之类的出条器。

有意思的是，科技考古学家测定的这碗“面条”遗存时间，正是小麦开始经中亚传入中国的年代。大约经过2000年以后，这碗“面条”的出条方法被汉代人用在了小麦面团上，成为中国早期面条品种中在工艺上直接源于饸饹的索饼。

据日本著名学者田中静一《中国料理传来史》，索饼在日本多部古籍如《正仓院文书》和《倭名类聚抄》中均有明确记载[①]，说明在公元8世纪时中国饸饹的制法已传入日本。

值得关注的是，在欧洲，也有类似中国饸饹的制作方法。比如匈牙利的格鲁斯卡，是将用面粉、鸡蛋加水和好的面团，放在专用漏勺内，用手推压面团，使面条直接落入沸水锅中[②]。曾有一种说法认为，匈牙利人中有西迁匈奴的后裔，饸饹是否也随匈奴人传至欧洲，尚需研究。

粒食时代的伟大创造

自从苏贝希遗址和喇家遗址分别出土了面条以来，国内外学界已经对此进行了广泛深入的研究。上述山西寿阳小米凉饸饹的制作工艺说明，在不添加小麦粉或榆皮面等辅料的情况下，小米、特别是只用小米粒而不是小米面，就可以做出形色与喇家遗址面条类似的饸饹。

---

① [日]田中静一:《中国料理传来史·索饼素面馄饨》，柴田书店1987年版，第96页。
② 马新编译:《匈牙利名菜》，轻工业出版社1990年版，第230页。

吕厚远等中国科学家的模拟复制研究成果，进一步从科学的角度印证和揭示了这一传统工艺的真实性、科学性。同时，这一结果也刷新了国内外学界关于面条成形条件的认识，以往人们认为面条是人类饮食文明史上粉食时代的产物，只有当石磨出现以后，将谷物磨成粉，才会有面条之类的面食问世。而现在，这一认识则被颠覆。

过去，我们从传世文献中只知小米黍子可以煮粥或蒸糕蒸饭；现在，当我们借助民俗学资料来考证苏贝希和喇家这两处遗址出土面条的成形方法时，却意外发现中国先民长期煮、蒸粟黍的经验升华为工具型面条类饸饹的独特制作工艺。其中深蕴着先民对粟黍物性的认知与掌控，并形成了一整套将其做成饸饹的厨艺组合，才有了这碗震惊世界的4000年前的“面条”。

即使是在今天，如果想将小米做成挂面之类的面条，食品工程师除了添加小麦面粉以外，还要添加复合磷酸盐等食品添加剂[①]。

由此可见，4000年前的这碗“面条”，在当时没有任何现代文明的条件下，其工艺难度远远超出了现代人的想象。

看来在中国先秦和史前粟作区，饸饹之类的面条，远在石磨未出现时的粒食时代就已成为先民的一种美食，这应该是灿烂的黄河饮食文明的一个标志。

不用说，黄河流域先民的这一创造是伟大的，人类饮食文明史中的粒食时代篇章应该改写。

---

① 黄姝洁、吴妍雯：《小米挂面的研制》，《食品工业》2010年第1期，第71页。

龙山文化时期（约公元前2500—前2000年）的石杵石臼，是石磨盘之后出现的用于谷物脱壳等的工具（贺耀春摄于中国国家博物馆）

喇家遗址“面条”的发明

北京大学城市与环境学院夏正楷教授等专家的实地考察研究显示，4000年前，喇家遗址一带黄河洪水泛滥频繁，在遗址早期阶地和房址中，可以见到棕黄色细粉砂层，棕红色的黏土中也夹杂着棕黄色的粉砂团块。

约3650年前，大地震发生，山洪和大河洪水暴发，彻底摧毁了整个遗址，给这里的先民带来灭顶之灾，黄河进入一个多洪水期。

直到约2750年前，人类才再次回到这里生活[①]。

可以推断，频繁的洪水，在喇家遗址先民的精神世界中，催生出与洪水相关的水神、河神和雨神。随之而来的，便是对诸神的祭祀。

在上古神话中，水神、河神和雨神多与黄帝、大禹相关联。有学者提出，喇家遗址的年代正与大禹治水的时代相合，并提出喇家遗址可能为大禹故里[②]。当然，这尚待进一步研究，但上古神话中的这三神，应是大禹时代也就是4000年前喇家遗址大洪水史实的反映则是肯定的。

从大禹而至殷商，河神等诸神之祭已从神话古史传说见于甲骨卜辞的明确记载。袁珂先生认为，《穆天子传》中的河伯，即古黄河水神。并引殷墟卜辞中屡有河神之祭的记载后指出，奉祀河神之风至战国时期仍有增未已[③]。

北京中华老字号六必居酱园的清末民初手抄本店史资料显示，直到1921年，该店于每年六月十三日和九月十七日，仍有祭井泉龙王和河神的仪式，说明祭河神之俗自古相沿未变。

可以推想，祭河神等诸神的祭品，其形制当模拟所祭神主导的自然景观，犹如秦汉以后祭月的月饼和祭日的太阳糕。推想喇家遗

① 夏正楷、杨晓燕、叶茂林：《青海喇家遗址史前灾难事件》，《科学通报》2003年第11期，第1200页。

② 鲍义志：《喇家遗址与大禹治水》，《中国土族》2006年秋季号，第19页。

③ 袁珂校注：《山海经校注·海内北经》，巴蜀书社1992年版，第370页。

址的先民，一次次被从天而降的黄雨所浇淋，又一次次张望奔腾咆哮的黄河之水。

粉砂的棕黄色启发了先民对未来祭品的色彩感，如线如注的天雨激发了先民对未来祭品形状想象的灵感。就这样，不知经过了多少次的创制，有一天，先民终于向河神捧出了那碗酷似从天落入大河的黄色天雨式的面条，以祈祷河神等诸神的护佑。

值得注意的是，喇家遗址出土的陶器上有绳纹。绳纹是新石器时代和商周时代陶器上常见的一种纹饰，一般用缠有绳子的工具拍印在陶坯上。

但喇家遗址陶器上的绳纹比较特殊，多为竖行。据对该考古报告所记40件陶器的统计，其中涉及竖行绳纹的有17件，这些陶器多为夹砂褐陶炊器类。考古报告指出，此系考古学文化中的齐家文化晚期风格[①]。

那么喇家遗址先民为何要在陶质炊器上拍印竖行绳纹？这其中是否蕴含着喇家遗址先民表达的某种象征意义呢？

仔细观察考古报告中这些陶器上的竖行绳纹，如果从另一个角度来看，这些竖行绳纹与其说是绳纹，说其是从天而降的密集“雨线”也未尝不可。

如果此说可参，那么说明喇家遗址先民在发明这碗面条之前，

---

① 中国社会科学院考古研究所甘青工作队、青海省文物考古研究所：《青海民和县喇家遗址2000年发掘简报》，第12—25页。

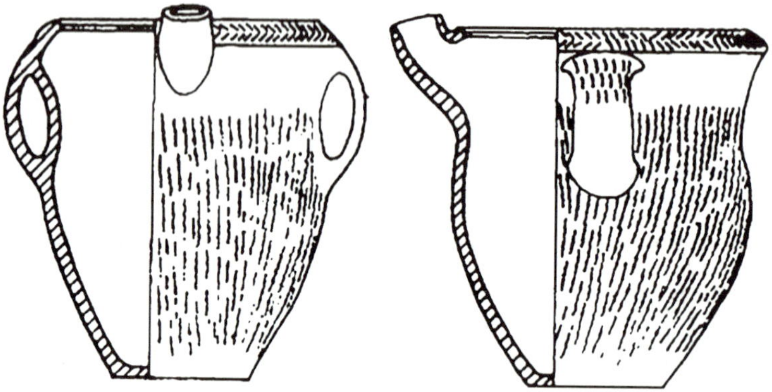

饰竖行绳纹的夹砂红陶带流罐（引自中国社会科学院考古研究所甘青工作队、青海省文物考古研究所《青海民和县喇家遗址2000年发掘简报》，《考古》2002年第12期，第20页）

就已将天雨景观拍印在用于做熟食的炊器上了。就这碗面条的发明而言，陶器上天雨式的竖行绳纹，应是以粟黍呈现其形象的前奏。

自然，同其他中华美食一样，这碗面条也在历史的演进中成为人们的盘中餐，而其初创时的艰辛与神奇，则被遗忘和湮没在久远的岁月中。

总之，喇家遗址“面条”的出土，表明中国黄河流域的先民对本土粟黍物性的认识深刻而清晰，并探索出一整套卓有成效的面团和制、出条方式以及熟制后的处理方法。

现在我国北方各地风味各殊的饸饹形制说明，这碗4000年前的“面条”所蕴含的一系列工艺技术，早已凝聚为世代沿用的传统，从黄河上游、从遥远的史前走来，传到今天。

在漫长的岁月和灶台更迭中，不变的是工艺文化基因，变的则是出条器与餐具的材质和式样。

一碗轰动世界的喇家遗址面条，一碗仍在嘉惠于我们的风味饸饹，竟有如此久远的历史和深厚的文化底蕴，彰显了中国先民非凡的美食创造能力。而那蓝纹红陶碗连同它当年所盛的浅黄色面条，则成为中华美食史上一例永恒的美的标记。

第二章　天地混沌

——中国馄饨的历史演变

如今，馄饨已是中国城乡常见的一种风味小吃，尤其是在早餐或晚餐中，更少不了它的出现。有关馄饨的名称及其历史由来，已往多有文论，启示良多。

为系统见，现在通过梳理文献记载、考古成果和民俗学相关资料，对中国馄饨的历史演变做一初步考察。

云吞抄手

——馄饨汉语方言称谓探究

历史上，至迟从南北朝至南宋，文献记载中的“馄饨”一词曾指称过饺子，这一点我们在本书饺子篇章中已经谈及。令人关注的是，这种现象在现代汉语方言特别是赣语、闽语和粤语等方言中也留下了印记。

比如据20世纪50年代中国科学院语言学家的方言调查，在云南昆明、福建厦门、安徽合肥和湖南长沙，馄饨被分别称为饺、水饺、饺子、饺饵。

在两广、四川、福建沙县、湖北新洲与孝感、赣东北和浙江西

加拿大温哥华的沙县小吃店（谢宇雄摄）

部以及河北丰南，云吞、抄手、扁肉、包面、便食、猫耳朵，又分别是这些地区馄饨的名称。

为什么当地人会如此称呼馄饨？

分析起来，两广粤语中的“云吞”和赣方言中的“便食”，应系分别从古代中原音“馄饨”和元大都“扁食”（即饺子）同音稍变异写而来。抄手和猫耳朵则分别由迁入巴蜀的宋元中原人和燕赵人据馄饨形状而命名。

扁肉和包面显然是迁入闽地的北方人和荆楚人对馄饨以面皮包肉馅特点的表达。

馄饨（姚梓京制作，贺耀春摄）

从古代文本的角度来看，馄饨的这些方言称谓大部分鲜见于文献记载。其生发于庶民之口，世代流传于民间，属于“野”与“俗”的范围，因而与文献中关于馄饨的名称及其由来的记载不在同一个层面。

馄饨名称上的这种“俗”与“雅”、“野”与“礼”的区别，似乎也显示出其在悠久的流传过程中，一直存在着对其创意与形制及其所体现的象征意义的不同认知。或者是在古代的传播中，馄饨初创时的文化内涵随着岁月的流逝而消失？

为了厘清馄饨在“雅”与“俗”、“礼”与“野”上的演变，让我们先从馄饨最早出现于何时开始。

清代广州街头现包现煮现卖的馄饨摊。原图系作于18—19世纪的清代外销画，现藏大英图书馆（图片引自王次澄等编著《大英图书馆特藏中国清代外销画精华》，广东人民出版社2011年版）

铜簠面食

——公元前6—7世纪的馄饨三角形

公元前6—7世纪，薛国故城在山东滕州市城南。据山东省济宁市文物管理局《薛国故城勘查和墓葬发掘报告》，1978年10月至12月，考古工作者在当地9座周代墓葬中的1号墓内，出土了28件铜礼器。

其中两件铜簠（fǔ）中的一件簠内“排放着一盒三角形食物，出土时表面有一层白色粉状物，风一吹即消失掉，露出三角形状似水饺的食物。食物虽已炭化，但当用竹签轻轻拨动时，发现三角形食物内包有屑状馅”。

考古专家观察分析后认为，铜簠内的三角形食物，“当即中国传统的美食水饺或早期馄饨”①。

那么这些出土的三角形包馅食品到底是水饺还是馄饨呢？

经请教面点师傅后可知，水饺和馄饨虽然都是水煮包馅面食，但饺子的皮是圆形的，包馅后一般呈半圆形或近似三角形，但角较圆而不尖锐；馄饨的皮一般是方形的（也有的为梯形），如果包馅后对角相合，即呈明显的三角形。

从山东济宁博物馆展台上的图片可以看出，簠内三角形包馅面食的边均为直线形，特别是左右两个边为典型的直线形，这两个边的长度（3.5—4厘米）均小于长边（5—6厘米），并且三个角比较尖锐。而现在北方的馄饨皮，一般为边长6或7厘米的正方形②。

经复原实验，包馅后如果对角相合，左右两个边的边长为6或7厘米，长边则为8或9.5厘米。两相对照，特别是长边与左右边的边差说明，簠内的三角形包馅面食，当年用的应该是正方形面皮。

---

① 山东省济宁市文物管理局：《薛国故城勘查和墓葬发掘报告》，《考古学报》1991年第4期，第449页。

② 职业技能鉴定教材职业技能鉴定指导编审委员会：《中式面点师·馄饨皮》，中国劳动出版社1995年版，第78页。

青铜簋内的三角形包馅面食（杨留柱摄自山东济宁博物馆）

面点师宋富兰仿制和拍摄的三角形馄饨

也就是说，依后世的眼光，这些三角形包馅面食可以说是初始形状的馄饨。为什么说是初始形状呢？因为后来的馄饨，同样用方形面皮，还可以包出两头尖中间圆的元宝、包袱和猫耳朵等形状。

关于这些三角形面食内所包的馅料，该墓出土的铜鼎内有牛、羊、猪、鸡、鱼骨遗存，其馅料理应在这些动物性食材范围之内。考虑到该墓出土的列鼎数为七鼎，考古报告认为该墓年代为春秋早中期，此时列国国君的饮食已逐渐超越周礼，根据《礼记・内则》“糁”的配料及其制作方式，其馅料或为单一的牛前腿肉，或者是牛、羊、猪太牢三牲俱备，将肉以刀切粒或用杵臼捣成泥后，再调入盐、姜和肉桂等制成。

馄饨内所包的馅，在先秦时可能称作“饼臛”，如《齐民要术》“勒鸭消”：“细研熬如饼臛”[①]，《本草纲目》卷四十八“丹雄鸡”引《食医心镜》：“黄肥雌鸡一只，如常为臛，作面馄饨，空心食之。”[②]

而“臛”在先秦本指浓汁肉羹，《楚辞・大招》：“煎鰿脽雀，遽爽存只。”[③]其中“脽”与“臛”同。今天的“馅”字，则应从汉代“脂”字演化而来[④]。

① 〔北魏〕贾思勰著，缪启愉校释，缪桂龙参校：《齐民要术校释》卷第八脏腤煎消法第七十八“勒鸭消”，第485页。

② 〔明〕李时珍：《本草纲目》禽部第四十八卷“黄雌鸡肉”，人民卫生出版社1982年版，第2589页。

③ 汤炳正：《楚辞今注・大招》，上海古籍出版社1996年版，第243页。

④ 〔清〕王先谦：《释名疏证补》释饮食第十三“脂炙”，上海古籍出版社1983年版，第211页。

需要说明的是，考古工作者在发掘这座墓时发现，随葬品共分三组放置，其中铜簠、鬲、簋和陶豆为一组，这表明簠内的馄饨当年应该是用鬲所煮制。

当年薛国人为何将这些包馅面食包成三角形？

从食物象征意义的角度而言，一种可能是薛人对夜空中织女星和其附近最亮的两颗星连成的等边三角形的模拟，昭示墓主人功德与星辰同辉。

另一种可能是，薛人本是发祥于泰山以南古泗水流域的东夷人的一支，其文化既有浓厚的东方夷人特征，又明显带有夏夷文化交融的痕迹。其中尚鸟和鸟饰是东夷文化的一大特征，三角形应是鸟展翅时的一种变体，该墓墓主人颈部就佩有11件三角形白色的玉饰。

综合来看，将包馅面食做成三角形，用以祭奠祖先开天辟地之功，应是东夷文化传统使然。同时，也不排除在阴阳之说盛行的东周时代，面皮和肉馅相合，也符合阴阳相接的规则。而水煮时馄饨鼓肚浮于汤面，又容易让人联想到我们在下面将要谈到的革囊渡河的殷商族徽。

还有一点应该提及的是，薛国故城1号墓共出土了两件铜簠，另一件铜簠内是已经炭化的粟类食物，当年应是小米粥（饭）之类的餐品。考古发现表明，远在7000年前，粟就是山东地区先民栽培和食用的一种主要粮食作物。

而炭化麦粒在山东聊城教场铺等龙山文化遗址的出土说明，外来的小麦成为山东先民的一种主食来源，要比小米晚约3000年，盛馄饨的篚与盛小米粥（饭）的篚同出一墓，并且都有当年使用的痕迹，说明传统的小米粥（饭）和时新的馄饨均为墓主人生前喜欢的美食。

令人遐想的是，这种三角形馄饨的发现表明，当小麦传入中国黄河流域下游地区2000年左右，当地的薛国人的小麦食用方式，已经开始从粒食进入粉食阶段。这种精致的面食的制法，当非一朝一夕所成，此前应有一相当时段的探索，最终才于墓主人生前时代得以呈现。

由水变食

——从浑敦、浑沌、混沌到馄饨

既然是馄饨，2600多年前春秋时代的薛国人是把它称作馄饨吗？答案应该是可能的。这是因为，在记载春秋战国时代史事名物的文献中已可见“馄饨”一词的词源。

《春秋左传·文公十八年》：“昔帝鸿氏有不才子，……天下之民谓之浑敦。”其中的“浑敦”，杨伯峻先生在《春秋左传注》中指出，在《史记·五帝本纪》中作“浑沌”[①]。

《庄子·应帝王》：“南海之帝为倏（shū），北海之帝为忽，中央之帝为浑沌。”《山海经·西山经》：“天山……有神焉，其状如黄囊，

① 杨伯峻编著：《春秋左传注》“文公十八年”，中华书局1981年版，第639页。

赤如丹火，六足四翼，浑敦无面目，是识歌舞，实为帝江也。”[①]

显而易见，这三份书证中的“浑沌”，前两份均为确指，一指帝鸿之子，一指中央之帝，第三份则为形容之词。袁珂先生据《左传》杜预注等在《山海经校注》中提出，帝江即帝鸿，也就是黄帝。

庞朴先生根据殷代铜器铭文中的天鼋，在《黄帝与混沌：中华文明的起源》一文中指出，天鼋是一个族徽、图腾，其形系一人伏在革囊上渡河，至今在黄河上游仍可见有人驾牛皮囊渡河，其囊即名浑脱、混沌。并认为，黄帝、帝鸿也就是革囊、也就是混沌，而混沌后来还被用来命名馄饨等名物[②]。

对书证中的混沌，张光直先生在《商周神话之分类》中指出，在东周人的观念中，宇宙在初形之时是一团混沌，无有边际，无有秩序。这种天地初为混沌的说法（在东周）已经占有很大势力[③]。

其次，从混沌到馄饨的字形演变来看，《方言》中已出现“馄”字[④]。《方言》是西汉语言学家扬雄将先秦典籍和其到各地调查所得词语类集而成的词汇大全，是了解先秦至西汉扬雄时代词语及其地域分布史况的经典，也是迄今所知最早记有“馄”这个单字的古代文献。

① 袁珂校注：《山海经校注·西山经》，第65页。
② 庞朴：《黄帝与混沌：中华文明的起源》，《文汇报》1992年3月10日。
③ 张光直：《中国青铜时代·商周神话之分类》，生活·读书·新知三联书店1983年版，第265—266页。
④〔清〕钱绎撰集：《方言笺疏》卷十三“饼”，上海古籍出版社1984年版，第806页。

在前人的研究中，对馄饨的词源考订精深者，首推清代训诂学家钱绎。钱氏在征引17部典籍的相关记载后指出，《方言》中虽然只有“馄”字，但其中的“饦字即饨之伪”，并认为，《广雅》将馄和饨合为一词，系“义本方言”，即《方言》中本来就有“馄饨”一词。由此看来，不应排除“馄饨”系从先秦流传而来的可能。

上述关于“混沌”的记载和前人的研究说明，浑敦或混沌是春秋战国时代比较流行的一个热词。特别是就薛与夏商周的关系及其与齐国的地缘历史文化因素而言，对三角形包馅面食的发明者和享用者来说，“混沌”可能对他们应该都不陌生。

汉唐至明清，馄饨在流传的过程中，其名称、制法、形状和食用习俗等方面都发生了较大变化。变化的总趋势是它与饺子的区别越来越大，从用料、制法直至最终出品的品相，都与饺子明显不同，成为与饺子对举的流行大江南北的面食佳品。

汉魏六朝时，馄饨的历史变化首先表现在其名称的用字上。据钱绎考证，西汉时，馄饨在《方言》中写作“馄”或“饨”。三国曹魏时，清河人张揖所著的《广雅》最早在古代文献中记载“馄饨”或“腿肫”的完整名称。

东晋时，《字苑》写作“餛饨”；南北朝时期，古本《齐民要术》中写作“浑沌饼”，并有“馄饨”等写法。对馄饨名称上的这种音同字异现象，钱绎从音韵学的角度认为，“盖馄饨叠韵，为形容之辞，原无定字”。

如果从字的结构上来看，“馄饨”二字在古代特别是魏晋南北朝时的不同写法，多表现在左边的偏旁上，“肉月”旁似乎反映了古人对馄饨馅料特点的表述，“食”字旁蕴含了古人对馄饨皮用料或食用餐品类别特点的认知，三点水旁则反映了古人对馄饨熟制方法及其最终出品的形态（即带汤食用）特点的揭示，而其右边的字体则大体未变。

这种现象是否可以说明，无论是汉代人还是唐代人甚至明清时代人，都认可并接受上古神话中关于“混沌”的古老传说，并由“混沌”一词推衍出上述不同偏旁的馄饨名称？

不过据《通雅·饮食》，古代也有人认为馄饨系出于浑氏屯氏，显然在关于馄饨的一系列记载中，这种说法颇有穿凿附会之嫌。

还应指出的是，大约从南北朝起，古人还曾以馄饨之名来指称后世所言的饺子。钱绎在《方言笺疏》中引颜之推的话说：“今之馄饨形如偃月，天下通食也。”说明在饺子出现以后流行中原时期，有人仍习惯以十分熟悉的馄饨来表述饺子的形状特征。

在涉及有关馄饨与饺子的制作技术问题上，直到宋元时仍有张冠李戴的现象。比如《居家必用事类全集·庚集》记载的“馄饨皮”制法，实际上制作的是饺子皮。

而在馄饨的名称上，四川人将其称作“抄手”，如果追根寻源，其最早的出处，竟也来自对饺子制作的表述。

元代《嘲妓家匾食》“抄手儿得人意”中的“抄手儿”[1]，说的本

① 隋树森编：《全元散曲·嘲妓家匾食》，中华书局1964年版，1687页。

是包饺子，却是目前所知有关“抄手”一词的较早记载。

唐代二十四气馄饨

——公元8世纪中国馄饨史上的惊世之作

从纪元前薛人推出三角形馄饨大约1200余年后，正是诗歌灿烂的唐代，中国馄饨发展史上一件惊世之作出现了。这件多姿多彩的馄饨杰作，竟与早期流行于黄河流域的二十四节气相关联。

其奇妙的创意和缤纷的样式，已经远远超出当年薛人的想象。让我们从一次学术研讨会的现场演讲谈起。

2017年8月19日上午，在北京师范大学文学院举办的“第三届中国食文化发展大会”上，北京师范大学的康丽教授介绍了2016年11月30日联合国教科文组织正式通过将中国二十四节气列入“人类非物质文化遗产代表作名录”的现场盛况。

在与会学者的发言中，笔者联想到《清异录》中的“二十四气馄饨”。其原文是“生进二十四气馄饨”，原注为“花形馅料各异，凡二十四种”。[①]

根据该书介绍，这件二十四气馄饨是韦巨源官拜尚书令向皇帝献“烧尾食”中的一种。从《新唐书》相关记载可知，韦巨源

① 〔宋〕陶穀撰，孔一校点：《清异录》“馔羞”，上海古籍出版社2012年版，第105页。

拜尚书左仆射是在唐中宗景龙三年[①]，即公元709年。这应该是这件二十四气馄饨出现的时间，同时也为我们考证其参考了哪些花提供了时空范围。

“二十四气”，即今天我们所说的二十四节气，这是古人对二十四节气最早的通称。不言而喻，既然是“花形馅料各异”的二十四种馄饨，当是将馄饨做出二十四种花式，每一种馄饨，均似每一节气应时开放的花，特别是其形、其色。

试想这件馄饨巨作同时呈现在一盘中，不啻以美食方式再现二十四节气鲜花轮回的盛景，这是何等壮观美妙的气象！

那么这件二十四气馄饨的每一种都是什么花式呢？

相关文献记载显示，二十四节气每一节气所开的花不止一种，哪一种是代表性的花，不同历史时期有不同的说法。即使是同一个朝代，看法也各异。而且更难以厘清的是，与二十四节气相对应的花，其记载散见于礼经、诗歌、本草、类书和笔记等。

其中，还往往缺乏与节气相对应的明确说法，只能从其花期来判断与之相对应的节气。可以说，这本身就是一篇大文章，不是我们在这里要谈的专题。

比如牡丹，一般认为是唐朝的国花，按说它应在二十四气馄饨花式之列。但是据段成式《酉阳杂俎》所言，长安的牡丹最早是由

① 《新唐书》本纪卷四，《景印文渊阁四库全书》史部正史类，台湾商务印书馆，第29页。

中国面点史上的惊世之作——初唐皇家二十四气馄饨复原作品。

图中花形馅料各异的二十四种花式馄饨，由曾在《舌尖上的中国》里出镜的中国面点大师王志强领衔，并与其高徒，中国全聚德集团面点大师张景宇，郭然，反复切磋试制，最终复原同时呈现（李东摄影，李乾制图）

裴士淹从汾州众香寺带回长安，植在自家宅院。直到天宝年间，牡丹才成为“都下奇赏”[①]。

而舒元舆在《牡丹赋》中指出：“有众香精舍，下有牡丹，其花特异。天后叹上苑之有阙，因命移植。”[②]天后即武则天，上苑为禁苑。

《龙城录》：“唐高宗宴群臣赏双头牡丹。”[③]武则天本为唐高宗之后，既然唐高宗时群臣已在宫中赏牡丹，何来其后至武则天时代禁苑反而缺牡丹？《龙城录》为小说传奇一类的书，其文字虽与《牡丹赋》相悖，可不足为据。

但段氏和舒氏等相关记载说明，在韦巨源拜尚书令之前，皇家禁苑已植牡丹，只是因仅限皇苑而多不为人所知而已。因此，牡丹为二十四气馄饨中的一种花式是可能的。

相关文献记载表明，牡丹虽有白、红等多种颜色的花朵，但唐人最重紫牡丹，这为我们提供了这件馄饨巨作中牡丹花式馄饨颜色的史据。

“帝城春欲暮，喧喧车马度。共道牡丹时，相随买花去”[④]，白居易的这首《买花》诗，让我们得知当时长安的牡丹，虽然“花开花

① 〔唐〕段成式：《酉阳杂俎》前集卷之十九“草篇”，中华书局1981年版，第185页。
② 〔唐〕舒元舆：《牡丹赋》，载〔宋〕李昉等编《文苑英华》卷一百四十九，中华书局1966年版，第692页。
③ 〔唐〕柳宗元：《龙城录》，载《唐五代笔记小说大观》，上海古籍出版社2000年版，第151页。
④ 〔唐〕白居易著，顾学颉校点：《白居易集》卷二，中华书局1979年版，第34页。

落二十日”[1]，但暮春却是牡丹花开之始，与之相对应的，应是二十四节气中的谷雨。从谷雨开始，面对长安赏花的盛况，刘禹锡为我们留下了“唯有牡丹真国色，花开时节动京城”的名句[2]。至于后世所传“洛阳牡丹甲天下”，那已是唐末五代时的事了，与这件馄饨巨作面世的年代相距甚远。

又如桐花，《礼记·月令》中虽有“季春之月，……桐始华”的记载[3]，但在相关文献中未见其为初唐时二十四节气时花的明确记载。不过据唐刘餗《隋唐嘉话》，唐高宗时建蓬莱宫，宫中庭院开始时植的是白杨。

后来有人提出，白杨为墓冢间树，非宫中所宜种，遂将白杨拔除，改植桐树[4]。由此可知，在韦巨源向唐中宗献食之前，唐宫禁苑已有桐树，加之从先秦以来，桐花就是二十四节气中清明的时花之一，因此这件馄饨巨作中理应有其花式馄饨。

综合唐代二十四节气与花的文献记载和园艺等学者的研究成果，根据馄饨制作的工艺要求，笔者从中选出初唐时期长安已有并可呈现出多姿多彩吉祥华贵气象的二十四种时花，可以看作这件馄饨巨

① 〔唐〕白居易：《牡丹芳》，载中华书局编辑部点校《全唐诗》卷四百二十七，中华书局1999年版，第七册第4714页。

② 〔唐〕刘禹锡著，卞孝萱校订：《刘禹锡集》卷二十五，中华书局1990年版，第335页。

③ 〔汉〕郑玄注，〔唐〕孔颖达疏：《礼记注疏》卷十五，《十三经注疏》本，中华书局1980年版，第1363页。

④ 〔唐〕刘餗：《隋唐嘉话》，中华书局1979年版，第29页。

作的花式样本。

具体是：樱桃花，梨花，桃花，蔷薇花，桐花，楝花，牡丹花，芍药，杜鹃花，石榴花，木槿花，荷花，百合花，海棠花，桂花，郁金香，丁香，菊花，枇杷花，蜡梅，瑞香，水仙花，木兰，山茶花。

需要说明的是，根据竺可桢先生《中国近五千年来气候变迁的初步研究》，唐代长安的气候比现在温暖，公元650年、669年和678年这三年，长安冬季无雪无冰。皇宫花园中曾种柑橘，宫中和长安南郊的曲江池植有梅树。由此可知，这二十四种时花的开花时间均应比现在要早。

这二十四种时花，从颜色来看，牡丹、荷花、菊花和梅花等除了白色的以外，还有紫、红和黄等颜色。根据当时的赏花时尚，从整体上来看，白色的应是梨花、蔷薇花、百合花，黄白色的应是水仙花。

紫色的应是牡丹、桐花、楝花，红色的应是樱桃花、芍药、杜鹃花、石榴花、梅花、山茶花，粉红淡红色的应是桃花、木槿花、荷花、海棠花，黄色金黄色的应是桂花，郁金香、菊花、蜡梅。

从花形来看，这些花的花瓣多为五片或多数，卵形、倒卵形、椭圆形、长圆形、披针形、圆锥形、心脏形、长舌形或齿状形等形状的均有。并且同一种花，颜色不同，花瓣大小也稍异。

比如梅花，花瓣五片或多数，但红梅的花瓣一般比白梅的稍大。蔷薇花，一般为五片花瓣，虽然多为黄心，但有的花瓣为心脏形，有的则为倒卵形。

加拿大温哥华热卖菜肉馄饨等面食的小馆（谢宇雄摄）

荷花的花朵一般较大且单一，经人工栽培，唐代出现了千叶与重台类型的荷花。所谓千叶，即花开时千叶；重台是指一花之上复生一花，即俗称的花摞花。

以上这二十四种时花的颜色和形状，大致应是这件馄饨巨作当年制作时依据的花式样本。从制作的角度来看，这些馄饨花瓣的颜色是由馄饨皮来表现，而花瓣的形状则来自制作者的构思与手艺。除了白色的花式馄饨以外，为了让馄饨皮酷似上述真花的颜色，和制馄饨皮的面团时就要加入特定的有色食材汁。

根据文献记载，这类有色食材汁大多来自人工栽培的植物。《齐民要术》中记载的红花（胭脂）、栀子和地黄，这三种含有红色素和黄色素的植物，当时主要用于魏晋六朝士人泽面以及染料和药用①。

《山家清供》中已有用胭脂和梅水将藕块染红作羹的记载。后世过大年的馒头、豆包等年食，已用胭脂点红点。北京宫廷小吃中的豌豆黄，传统上也用栀子水来增强其金黄的色泽。

可以推断，这件馄饨巨作的制作者，当年和面时应是采用了这类天然可食性色源，分别和成红、紫红、粉红、黄、金黄和浅黄等多种颜色的面团。然后经过擀、切，再包上精心调拌的馅，用捏和抻等手法定形，最终做成了“花形馅料各异”的“二十四气馄饨”。

这些馄饨中的馅料，既是“各异”的“二十四种”，那么具体都有哪些呢？

古来中国饮宴有个规律，在一次盛宴中，点心馅料往往不出宴中食材范围。韦巨源向皇帝献的“烧尾食”，其美食共计58款，据统计，所用主要食材有27种。

其中牛、羊、猪、鹿、驴、熊、狸、兔及其内脏等15种，鳜鱼、鳖、蟹、虾、蛤蜊和蛙等9种，鸡、鹅、鹌鹑3种。

---

①〔北魏〕贾思勰著，缪启愉校释，缪桂龙参校：《齐民要术校释》卷第五种红蓝花、栀子第五十二，第262页。

这27种食材中，除了牛肠、羊皮和背血不适合做馅料以外，余下的24种都可以作为“二十四气馄饨”馅料的主料。

这样一件在历史上昙花一现、直到今天也鲜见的馄饨巨作，其制作者是何人呢？

《清异录》中未见记载，但该书“邹平公食宪章”一节的内容，或可给我们一些启示。邹平公即段文昌，本为今山东淄博人，其六世祖段志玄，曾从唐太宗李世民征战有功，其本人在元和末年任宰相[1]。

在这样一个世代为官的段府里，段氏本人尤精饮馔，有自编《食经》50卷，时称“邹平公食宪章”。其府中的一位高年女厨师，人称“膳祖”，在段府司厨的40年中，上百名女佣跟其学过厨艺，但只有9人习得其艺[2]。

这段记载让我们得知，唐代宰相府中的府厨可达上百人，且多为女性。由段府的府厨，可以想见韦府。这件馄饨巨作的制作者，理应出自韦府府厨中的领衔女厨师及其助手，尽管目前还缺少直接的证据，却是可能的。

在复原这件馄饨巨作接近尾声时，一个问题出现了：韦巨源向唐中宗献食，其中为何有这“二十四气馄饨”？

我们注意到，在韦巨源献食前后，唐代长安已流行赏花，斗花

① 〔唐〕段成式：《酉阳杂俎》前言，第2页。
② 〔宋〕陶穀撰，孔一校点：《清异录》“馔羞·邹平公食宪章”，第107页。

则成为当时轰动全城的时尚。所谓斗花，即富贵子弟炫花竞艳，最终以多者为胜。在赏花斗花的同时，长安还有卖花买花的花市[①]。

这股赏花之风，不独民间。唐代宫廷禁苑，有桃园、梨园、杏园和樱桃园等。春夏秋冬四季花开时节，帝后均到园中赏花游乐。

唐中宗母武则天，在花朝日游园赏花时，曾命宫女采来百花，同米粉蒸成花糕，以赐从臣[②]。联系《牡丹赋》所记武则天春季游园时见园中唯缺牡丹便命人寻找的逸闻，说明“全”是当时皇家赏花之最。

看来这件馄饨巨作，就是在这样的赏花、斗花和食花背景下，以二十四节气的名义，将一年中百花的代表齐集。为了使不同节气的花不因冷暖而同时开放，便以馄饨的形式将其表现出来，形象而又绝妙地体现了以“全”为美的皇家赏花观念。

如果说武则天的花糕和韦巨源的“二十四气馄饨”均以“百花”为尚，那么花糕可以称为百花的蒸糕版，二十四气馄饨则为百花的馄饨版。不过可以明显看出，后者是在前者的直接影响下脱颖而出的。

写到这里，正值（2019年5—8月）北京大学赛克勒考古与艺术博物馆举办《世界的花园：民族与文化的融合》画展，其中《宏伟花束》巨幅画作，将世界各国的国花绘为一图。

① 舒迎澜：《古代花卉·隋唐五代花卉业的兴起》，农业出版社1993年版，第11页。
② ［明］彭大翼：《山堂肆考》卷194“饮食”，文渊阁《四库全书》本，第16页。

这幅画作与1300余年前的唐代二十四气馄饨，似乎具有某种类似的象征意义。如果穿越至唐代，那件馄饨巨作不是也可以看作是《宏伟花束》吗?

人们常说，中国烹饪是艺术。早在1300余年前，大唐的点心师就能创作出如此美妙而又充满诗意的象形面点，这委实是中华面食艺术的一座丰碑，也是中国馄饨发展史上的一件巅峰巨作。

形意巨变

——从平面三角形到立体元宝形

从唐宋至明清，在馄饨的用料、制法以及品种等方面，古人不断有创新。唐宋以来的相关文献记载显示，煮是馄饨的主要熟制方法，带汤盛碗则是馄饨的主要款式。

本来在《齐民要术》中有关于馄饨制法的最早记载，可惜后来亡佚了。目前所知馄饨制法的最早记载是在唐代昝殷的《食医心鉴》中，其原文是："治产后痢、腰腹肚痛野鸡肉馄饨方：右以野鸡一只，治如常，作馅；溲面皮，作馄饨，熟煮，空心食之。"[①]

其后，明万历年间，黄一正又对前代书中的馄饨作注："馄饨：面捍薄片，包馅，汤瀹。石崇作俗名'饺儿'。"[②]但这两条记载均缺

① 〔唐〕昝殷：《食医心鉴》，中国科学院图书馆藏东方学会印行本，第29页。

② 〔明〕黄一正辑注：《事物绀珠》卷十四"食部·面食品类"，《景印文渊阁四库全书·子部》第200册，第743页。

少如何和面、如何拌馅以及如何包馄饨等具体操作细节。

元代著名画家倪瓒《云林堂饮食制度集》所记馄饨，比《食医心鉴》和《事物绀珠》的记载要详细，该书“煮馄饨”的制作是：“细切肉燥子，入笋米，或茭白、韭菜、藤花皆可，以川椒、杏仁酱少许和匀。裹之，皮子略厚、小，切方，再以真粉末擀薄用。下汤煮时，用极沸汤打转下之，不要盖。待浮便起，不可再搅。馅中不可用砂仁，用只嗳气。”①

看得出，这应该是这位画家亲自做过多次的荤素馅的馄饨，皮虽略厚但小而方，说明这味馄饨是用方形馄饨皮所制。拌馅的调料中，川椒和杏仁酱格外引人注目，倪瓒本是江南无锡人，调馅却用川椒，可见他对同一种调料的产地非常讲究。

杏仁酱是唐宋以来朝野美食都要用到的高档酱料，这份倪氏小馄饨中以此酱调味，其风味当具唐风宋韵。

翻检古代文献我们会发现，馄饨的大小及形状与皮有直接关系。关于馄饨皮的制作，《吴氏中馈录》中的“馄饨方”，是目前所知最早的文献记载，其原文是：“白面一斤，盐三钱，和如落索面，更频入水，搜和为饼剂。少顷，揉百遍，摘为小块，捍开，绿豆粉为饽，四边要薄，入馅，其皮坚。”②

不难看出，为了让馄饨皮薄而不破碎，和面时一是加盐，二是

① 〔元〕倪瓒：《云林堂饮食制度集》“煮馄饨”，碧琳琅馆丛书本。
② 〔宋〕浦江吴氏：《吴氏中馈录》，说郛本，第18页。

先和成“落索面”，接着多次加水和成团，稍饧后再揉“百遍”，最后才能揪剂擀，而且“四边要薄”。

文中关于和面、揉面、饧面、揪剂和擀皮等操作流程及其要求的记载，均以皮薄为中心。馄饨皮制作的这一要义，从南宋至今仍是如此。这说明千百年来先人在制作工艺上的追求，不会因岁月的流逝而消失，反而会世代传承永远流传。

在馄饨的形状上，考古出土和古代文献记载的馄饨，除了三角形、枕头形和元宝形的以外，尚有“如皂荚子大”的香椿馄饨[①]、小兜形的鸡肉或鱼肉馄饨[②]、小如龙眼的扬州馄饨[③]等等。

其中《竹屿山房杂部》卷五养生部记载的明代小兜形馄饨，从其“折为兜，抵其尖而缄，有露缘”的形状特点来看，今日湖北新洲、孝感一带的“包面”，应是其遗响。

而清代乾隆宫廷中的猪肉馅绉纱馄饨，则以其薄如绉纱而著称。据清手抄本《毗陵食品拾遗》，绉纱馄饨本为常州夏至应节美食，乾隆南巡后传入宫中。

在追寻汉唐以来馄饨形状的演变时，考古发现让我们对唐代馄饨形状的认识，从文献走向了实物。

---

① 〔宋〕林洪：《山家清供》卷上，商务印书馆1936年丛书集成本，第6页。

② 〔明〕宋诩：《竹屿山房杂部》卷五养生部，《景印文渊阁四库全书·子部》第871册，第130页。

③ 〔清〕夏曾传撰，张玉范、王淑珍注释：《随园食单补证》点心单“小馒头小馄饨”，中国商业出版社1994年版，第289页。

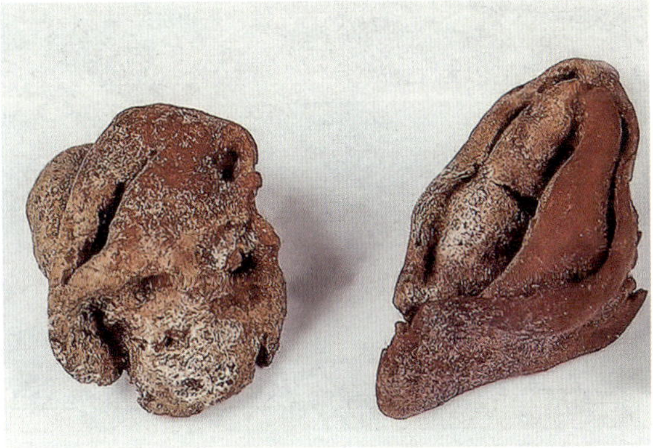

新疆吐鲁番阿斯塔那117号墓出土的馄饨

1969年，考古工作者在发掘新疆吐鲁番阿斯塔那墓时，从117号墓中出土了两件馄饨。经测量，馄饨长3厘米、宽2.5厘米，为小麦面质，皮薄，内有馅，形似耳朵①。

从图片上看，这两件馄饨已同山东薛国故城春秋墓出土的馄饨形状明显不同，从单一平面三角形变为内含鼓肚而周边皮面外展、略呈立体的近似三角状。

从专业实验的角度可知，这一变化主要来自包制手法从单一皮面对角相合，变为相合后再将两角相捏，另两角接着外抻所致。这说明至迟在唐代，中国馄饨包制成形的三次折捏技艺已经出现，并流传至今。

① 伊斯拉斐尔·玉苏甫、安尼瓦尔·哈斯木编著：《西域饮食文化史》，第163页。

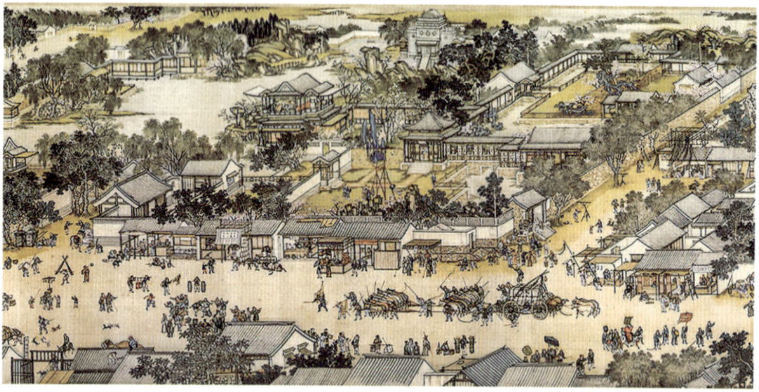

北宋东京汴梁繁华的街市中，已有馄饨店（引自现藏台北故宫博物院的清院本《清明上河图》）

瀹茗与注砚

——唐宋馄饨汤清为美

汤对馄饨的色香味影响很大，古代文献中有不少关于馄饨汤调制的记载。唐宋时，馄饨汤讲究清澈见底，段成式在《酉阳杂俎》中说："今衣冠家名食，有萧家馄饨，漉去汤肥，可以瀹茗。"①

《清异录》"建康七妙"记五代时金陵士大夫厨膳美味之一是"馄饨汤可注砚"②。馄饨汤一可以用来煮茶，二可以研墨，均是极言其汤之清。

① 〔唐〕段成式：《酉阳杂俎》前集卷之七"酒食"，第71页。

② 〔宋〕陶穀撰，孔一校点：《清异录》"馔羞"，第110页。

元代宫廷的鸡头粉馄饨，却先要以羊肉、回回豆子加草果熬汤，待煮完馄饨时，还要加入鲜姜汁、木瓜汁、葱香油和盐调味①，一反唐宋时文人雅士对馄饨汤美的追求，实际上迎合了蒙古皇室的饮食胃口。

名家馄饨店

——《清明上河图》中的繁华一景

我们从《东京梦华录》和《梦粱录》中得知，在北宋东京汴梁和南宋都城临安的众多食店中，已有专门制售馄饨的馄饨店②。

馄饨店在宋代都市的出现，说明从春秋早中期起，经过1500多年的发展，到北宋时，馄饨的制作技艺已达到了相当高的水平，并且出现了个体之间的明显差异。

那些被皇家或高门认可的独门绝技拥有者，便在繁华的都市开起了专门的馄饨店，从而使高品质馄饨从宫廷或府宅走向坊市，成为都市食店中的一档名食。

《武林旧事》记南宋临安（今杭州）贵家追新求奇，所制馄饨

① 〔元〕忽思慧著，刘光华校注：《饮膳正要》卷第一“聚珍异馔”，中国医药科技出版社2011年版，第11页。

② 〔宋〕孟元老撰，邓之诚注：《东京梦华录注》卷之四“食店”，中华书局1982年版，第128页；〔宋〕吴自牧：《梦粱录》卷十三，中国商业出版社1982年版，第108页。

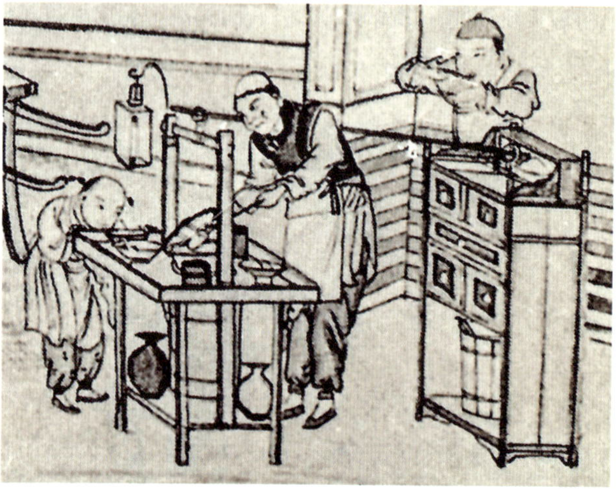

清末民初北京街头的馄饨摊（李乾供图）

“一器凡十余色，谓之百味馄饨”[1]，看来南宋馄饨师的手艺比起北宋来又有新发展。

到了清代，北京、苏州、扬州等地，均涌现出名噪当地的馄饨名店。“包得馄饨味胜常，馅融春韭嚼来香。汤清润吻休嫌淡，咽后方知滋味长”，这是清道光年间杨静亭歌咏北京致美斋馄饨的竹枝词[2]。

① 〔宋〕四水潜夫：《武林旧事》卷三“冬至”，中国商业出版社1982年版，第51页。
② 〔清〕杨静亭：《都门杂咏》，载〔清〕杨米人等著、路工编选《清代北京竹枝词》，北京古籍出版社1982年版，第80页。

祭天·祭祖·祈吉祥

——馄饨文化内涵的深化

在馄饨食用习俗上，唐宋以前，文献中尚未见相关记载。《武林旧事》记冬至临安应节食品是“享先则以馄饨”，并有“冬馄饨，年馎饦”之谚语。这一食俗一直沿袭至明清。

据《臞仙神隐》和《明宫史》等记载，冬至这天宫廷与民间之所以吃馄饨，主要是取“阳生之意”“譬天开混沌之意”，看来馄饨由来的说法自汉唐以来广为流传相沿成俗。

出身钱塘世家颇晓饮馔精微的夏曾传，在他所撰的《随园食单补证》中，为袁枚所写的“肉馄饨”增补了如下内容：馄饨，“吾杭蒸食之，尤佳。中元祀先，必用之。又丧家六七之期，必供蒸馄饨，其数以死者之年为率，并须亲人食尽”[①]。

由此可知，直到清咸丰、同治和光绪初年，杭州的蒸馄饨不仅品质极佳，而且是中元节祭祀祖先和办白事时的必供必食之品。

如今在陕西，关中人结婚那天，在隆重的婚礼上，女方家要蒸一双大“喜馄饨”，周围嵌一两层鸡蛋、红枣和胡桃。一对馄饨中，一边要突出“麒麟呈祥”字样，另一边要突出“蓬开生子”字样。

与此同时，男方家也要蒸一对插花馄饨。新婚后有了孩子，到满月那天的酒宴上，娘家人会送来20—60个小馄饨，上边还捏朵小

① 〔清〕夏曾传撰，张玉范、王淑珍注释：《随园食单补证》，第273页。

厦门曾厝安的元宝馄饨（李留柱摄）

花，有的做成老虎眉眼，意为“虎虎有生气”[①]。

关于包好的馄饨如何蒸，《调鼎集》中虽有“蒸馄饨”，但未见蒸的方法[②]。明代宋诩在《竹屿山房杂部》卷五养生部中，介绍了蒸馄饨和煎馄饨的方法[③]。

根据宋氏的描述，无论是蒸还是煎，馄饨都要先煮熟，捞出时

① 鲁克才主编：《中华民族饮食风俗大观》，第83页。

② 〔清〕童岳荐编撰，张延年校注：《调鼎集》第九卷“蒸馄饨”，中国纺织出版社2006年版，第297页。

③ 〔明〕宋诩：《竹屿山房杂部》卷五养生部，《景印文渊阁四库全书·子部》第871册，第130页。

要“以冷水淋”，然后底面抹上油，一般夏天蒸。如果是煎，煎后还要再放入汤中煮一下。

为什么蒸或煎之前要把煮熟的馄饨立即用冷水淋一下呢？因为刚出锅的馄饨如果直接蒸或煎，馄饨皮发黏，容易粘屉巴锅，吃起来口感也差。

馄饨除了蒸和煎，还有炸的。典型的例子是清代宫廷乾隆喜食的炸馄饨，这道美食多出现在乾隆夏季的膳单中。

据乾隆四十四年《驾行热河哨鹿节次照常膳底档》，当年七月十二日晚晌，太监们在承德避暑山庄旷月堂用折叠膳桌，为乾隆帝摆上了炸素攒馅馄饨一品。

所谓素攒馅，应即由粉丝、豆腐干、蘑菇、薄脆、香油和盐等拌成的素什锦馅，夏日炎炎，此等素馅正当时，用炸法制作，当香美不腻。

总的来看，汉唐以来馄饨制作工艺的发展，主要表现在皮薄、馅细、形多和汤鲜四个方面，并且已有了南式、粤式等地方风味和名家老字号之别。

同时，同饺子相比，馄饨在汉唐以后形状的变化，逐渐在单一三角形的基础上，呈现多样化的特点。

馄饨形状在历史上的每一次变化，都蕴含着古代中国人对美好的希望与追求。唐代一碗热汤中满满的元宝形馄饨，应意味着财源滚滚；元代形如枕头状的馄饨，昭示着高枕无忧；明代形如小兜形的馄饨，则应是五谷丰登的瑞兆。

2600余年来，馄饨的形状就是这样，从单一走向多样，说明它在一次次的时代大潮中，不断被赋予新的寓意，而初创时所呈现的“天地混沌之象”，则逐渐被湮没在历史的长河中。

在古代中外文化交流中，中国馄饨还传入日本等国。日本著名汉学家青木正儿在《中华名物考》中指出，在日本平安时代（794—1192）的《江家次第》记载的元旦宴会菜单中，已有馄饨的名称。其后的《庭训往来》和《节用集》等书中，也可见到馄饨的大名[①]。

① ［日］青木正儿著，杨晓钟等译：《中华名物考·馄饨》，陕西人民出版社2017年版，第119页。

第三章　从陶饺、干饺到西传

——中国饺子的源头与演变

在追寻中国饺子历史演变脉络的进程中，我们的目光首先停在了这件陶模花边饺子上。这是目前考古发现、也是人们见到的最早的饺子模样。

出乎人们想象的是，这件陶模花边饺子不是出土在人们印象中的黄河产麦区，而是远在西南巴蜀地区的长江中游沿岸一带。

花边饺子

——两件陶模相似物辨析

1981年6月，考古工作者在重庆忠县涂井发现了15座三国时代的蜀汉墓[①]。在出土的近3600件器物中，其中4件庖厨俑格外引人关注。这4件庖厨俑两男两女，均出自5号墓。

有学者认为，其中一件女性庖厨俑俎上“中心位置还摆着捏好的花边饺子”[②]。

---

① 四川省文物管理委员会：《四川忠县涂井蜀汉崖墓》，《文物》1985年第7期，第49—70页。

② 王仁湘：《中国史前考古论集续集》，文物出版社2017年版，第166页。

图片引自四川省文物管理委员会《四川忠县涂井蜀汉崖墓》,《文物》1985年第7期（江聪摄）

图片引自四川省文物管理委员会《四川忠县涂井蜀汉崖墓》,《文物》1985年第7期（江聪摄）

如果将该墓考古报告中的这件庖厨俑图片放大，仔细辨识后会发现，这件“花边饺子”怎么看也不像花边饺子，倒有点像某种动物的爪趾。其“皮”显得丰厚胖乎乎并有肉感，其“花边”大约是8或9个像剪成或剁成的动物爪趾，这些爪趾从两侧向中间依次渐大，不像是“捏”成的一般大的饺子“花边”。

那么这件“捏好的花边饺子”到底是什么呢？

该考古报告中的一幅陶鳄鱼图片引起了笔者的注意，这件陶鳄鱼出自13号墓。在5号墓和13号墓中，还出土了陶猪、陶狗、陶鸡和陶鸭等。这些陶猪等与4件庖厨俑俎上所置食物相一致，表明包括鳄鱼在内均是墓主人当年的喜食之物。

鳄鱼四肢短，前肢5趾，后肢4趾。将现代鳄鱼图片上的趾与“花边饺子”的“花边”相对照，形状有些相似，只是趾数对不上。如果将鳄鱼前后肢的趾数相加，则正好是“花边饺子”的趾数。

但这4件陶厨俑俎上的食物，均为写实的，按理说即使是礼祀仪式所用的陶模，也应该与实物相符，才能与其他实物一致。这“花边饺子”究竟为何物，还有待进一步研究。

既然这件庖厨俑俎上的“花边饺子”存疑，那么其他庖厨俑俎上有饺子吗？

答案应该是肯定的。现在来看同墓出土的一件男庖厨俑，其俎上也同样摆满了鸡、鱼等食物。引人注目的是，俎的左前端有一半月形食物。

经放大后观察，其皮面较轻薄，似包有馅心，肚较鼓，边缘有花

面点师宋富兰仿制和拍摄的花边饺子

褶，细数约为12褶或13褶。这些褶每褶之间的距离相当，其长度和大小较一致。经请面点师仿制，捏出的花边饺子与此图中的饺子相像。

由此可知，这件俎上左前端酷似今日花边饺子的半月形食物，应是当时花边饺子的写实陶模。根据该考古报告可知，这件庖厨俑所在的5号墓，时间约在公元221—235年的蜀汉前期。

因此，如果这一辨识不误，将把目前人们所知的中国饺子的历史，重新定格在三国蜀汉诸葛亮时代。也就是说，至迟在公元3世纪20年代，中国人已经发明了花边饺子。

但是，中国无花边饺子出现的时间，可能比这还要早。有过包饺子经历的朋友可能还记得，花边饺子的花褶是在无褶饺子的基础上折捏成的。也就是将馅挑在皮上后，将皮合上，捏出的便是无花边饺子。如果接着将饺子的边一下一下折捏起来，就成了花边饺子。

这启示我们，从制作工艺的角度来看，重庆忠县出土的陶模花边饺子，应该是无花边饺子的美化升级版，起码在花边饺子出现之前，我们今天常见的无花边饺子就已存在，并且古人对其形制特点已经相当熟悉，否则不会生发出将饺子边再折捏出花边的灵感来。

这样看来，中国饺子出现的时间，应该比重庆忠县陶模花边饺子的年代还要久远。

汤饼与臛

——中国饺子的形制渊源

古代中国人是怎样想出饺子的形制的？

《齐民要术》和《食医心鉴》中的以下两条记载似乎为我们提供了回答这一问题的历史信息，《齐民要术》“勒鸭消”：“细研熬如饼臛”[1]；李时珍《本草纲目》引《食医心鉴》：“黄肥雌鸡一只，如常为臛，作面馄饨，空心食之。”[2]

---

① 〔北魏〕贾思勰著，缪启愉校释，缪桂龙参校：《齐民要术校释》卷第八脏、腤、煎、消法第七十八“勒鸭消”，第485页。

② 〔明〕李时珍：《本草纲目》禽部第四十八卷“鸡”，第2589页。

其中的“饼”和“臛”，分别为汉晋时以小麦面粉为主料的面食的通称和先秦以来肉块酥烂的浓汁肉羹。

而这里的“饼臛”，却是指将鸭肉切剁成像小麦面食馅那样的肉（末）泥。不过这也让我们得知，中国早期的包馅面食，原本是以臛为馅，也就是以肉块酥烂如泥的肉羹为馅，这大约也是后世包馅类面食的馅料为何多加工成末且有的还为熟馅甚至带汤汁灌汤馅的源头。

如果就饺子的形制构成而言，“饼臛”中的“饼”，即饺子皮，也可以看作是由汉代刘熙《释名·释饮食》中的“汤饼”转化而来[①]，因为汤饼在汉唐时多指面片汤；“臛”，在这里自然是指饺子馅，显然汤饼和臛是饺子形制的前体。

这件花边饺子出土于长江中游沿岸一带，根据《华阳国志·巴志》的记载和相关考古报告，重庆忠县为汉代巴州，并不产小麦，倒是所出稻米为朝廷贡品。那么当年做花边饺子的小麦面粉来自哪里呢？

我们知道，刘备、诸葛亮、关羽、张飞、赵云和黄忠等蜀汉上层名人，均为今河北、河南、山西、山东等黄河流域人。为了满足蜀汉上层人物饮馔之需，将北方的小麦面粉及其面食制作人员一起带到蜀汉之地颇合礼制。

同时，据考古报告，出土花边饺子陶模的蜀汉墓墓主人，可能

---

① 〔清〕王先谦：《释名疏证补》释饮食第十三，第204页。

为当时的盐商或盐官。而富甲一方的盐商向以追逐皇家权贵美食为尚，出土的陶俎上与花边饺子同在的一应礼祀食物，正是当年盐商之家这一饮馔趋向的真实反映。

民俗学资料表明，在山西介休，当地人吃面片时，其中一种传统的吃法是将炒酸菜或烧肉块放在面片上，然后用筷子折起面片夹而食之。这样看来，或许古人为了免去夹起面片之前的一切烦劳，索性将菜或肉放在生面片上包起来再煮。

于是，汤饼与牖完美结合的一种全新面食——饺子，便首先在中国黄河流域横空出世了。

这种饺子为什么是半月形并捏有花边呢？是仅仅出于美观吗？

王子今先生指出，古代，“人们对‘星辰’的崇拜，曾经显著影响了社会理念和社会生活”[①]。而在对社会生活的显著影响中，笔者认为，古人对包括月亮在内的星辰崇拜，也体现在食品的形状上。这件陶模花边饺子之所以包成半月形，应是一例。

至于为何还要捏花边，众所周知，每月有两次半月，一般一年有12个月，而这枚陶模饺子正有12个或13个褶。难道这是一种偶然的巧合吗？

这枚陶模饺子的庖厨俑出土于长江边上的古墓，推想夜晚的长江，一弯明亮的半月映在江面上，微风不时拂来，那江面上的半月

① 王子今：《古代中国的星崇拜与“救星”意识的发生》，《南国学术》2017年第4期，第595—601页。

与泛起的波纹交相辉映，不正是这枚陶模饺子花边所模仿的自然景观吗？

这提示我们，古人所捏的花边，当初似乎也在表达某种思想。“夫礼之初，始诸饮食”[①]，食品的形状及其花纹，同考古学家眼中陶器青铜器上的纹饰一样，也应是具有特定意义的文化表达。这里的陶模饺子及其花褶，理应如此。

至于当年这类花边饺子的名称，相关文献记载和汉语方言资料显示，汉唐甚至到宋元时，饺子与馄饨混称并不鲜见。祖籍今山东临沂、曾在南朝梁和北齐为官20年的颜之推曾说：“今之馄饨形如偃月，天下通食也。”[②]

说明公元7—8世纪时，有人仍以熟悉的馄饨来评说饺子的形制。《居家必用事类全集》记载的“馄饨皮”制法[③]，从专业的角度来看，实际上制作的却是饺子皮。这说明直到宋元时，在部分地区馄饨与饺子名称不分。

在汉语方言中，北方人所说的馄饨，在合肥却叫饺子，而到了厦门、昆明和长沙等地，则分别叫水饺、饺或饺饵等。由上可以推之，公元3世纪蜀汉花边饺子，有被称作“馄饨”等的可能。

① 〔汉〕郑玄注，〔唐〕孔颖达疏：《礼记注疏》，《十三经注疏》本，第1415页。

② 〔唐〕段公路：《北户录·食目》“浑沌饼”，文渊阁《四库全书》，台湾商务印书馆1984年版，第589册，第49页。

③ 〔元〕无名氏：《居家必用事类全集·庚集》“湿面食品”，书目文献出版社1988版，第277页。

需要指出的是，古代虽有在名称上馄饨与饺子不分的现象，但二者在工艺上的区别是非常明显的。孙机先生认为：“将馄饨做成半月形，则是饺子，最早见于重庆市忠县涂井5号蜀汉墓所出庖厨俑的陶案上。”①

从专业的角度来看，馄饨与饺子虽然都是水煮包馅面食，但馄饨的皮是长方形或梯形的，这就是为什么山东薛国墓出土的三角形包馅面食可以推定为馄饨的主要依据。而饺子的皮是圆形的，包馅后自然是半月形，因此二者在工艺上应不具有直接的递进关系。

夏葱白盐

——吐鲁番出土饺子的皮与馅

重庆忠县出土的还仅仅是近1800年前花边饺子的陶模，而在新疆吐鲁番地区，却出土了实实在在的饺子，这些饺子距今已有1300多年。

综合目前所见公开发表的相关考古报告和出版物，从20世纪50年代末以来，在已发掘的400余座阿斯塔那——哈拉和卓墓中，至少8座古墓总计出土了35件饺子。这8座古墓中，除了1990年6月吐鲁番鄯善县三个桥10号墓出土的3件饺子以外，其他均为阿斯塔那古

① 孙机：《中国古代物质文化》，中华书局2014版，第26页。

墓所出[①]。

从形状上看，这35件饺子尽管出自不同时期的古墓，而且都是1300多年前的实物，但是在亲见这些饺子的考古专家们看来，其形状却“与现在水饺无异”。

比如1959年10月至11月，阿斯塔那301号墓出土的3件面制饺子，分盛于3个陶碗内。饺子长约5厘米，中宽1.5厘米[②]。

1960年阿斯塔那339号墓出土的饺子，形如月牙，为小麦面质，皮薄，内有馅。长6厘米，宽2.3厘米，与现在水饺无异[③]。

1972年，阿斯塔那151号墓出土的5件饺子，薄皮，内有馅，长4.5厘米，宽2.2厘米，厚1.1厘米[④]。

1986年9月至10月，阿斯塔那388号墓出土的8件饺子，分别盛在陶碗内，每碗1件或2件。每件饺子长5.7厘米，宽2.4厘米，这些盛饺子的碗均放在长方形的木托盘上[⑤]。

1990年6月，吐鲁番鄯善县三个桥10号墓出土的3件饺子虽然均残，但仍状如现在的水饺，其中一件高2.6厘米，厚1.1厘米，残

① 伊斯拉斐尔·玉苏甫、安尼瓦尔·哈斯木编著：《西域饮食文化史》，第162页。

② 新疆维吾尔自治区博物馆：《新疆吐鲁番阿斯塔那北区墓葬发掘简报》，《文物》1960年第6期，第21页。

③ 新疆维吾尔自治区博物馆、新疆百石缘工美有限公司主编：《〈新疆维吾尔自治区博物馆〉画册》，香港金版文化出版社2006年版，第112页。

④ 新疆博物馆考古队：《阿斯塔那古墓群第十次发掘简报》，《新疆文物》2000年第3、4期，第111页。

⑤ 吐鲁番地区文管所：《1986年新疆吐鲁番阿斯塔那古墓群发掘简报》，《考古》1992年第2期，第155页。

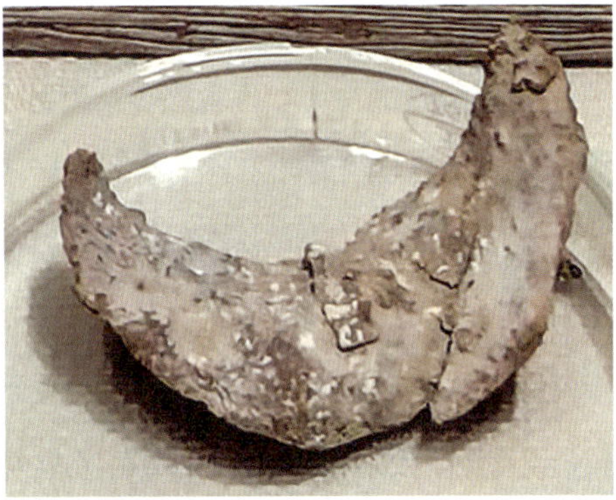

新疆维吾尔自治区博物馆展出的吐鲁番出土的饺子（王金魁摄）

长2.4厘米[①]。

从以上5例可以看出，当年吐鲁番地区的饺子个头大小相近。综合考古报告对出土饺子形状的描述，对照相关出土饺子图片，吐鲁番古墓饺子的总体形状特征，应是形如月牙，捏合处无花褶，薄皮大馅，一般长约6厘米，中宽约2.5厘米，最厚（高）处约1.5厘米。

这些出自不同古墓的饺子，其形状和个头大小如此相近，说明当年吐鲁番地区的饺子，制作工艺已相当成熟，并有定式，必来自同一种文化。

让我们先探究这些饺子当年是怎样制作的。

先说饺子皮。其原料小麦虽源自西亚，但据相关考古报告，吐鲁番胜金店墓地曾出土大量小麦遗存，表明西汉时小麦就已在吐鲁

① 新疆文物考古研究所等：《新疆鄯善三个桥墓葬发掘简报》，《文物》2002年第6期，第56页。

番地区大量种植。

张永兵先生在《吐鲁番胜金店墓地考古发现与研究》中提出，胜金店有可能是当时吐鲁番的小麦主产区，系西汉王朝抗击匈奴的一个屯田区①。上述阿斯塔那388号等墓除了出土饺子以外，还发现了盛在陶碗里的小麦粒和麦穗。

将麦粒变成饺子皮所用的面，需要石磨来完成。宋晓梅先生在《高昌国——公元五至七世纪丝绸之路上的一个移民小社会》中指出，在高昌人的生产、生活中，已有“水磨”“水磨钏”，这说明当年是用水磨将麦粒磨成面②。

专业人士指出，饺子皮只有用精面粉才能做到皮薄不易破且入口爽滑好吃。当时吐鲁番地区的小麦面粉已有“细面”和“白罗面”两种③。其中的白罗面，应即束皙《饼赋》中“尘飞雪白”的“重罗之麸（qù）”④。

将白罗面和成饺子皮所需的面团，要用到水。吐鲁番地区的农业用水和人们的生活饮用水，都来自天山博格达峰的积雪和冰川，

① 张永兵：《吐鲁番胜金店墓地考古发现与研究》，载《吐鲁番学研究——第三届吐鲁番学暨欧亚游牧民族的起源与迁徙国际学术研讨会论文集》，上海古籍出版社2010年版，第54—60页。

② 宋晓梅：《高昌国——公元五至七世纪丝绸之路上的一个移民小社会》，中国社会科学出版社2003年版，第25页。

③ 同上书，第44—46页。

④〔晋〕束皙：《饼赋》，见〔清〕严可均辑，何宛屏等审订《全晋文》卷八十七，商务印书馆1999年版，第930页。

阿斯塔那墓出土的墓主人生活图。图右下一女仆正在三足铜釜前料理，釜内汤气升腾，推想当年吐鲁番饺子的煮制也应是这一场景（徐娜摄自中国国家博物馆）

所化水最终渗入砾石层转为供历代吐鲁番人所用的地下水。由此可知，吐鲁番出土饺子的皮，应来自用这种井水将倒在陶盆内的白罗面和成软硬适度的面团。

将面团变成饺子皮，一般有三种技法，即手捏、杖擀和擀成大片后用小盅口或碗足刻，后两种显然为工具型。我们在出土饺子的考古报告中未见擀饺子皮所用的擀面杖和面案，比如阿斯塔那388号墓随饺子出土的32件木器，只有木托盘、木钉、木梳和木签等。这说明墓主人生前享用的饺子，其皮应像今天山西介休等地那样，均以双手捏制而成。

再谈饺子馅。羊肉或猪肉与大葱是西晋以来中原面食馅料中荤馅的标配，这可以从束皙《饼赋》中的牢丸所用馅料看出来。根据出土文书相关记载，羊肉是当时吐鲁番地区的主要食用肉类，但是由于宗教因素，又有市肉和自死肉之别。

自死肉为当时这一地区的小乘佛教僧徒所食，市肉为其他人群的肉食之一。而上述出土饺子的古墓，从其墓葬风俗来看，多数既有道家色彩，又有崇佛的反映。因此，这些出土饺子的主要馅料，市肉和自死肉都有可能用到。

“夏葱”“夏韭”是两种当地时蔬[1]，这两种时蔬至今仍可与羊肉相拌为馅。至于馅中所用的盐，应以吐鲁番地区盐矿中特产的白盐为首选。据《魏书·高昌传》《梁书·诸夷传》记载，这种盐在南北朝时即已名播南朝梁都建康，并且是闻名中原的贡品。

姚可成在《食物本草》“杂部”中称：“金楼子云：胡中白盐，产于崖，映月光明，洞澈如水晶。胡人以供国厨，名君王盐，亦名玉华盐。”[2]

综上可知，吐鲁番出土饺子的馅，应是以羊肉末、夏葱或夏韭加白盐拌制而成。白罗面和羊肉、夏葱、夏韭、白盐，从皮面所用小麦到各种馅料，均为当地所特产。

因此，当年高昌国地区的饺子，包后用铜釜或陶釜煮熟捞出，盛入绘有莲花的陶碗内，其风味当为高昌所独具。至于当年这些饺

① 宋晓梅：《高昌国——公元五至七世纪丝绸之路上的一个移民小社会》，第27页。

② 〔明〕姚可成汇辑，达美君、楼绍来点校：《食物本草》卷之十六“杂部”，人民卫生出版社1994年版，第983页。

子的名称，明张自烈在《正字通》中提出，段成式《酉阳杂俎》中的“汤中牢丸”，即水饺[①]，可聊备一说。

高昌饺源

——中原饮食文化传西域

如果从随葬年代来看，重庆忠县出土的陶模饺子早于吐鲁番出土的饺子，吐鲁番饺子的形制似源于重庆忠县的饺子，但是还不仅仅如此。

吐鲁番饺子祖形出现的时间，还应早于重庆忠县陶模花边饺子的随葬年代。保守地推想，第一例吐鲁番饺子类型的面世，至迟可以从隋唐上溯至三国蜀汉前期，因为花边饺子是在类似吐鲁番饺子的基础上折捏而成。那么是谁将饺子传入当年的高昌国？

我们知道，与出土饺子相当的年代，吐鲁番地区除了原始居民车师人以外，尚有粟特人、突厥人和大量西迁的河陇汉人以及为官经商的中原人等。如果仔细分析这些饺子出土的古墓墓址就会发现，到目前为止，这些饺子主要出在阿斯塔那墓葬区，只有一例出在吐鲁番的鄯善县。

这些古墓的墓主人，比如阿斯塔那388号和301号墓，其墓志或

---

① 〔明〕张自烈、〔清〕廖文英：《正字通》戌集下“食部”，中国工人出版社1996年版，第1299页。

文书显示，墓主人均为张姓汉人。其中，388号墓所在地为张氏坟院，院内6座墓均为张氏家族。301号墓从所出租田契来看，墓主人应是张欢仁或张园富①。

据王素、侯灿、宋晓梅等先生对阿斯塔那50号墓所出张氏家谱等文献研究，高昌张氏本出二支，一支祖籍南阳，一支祖籍清河。这两支都是先落户敦煌，后西迁高昌即今吐鲁番地区。张文智为目前可考的张氏一世祖，生于公元444年，高昌王麴嘉继位时，他已年近60。

张氏在祖居地即为望族，迁敦煌和高昌后更为当地高门，与张氏联姻的，既有来自今陕西、山西、河北和山东等地的索、汜、高、王、翟、宋等大姓，又有高昌王麴伯雅，其后即“张夫人”，因其子麴文泰后成王，故又称“张太妃”②。

不难看出，张氏家族的血脉中融入了中原、代北、关中和河陇等地族群的基因，可以说张氏一门的文化，是中原文化的一个代表，这一点还可以从388号和301号这两座张氏墓的葬俗中看出来。

这两座墓的饺子出土时，均放在绘有莲花纹的灰陶碗内，301号墓是一碗放一个，共3碗；388号墓所出的8个饺子，每碗一个或两

① 新疆维吾尔自治区博物馆：《新疆吐鲁番阿斯塔那北区墓葬发掘简报》，《文物》1960年第6期，第21页；吐鲁番地区文管所：《1986年新疆吐鲁番阿斯塔那古墓群发掘简报》，《考古》1992年第2期，第155页。

② 宋晓梅：《高昌国——公元五至七世纪丝绸之路上的一个移民小社会》，第25、95、43页。

个，该墓考古报告未言明几碗，按理应该是5碗或6碗。按自古以来的祭礼，既是3碗，所祭应是天、地和祖先。5碗或6碗，其中2碗祭天、地，其他3碗或4碗祭已逝长辈。

随饺子出土的，还有黑豆、红枣，301号墓甚至还有紫秆麦。李时珍《本草纲目·谷部》引《名医别录》称，黑豆“久服不饥神仙”。并引唐代医家孟诜《食疗本草》称，黑豆“令人长生，初服时似身重，一年以后，便觉身轻，又益阳道也”①。

红枣在陶弘景看来，为“道家方药，以枣为佳饵”。将红软干枣煮后取汁，涂盘上晒干，用时以开水或同炒米粉冲食，即为东晋卢谌《祭法》“春祀用枣油”中的“枣油”②。关于紫秆麦，陶弘景说，紫秆麦“是马所食者，服食家并食大、秆二麦，令人轻健”③。说明黑豆、红枣和紫秆麦均为东晋以来中原道家服食的标志性食物。

此外，还出土了面条、面饼等食物。

令人震撼的是，301号墓、与388号墓相邻的张氏386号墓出土的丝织品中，还有以红、白、黑三色绘制的伏羲女娲画像，画像上下两端绘有太阳、月亮，周围还绘有星象图。

这类图像原本出现在河南南阳、山东嘉祥和四川新津等地出土

① 〔明〕李时珍:《本草纲目》谷部第二十四卷“大豆”，人民卫生出版社1979年版，第三册第1501页。

② 〔明〕李时珍:《本草纲目》谷部第二十九卷“枣”，第三册第1756页。

③ 〔明〕李时珍:《本草纲目》谷部第二十二卷“大麦”，第三册第1458页。

阿斯塔那墓出土的伏羲女娲图
（徐娜摄自中国国家博物馆）

的汉代画像石或石棺上，是体现墓主人不忘人文创世始祖的感恩情怀的经典题材。

以上我们只是对这两座墓的墓主人和随葬食物等所反映的葬俗进行了粗浅解读，从中已经可以看出，汉代以来事死如事生的中原墓葬观念在这两座墓中体现得如此淋漓尽致，其葬俗具有浓烈的中原文化色彩。

饺子与面条、面饼和黑豆、紫秆麦等食物在墓中的盛置方式及其组合，实际上是墓主人张氏家族生前食生活的一个缩影。

特别是在红、白、黑三色伏羲女娲画像的映衬下，这种食物组合连同墓主人张氏家谱一起，已经清楚地表明，这两座墓的饺子文化来自墓主人的祖居地，来自他们难以割舍的中原文化。

出土的一件件饺子，从皮面、馅心直至包制成形，其中承载着丰厚的中原美食文化，并且成为彰显张氏家族不忘中原文化传统的标志。而将中原饺子文化传入当年高昌国的，正是以张氏等家族为代表的西迁河陇人中原人。

接下来的问题是，这种无花边的饺子，张氏家族是于何时传入高昌即今吐鲁番地区的?

301号墓出土有一件租田契，是墓主人张欢仁等于唐贞观十七年（643）所签。而388号墓出土了一件高昌延和十二年即公元613年的文书，这一年既是我们在前面提到的张太妃的丈夫高昌王麹伯雅在位时，又是隋炀帝大业九年。

据《隋书·高昌传》，麹伯雅曾于公元609年朝觐隋炀帝，麹返回高昌后，即下令"庶人以上皆宜解辫、削衽"[①]，意即衣冠服饰皆效中原。

大约是在这一时期之前或稍后，出现了我们在前面钱铎所引颜之推的这段话："今之馄饨形如偃月，天下通食也。"

为什么说大约是在这一时期之前或稍后呢?

因为这段话最早见于崔龟图为《北户录》摘自《齐民要术》"浑

① 宋晓梅：《高昌国——公元五至七世纪丝绸之路上的一个移民小社会》，第137页。

饨饼”所作的注释，但崔氏未注明这句话的出处①。

《北户录》的作者段公路为唐宪宗李纯元和末年宰相段文昌之孙，晚唐诗人、博物学家段成式之侄，崔龟图则为唐末人，吐鲁番饺子的出土印证了这段话的可信性，只是颜之推的这段话是于何时何地所言尚难确知。

颜之推公元531年生于今湖北江陵，祖籍今山东临沂，大约卒于公元597年。颜氏在南朝梁、西魏、北齐、北周和隋初都曾为官，其中为官北齐长达20年。

从其经历来看，其所处年代与上述史事和张氏两墓特别是与388号墓文书所示时间相近。而且颜氏所言的偃月形馄饨，与吐鲁番出土的饺子形状也相近。说不定颜老先生当年见到的偃月形馄饨，就像吐鲁番出土的饺子那样。

过去，我们对“天下通食”中“天下”的理解，还仅仅停留在中原地区。现在，吐鲁番张氏墓饺子的出土，让我们对“天下”的范围又有了新认识。

颜氏所言“天下通食”中的“天下”，当包括自南朝梁至隋初即与中原历朝往来的麹氏高昌国。只不过在高昌，真正“通食”偃月形馄饨的，据目前所知，仍是恪守中原文化传统、以张氏为代表的西迁河陇人中原人。

① 〔唐〕段公路：《北户录·食目》“浑沌饼”，文渊阁《四库全书》，第589册，第49页。

在追寻吐鲁番阿斯塔那等古墓饺子的来源时，笔者常常感叹，是吐鲁番得天独厚的自然地理环境，才使这些饺子沉埋地下千年却仍然容貌如初。

感谢天公作美，让当年西迁的河陇人中原人和所有的高昌人口福满满，也让今天的考古学家和所有的人大饱眼福。

唐饺之名

——文献记载与考古遗存对应下的唐代饺子名称

吐鲁番阿斯塔那古墓出土的饺子的一个细节，引起了笔者的注意：这些饺子出土时均盛在莲花纹的陶碗内，而陶碗则放在长方形木案上。这让人联想起一份唐皇赏赐单。

“安史之乱”之前，安禄山受唐玄宗恩宠无比，所受赐品极多。段成式所记玄宗和杨贵妃赐给安禄山的物品单中，与饮食等相关的金银玉器达33件。

其中，碗1件，盘2件，分别为杨贵妃所赐的金平脱铁面碗、玄宗所赐的金银平脱隔馄饨盘和银平脱食台盘[①]。

值得注意的是，唐玄宗所赐的两件金银盘中，一件被明确标注为馄饨盘，也就是说，这件金银盘是专门用于盛馄饨的器皿。在这33件赐品中，还有可能用来从锅中捞取馄饨等食物的银笊篱，以及

① 〔唐〕段成式：《酉阳杂俎》前集卷之一，第3—4页。

可能用于舀取或夹取馄饨等美食的金平脱犀头匙和箸。

一般而言，在盛装方式上，流传至今的馄饨均是带汤以碗盛，饺子则多以笊篱捞入盘内。以此观之，唐玄宗赐给安禄山的这件金银馄饨盘，盛的应该是后世所言的饺子而非馄饨。这似乎给我们留下了这样的历史信息：在唐玄宗时代（712—755），饺子是被称作“馄饨”，只不过依颜之推所说，馄饨与饺子的区别在于是否为“偃月形”。

现在再来看阿斯塔那古墓出土的饺子与唐玄宗时代馄饨的关系，两相对照可以看出，唐玄宗时代的饺子是盛在盘内，阿斯塔那古墓的饺子则是全放在碗内，可以说当时吐鲁番地区的饺子应该是带汤食用。

前面已经谈及，阿斯塔那古墓的墓主人多为西迁的河陇人中原人，随着朝代更迭、路途遥远，信息相对封闭，他们的饮食习俗仍留有汉晋遗风。饺子盛在碗内带汤食用，正是汉晋古制的反映。

盛在碗内的汉晋饺子与盛在盘内的唐玄宗时的馄饨，反映出中国饺子的名称及其食用方式的两个不同的历史时代。而现在山西、陕西等地的酸汤水饺等带汤饺子，显然是汉晋饺子的遗响。

“饺”字之源

——两宋御筵上的驼峰角子

在追寻饺子历史演变脉络的进程中，考古发现让我们幸运地见识了公元3世纪和7世纪中国饺子的模样。至于这些饺子的名称，到目前为止我们仍然停留在考证之中。

写到这里，关于“饺子”一词，人们不禁会问：它到底最早出现在何时？

我们没有在正史或考古报告中找到它的踪迹，倒是在历来史家不太注意的文人笔记和古代食生活书中，发现了可以与“饺子”一词相对应的初文。

首先是孟元老的《东京梦华录》。在这部北宋遗老追忆东京（今开封）繁华的笔记中，特别记下了大宋皇帝集英殿寿宴的盛况。

寿宴从第三盏开始上佐酒美食，直至第九盏宴毕。细看大宴每巡所上的一道道美食，其中第三、四、七、八盏均为两道佳肴与美点相配，而开启佐酒美食序幕的第三盏，是肉咸豉、爆肉和双下驼峰角子[①]。

皇帝寿宴中有佐酒的双下驼峰角子，直至南宋时仍然如此[②]。

综合宋元明清相关记载可以明确，这里的“双下驼峰角子”中的“角子”，正是当时御筵上的一道面点，也正是我们追寻良久的中国“饺子”一词的最早出处。到明清时，“角子”虽然在文献中仍然可以见到，但使用更多的已经是首字同音异写的“饺子”了。

那么这种饺子是怎样做的？它为什么要叫“双下驼峰角子”？

① 〔宋〕孟元老撰，邓之诚注：《东京梦华录注》卷之九“宰执亲王宗室百官入内上寿”，第220页。

② 〔宋〕吴自牧：《梦粱录》卷四“宰执亲王南班百官入内上寿赐宴”，第16页。

首先谈“双下”的“下”，应即《东京梦华录》和《梦粱录》之御筵记载中“下酒”的“下”，“下酒”即佐酒，“双下”，当指两款拼在一起端上御宴的下酒（美食）。

“驼峰角子”中的“驼峰”，根据我们在下面将要谈到的馅料可以推知，指这种角子形状的可能性较大，而指其馅料的可能性较小。

至于其制法，《东京梦华录》和《梦粱录》中未见记载，我们在《居家必用事类全集·庚集》中发现了与其名称相近的“驼峰角儿”，并有皮面用料及其比较详细的制作过程。

具体是：“面二斤半，入溶化酥十两，或猪羊油各半代之，冷水和盐少许，搜成剂。用骨鲁槌捍（擀）作皮，包炒熟馅子，捏成角儿，入炉爒（鏊）煿熟，供。素馅亦可。”[①]

看得出，这是一种先烙后烤的角儿，因皮面中有酥油和盐，故出炉后当酥香可口。其主要制作工艺流程，从和面、揪剂、擀皮、包馅直到熟制，已经与后世饺子类包馅面食区别不大。

特别值得注意的是，这种角儿的皮是用骨鲁槌擀的，说明皮是圆形的。这意味着这种角儿包馅后先捏成半圆形，然后再提捏成驼峰状。

唯一的缺憾是，该书未有这种角儿所包“炒熟馅子”的具体馅料。

① 〔元〕无名氏：《居家必用事类全集·庚集》“从食品”，第281页。

既然驼峰角子是两宋宫廷面点，其馅料当首选葱花炒羊肉末之类。这是因为宋代宫廷“饮食不贵异品，御厨止（只）用羊肉，此皆祖宗家法所以致太平者”[①]，说明以羊为贵是宋代御用食材的一大特点。

在《东京梦华录》《梦粱录》《文昌杂录》《老学庵笔记》《玉食批》和《武林旧事》记载的六份两宋御宴食单中，显示出直到南宋时，御筵所用动物类食材，仍然在恪守这一“祖宗家法”，而未见驼峰之类的所谓八珍“异品”。因此，羊肉馅驼峰角子，理应合赵宋御食之制。

羊肉馅仅仅是驼峰角子的一种馅，因为是“双下”，所以还应有另一种馅的驼峰角子。以上所引《居家必用事类全集·庚集》文末，有“素馅亦可”的说明，这启示我们，另一种馅料有可能是全素。

为什么是全素馅呢?

驼峰角子是两宋皇帝寿筵上的面点，两宋皇帝重道崇佛，不仅广修佛寺，而且我国第一部佛教总集《开宝藏》，就是宋太祖赵匡胤命内官张从信主持于开宝年间所刻。“七宝馅”是《居家必用事类全集·庚集》“素食（素下酒并下饭）”中颇具佛家色彩的一种素馅，理应合赵宋皇帝崇佛净素的胃口。

其用料制法是：将“栗子黄、松仁、胡桃仁、面筋、姜末、熟

---

① 〔宋〕李焘:《续资治通鉴长编》第四百八十卷，中华书局1995年版，第2417页。

波菜、杏麻泥，入五味，牵打拌，滋味得所”[①]，即可包角子了。

其中的“杏麻泥”应是杏仁酱和芝麻酱，这两种酱在宋元时非常有名；“牵打拌”中的“牵”，即芡，也就是用绿豆淀粉勾芡，说明这也是一种熟馅。

为什么无论荤馅素馅都要用炒熟的馅呢？因为这是一种先烙后烤的酥面角子，为确保出炉时皮面香酥而不煳，而且颜值高，只能用熟馅，特别是荤馅必须如此，同时这也能缩短角子的炉烤时间。这一用炒熟馅的工艺，至今仍在河北、山西和山东等地沿用。

需要说明的是，《居家必用事类全集·庚集》中“驼峰角儿”的用料和制法，虽然不一定就是两宋宫廷驼峰角子的御谱，但是该书所集多为宋元饮食，名称又如此相近，驼峰角儿系从两宋宫廷流传而来是可能的。而且该书所集的三种角儿，除了驼峰角儿以外，在元代宫廷食谱《饮膳正要》中也都可以见到。

如果从汉语方言史构词的角度来看，二者名称一个是子尾，一个是儿尾，表面上看仅仅是一字之别，而实际上却是其传入以儿化韵和儿尾为特征的元大都（今北京）之后所留下的历史印记，是朝代更迭、地域变迁在面点名称上的一种反映。

另外，驼峰角子虽然也是捏制成形，但毕竟是烙烤而成，还不是今天我们所说的水饺，但它与后来的水饺、蒸饺、煎饺和炸饺等饺子应同属饺子的概念之内。因此，角子与饺子仅仅是首字同音异

① 〔元〕无名氏：《居家必用事类全集·庚集》“从食品”，第282页。

写，以至后来它在清代的文献中也用来指称水饺，说明后起的“饺”系从“角”字而来。

写到这里，笔者蓦然想起一句时常听到的俗语：“饺子就酒，越吃越有。”其由来该不会是1000余年前的驼峰角子吧？

扁食之匾

——元大都宫廷与民间的羊肉水饺

在梳理中国饺子的历史脉络时，我们不时会发现，有关饺子特别是水饺的用料、制法及其形状等方面的文字史料，元代以前基本上属于碎片式且残缺不全。

不难推想，既然三国蜀汉和隋唐时期的水饺都有出土的陶模或实物，这些出土的水饺文物已经充分显示出当时的制作技艺相当成熟，甚至可以说虽然历经千余年，但当时的制作水平已和今日相差无几，这从考古专家对吐鲁番出土饺子的评价也可以看出来。但是令人非常遗憾的是，我们目前所能见到的相关史料，基本上是元代或明清时的。

按照中国古代惯例，本应有相应的饺子谱之类的书，就像湖南沅陵虎溪山汉墓出土的西汉《美食方》和传世的《齐民要术》一样。我们从宋代陈直《养老奉亲书》中得知，他曾见过唐代《诠食要法》和《诸家治馔》两部食书，说不定其中有隋唐时期的饺子谱，可惜这两部书今已不见。

战火、天灾、人口迁徙等，应是导致元代以前饺子谱亡佚的主要原因。

令人欣慰的是，我们在元代多部书的相关记载中，获得了一个比较完整的水饺谱。

首先是《居家必用事类全集》中的“馄饨皮”，其原文是：“白面一斤，用盐半两，凉水和，如落索状。频入水，搜和如饼剂。停一时再搜。撧（撅）为小剂，豆粉为糁，骨鲁槌捍圆，边微薄，入馅，蘸水合缝。下锅时，将汤搅转，逐个下。频洒水，火长要鱼津滚。候熟供。馅子荤素任意。”[1]

这段文字中，从用骨鲁槌将面剂“捍（擀）圆，边微薄”来看，擀的明明是饺子皮而不是馄饨皮，但标题却是“馄饨皮”，说明直到宋元，仍然有馄饨、饺子相混淆的现象。不过这份饺子谱对饺子制作流程中各个节点的表述还是非常专业到位的。

为了使煮出的水饺皮滑筋道弹牙，和面时要“用盐半两”，这是为了增强面团的筋性。用“凉水和”则是为了使饺子吃起来不发黏不粘牙。

将包好的饺子下锅煮时，“逐个下”并用勺“将汤搅转”，是为了让生饺子下锅沉底后不沾底，并且会很快浮起来，相互之间也不会因粘连而破皮露馅。

“频洒水，火长要鱼津滚”，这两招的目的是使饺子馅熟透而皮

① 〔元〕无名氏：《居家必用事类全集·庚集》“湿面食品”，第277页。

入口仍然滑爽。

最后，关于“馅子荤素任意”的说明，更是确证这是一份饺子谱而制作的不是“馄饨皮”。

应当指出的是，这份名为“馄饨皮”的饺子谱与宋末浦江吴氏《吴氏中馈录》中的“馄饨方”，在制作流程和专业语言的表述上有诸多相似之处，但从“馄饨方”中擀皮时“四边要薄”来看，擀的确实是馄饨的皮。

《居家必用事类全集》中有关茶、酒、饮料和烹饪的内容，有相当一部分明显摘自宋代或宋代以前的相关食谱，这份“馄饨皮”也有可能是这样。

其次是由《饮膳正要》等书中相关记载可以组成的水饺谱。

《饮膳正要》中的“三下锅”，是将三种食物分三次下锅、用羊汤汆煮制成酸辣口味带汤食用的元代宫廷美馔。三种食物中，其中一种就是水饺。

该书有关水饺的原文是：“羊肉指甲匾食。”[1]这里的匾食就是水饺，今天多写作“扁食”。羊肉，当指其主要馅料。指甲，可有二解，一指这种水饺的形状，一指水饺皮之薄，从专业角度来看，指饺子皮较允当。

朝鲜时代汉语教科书《原本老乞大》，记载了一份元代汉族风味

① 〔元〕忽思慧著，刘光华校注：《饮膳正要》卷第一“聚珍异馔·三下锅”，第12页。

宴席食单。在这份由七道美食组成的席单中，第四道便是当时宫廷里的三下锅[1]，这说明羊肉水饺不仅是元代宫廷美馔，还是当时宴席中的一道汉族风味名品。

在另一部朝鲜时代汉语教科书《朴通事》中，有两处提到扁食。一处是在元大都午门外的饭店，在店家向顾客介绍的15种美味中，第三种便是扁食。另一处是："厨子你来……你将那白面来，捏些扁食。"[2]明确说出了这种羊肉水饺的饺子皮原料和成形手法。

在《全元散曲》中，"嘲妓家匾食"虽是一语双关之作，却以拟人的手法描摹出元代文人对水饺的认识。

其原文是："白生生面皮，软溶溶肚皮，抄手儿得人意。当初只说假虚皮，就里多葱脍。水面上鸳鸯，行行来对对，空团圆不到底。生时节手儿上捏你，熟时节口儿里嚼你，美甘甘肚儿内知滋味。"[3]

不难看出，开头的面皮、肚皮和抄手，写出了当时水饺用重罗之面包后的质感。"当初只说假虚皮，就里多葱脍"，显然写的是水饺馅。

在另一版本中，"当初只说假虚皮"后面的三个字为"烂如泥"。如果从形容水饺馅匀润滑腻的角度来看，"烂如泥"比"假虚皮"要

① 汪维辉编：《朝鲜时代汉语教科书丛刊》(二)《原本老乞大》，中华书局2005年版，第29页。

② 日本京城帝国大学法文学部：《奎章阁丛书》第八《朴通事谚解》，第323、151页。

③ 隋树森编：《全元散曲·嘲妓家匾食》，第1687页。

明确通顺。此外，“就里多葱脍”一句，说明当时水饺馅有名的辅料是葱花。

煮过或见过煮饺子的朋友都记得，饺子刚下锅时会沉底，但用勺轻轻推几下后，便会漂上来，直到出锅时一直会浮在汤面。“空团圆不到底”，则一语双关地写出了饺子在煮的过程中的这一最大特点。

以上所引的四条文字记载让我们得知，元代的扁食是以重罗面为皮、以羊肉葱花为馅的水饺。其皮讲究薄如指甲，其馅以滑细如泥为尚。

在这四条文字记载中，扁食的“扁”均写作“匾”，这是为什么呢？

从“匾”字的义项看，主要有二义：一是指店铺的牌匾，二是指古代妇女放针线的匾篮，这种匾是用杨、柳或竹编的小篮，圆形、平底、浅边，当时还是北方女方的陪嫁品。

民俗学资料显示，最初的扁食皮不是擀成的，是用双手将揉圆的小面剂压扁后，再边捏边转捏成周边稍高、中间稍厚的圆皮，至今山西介休等地人包扁食时，仍沿用这一古老的手法。

可能是因为捏出的饺子皮和匾篮形状相似，故用来指称水饺，并写作“匾食”。由此看来，匾食的匾当初指的应是羊肉大葱馅水饺的皮。

至于这种水饺的大小，《金瓶梅》第十六回有“李瓶儿亲自洗手剔甲，做了些葱花羊肉一寸的匾食”[①]，其中“葱花羊肉一寸匾食”，道出了扁食的个头。

所谓“一寸匾食”中的“一寸”，首先是扁食皮的直径要一寸，包后扁食最长处正好一寸，最宽处则为半寸。一般1斤面可以包出这么小的扁食120个[②]。

如今，山东济南、河南、山西介休、陕北、甘肃兰州和安徽北部等地，仍有扁食的名称。比如山西介休人把肉馅水饺称作扁食，而将素馅捏花边的叫饺子。而在皖北人的习俗中，正月初五的荤馅水饺才是扁食。

饺中包银

——远承殷商的吉祥表达

在明清文献记载中，饺子是年节的应节食品。明沈榜《宛署杂记》“民风一”：“岁时元旦拜年，晨起当家者，率妻孥（nú奴），罗拜天地，拜祖祢，作匾食，奉长上为寿。”[③]

沈榜系湖广临湘人，万历十八年（1590）任顺天府宛平县知县，

① 〔明〕兰陵笑笑生：《金瓶梅词话》，人民文学出版社1985年版，第191页。

② 山东省饮食服务公司编：《中国小吃（山东风味）·济南扁食》，中国财政经济出版社1982年版，第85页。

③ 〔明〕沈榜：《宛署杂记》第十七卷上字“民风（土俗）”，北京古籍出版社1980年版，第190页。

后升任户部主事。当时北京宛平县所辖从正阳门棋盘街以西直到西山一带，沈榜在任时走遍县境，在留心时事的同时，还搜求掌故。以上关于过年做扁食的年俗，当是他实地调查所得。

与沈榜同时代的内官刘若愚，在其《明宫史》中记下的却是万历、天启年间皇宫内关于年节饺子的风俗。该书火集“饮食好尚”：“正月：正月初一日五更起，焚香放纸炮，……饮椒柏酒，吃水点心，即‘扁食’也。或暗包银钱一二于内，得之者以卜一岁之吉。”①

明宫中这种以扁食包钱“以卜一岁之吉”的习俗，也被清宫完全沿袭。

据中国第一历史档案馆所藏清宫御茶膳房《乾隆元年至三年节次照常膳底档》和《乾隆四十一年节次照常膳底档》，除夕，为乾隆帝所上的75种美食中，有“鸭子馅临清饺子一品”。

临清为山东辖境，地处大运河畔，乾隆南巡，曾经过这里。除夕饺子又称更岁饺子，因在子时所食，故取“更岁交子”之意。

第二天正月初一，乾隆皇帝则在弘德殿早膳前先进煮饽饽一品，内有大样钱两个。

乾隆四十一年正月初一寅时二刻（凌晨三点），为乾隆所进的煮饽饽一品四个，内有通宝二个，用雕漆飞龙宴盒盛。乾隆食得，以

① 〔明〕刘若愚：《明宫史》火集“饮食好尚·正月”，北京古籍出版社1980年版，第83页。

示终岁大吉。

在北京民间，这种水饺内包钱的年俗，则是在除夕。

雍正年间在皇宫供职的潘荣陛在《帝京岁时纪胜》“岁暮杂务”中称，除夕，京城人“阖家吃荤素细馅水饺儿，内包金银小锞。食着者，主来年顺利”[①]。

到了清光绪年间，据富察敦崇《燕京岁时记》“元旦”：“是日，无论贫富贵贱，皆以白面作角而食之，谓之煮饽饽，举国皆然，无不同也。富贵之家，暗以金银小锞及宝石等藏之饽饽中，以卜顺利。家人食得者，则终岁大吉。”[②]

以上记载说明，明清时饺子在成为全民性过年必食的水煮包馅面食的同时，又被赋予“以示终岁大吉”的功能，成为表达吉祥之意的一种载体。

纵观中华美食风俗史可以发现，这种在食品中包裹某种特定物以示吉祥的习俗在唐宋时已有先例，《开元天宝遗事》记唐代长安正月十五日造面茧，以卜官位高下[③]。

南宋陈元靓《岁时广记》九引《岁时杂记》：“人日，京都贵家造面茧，以肉或素馅，其实厚皮馒头馂馅也，名曰‘探官茧’。又立春日作此，名‘探春茧’，馅中置纸签，或削木书官品，人自探取，

① 〔清〕潘荣陛：《帝京岁时纪胜》十二月“岁暮杂务”，北京古籍出版社1981年版，第41页。

② 〔清〕富察敦崇：《燕京岁时记》“元旦”，北京古籍出版社1981年版，第45页。

③ 〔五代〕王仁裕：《开元天宝遗事》卷下，中华书局2006年版，第36页。

各色水饺（姚梓京制作，贺耀春摄）

以卜异时官品高下。”

显然，明清时包有金银的过年饺子与唐宋探官茧、探春茧的功能相同，并且都是年节享用的包馅面食，只是唐宋的探官茧、探春茧是蒸的，而明清时的年节饺子则是煮的。

二者在心愿及其表达的载体上均有所不同，表面上看，唐宋的是“探官”和“探春”，明清时则全以金银来代表，而实际上“探官”也罢“探春”也罢，都与金银相一致，全是为了表达对吉祥的祈望。

如果再往前寻源，我们目前还未发现唐代是否有将金银或宝石类的吉祥物包入饺子的文字记载。

这幅《新年多吉庆》年画，描绘了清人过年的热闹情景。图中部厅堂三位主妇正在擀皮包饺子，厨房一人在灶锅旁煮饺子，右侧屋内三人盘腿坐在炕桌前，显系亲戚，左侧一人刚挑水回来，昭示过年饺子用的是新打上来的头花井水（张建宏摄自天津杨柳青木版年画博物馆）

考古发现告诉我们，新疆吐鲁番阿斯塔那302号墓中两位女尸的口中各含有一枚波斯银币，这是当时可以在高昌国流通的银钱①。

这种往先人口中放金银的习俗，可以从唐代一直追寻到距今3000余年前的殷代。

① 新疆维吾尔自治区博物馆：《新疆吐鲁番阿斯塔那北区墓葬发掘简报》，《文物》1960年第6期，第21页。

中国社会科学院考古研究所安阳工作队在1969年5月至1977年5月发掘的939座殷墟西区墓中，其中269号和610号等墓墓主人的口中，均含有贝或玉器。269号墓的墓主人口中含有三个贝，610号墓的墓主人口中含有一个贝。

贝是殷商时代流通的钱币，也是当时财富的象征，这说明唐代逝者口中含银币的习俗远承殷商之风，其来久远[①]。

是否可以这样说，从殷商时代直接将钱放入先人的口中，让先人在另一个世界能拥有财富永享幸福，到宋代的探官茧和探春茧，再到明清时让年节饺子所包的金银进入现实人的口中，这其中深蕴着古代中国人对吉祥美好的祈望，并且从祈望来世转变为更加珍视现实人生的幸运与快乐？

而在现实世界中，水饺则成为寄托这一美好心愿的载体，从而超越了它仅仅是一种美味面食的属性。这是古代中国人对吉祥美好追求的一种特殊表达，也是中国年节水饺的一种独特魅力。

面团之变

——13世纪以来中国饺子的创新

在1800年左右的历史发展中，水饺以地域分布广、食用者众多

① 中国社会科学院考古研究所安阳工作队：《1969—1977年殷墟西区墓葬发掘报告》，《考古学报》1979年第1期，第50、51、52页。

而成为中国饺子的代表性品种。但同时我们发现，在不同历史时期，古代中国人又以水饺为祖本，陆续推出烤、炸、蒸、煎且皮、馅各异的多种饺子。

水饺之后这一系列新式饺子潮流的涌现，首先是从饺子皮开始的。

沸水面团的出现带来烫面饺系列

水饺皮的面团是用冷水和成，因而也称“冷面团”。将冷水换成沸水，就成了烫面团。让人意想不到的是，面团的这一改变，竟引发了饺子熟制方法的改变，饺子随即由传统的水煮首先变为烤制。于是，炉烤烫面饺出现了，文献记载的时间大约是公元13—14世纪时的元代，当时它被称作“烙面角儿”[①]。

新式饺子的这一变化，为什么会从饺子皮所用面团的改变开始呢？实验表明，水饺直接用蒸法熟制，蒸出饺子的皮会发死发硬；用烤法，又极易烤煳且干硬；而用烫面做皮，则会明显减弱这些现象的出现。

在改变饺子皮所用面团的同时，为了缩短烤制时间，让人们最快享用，古人将饺子馅也变成炒熟的馅。于是，皮是烫得半熟的烫面，包上的又是熟馅，入炉稍烤就可以出炉了。

但是古人发现，这种用纯烫面为皮烤出的饺子，皮不松酥，口

① 〔元〕无名氏：《居家必用事类全集·庚集》“从食品”，第281页。

感虽然与爽滑的水饺不同，却仍有欠缺。

为了解决这一问题，人们在和制烫面团时加进了香油，馅也由熟馅改为生馅，并且把炉烤变成了油炸，烤饺就这样变成了炸饺。炸饺显然迎合了蒙古皇家的胃口，饮膳太医忽思慧在编撰宫廷食谱时，将它收入书中，成为宫廷筵中的一道面点，每盘四个，被定名为“莳萝角儿”[①]。

大约一个多世纪之后，久居北京、出身明代松江名宦世家的宋诩，在他整理的宋家食谱中，有一道面点名为“汤角”。细看其用料和制法，原来是用蒸法制作的烫面饺[②]，其制作工艺与后世北京、山东等地的烫面蒸饺几无区别。

到了清代乾隆年间，烫面饺又成为乾隆帝的喜食之品。中国第一历史档案馆珍藏的乾隆膳底档显示，乾隆四十四年和四十八年，乾隆帝无论是在北京圆明园还是在承德避暑山庄，烫面饺都会在御膳单中出现。细数乾隆御膳单上的烫面饺，竟有鸡肉、鸡肉香蕈、鸭子、鸭子口蘑、羊肉冬瓜、羊肉窝瓜和猪肉茄子等多种馅料。

在北京民间，烫面饺和水饺则是京师扁食的两大代表性品种[③]。当年那些行走在北京胡同里的烫面饺小食担，又成为旅京文人笔下

---

① 〔元〕忽思慧著，刘光华校注：《饮膳正要》卷第一“聚珍异馔·莳萝角儿”，第23页。

② 〔明〕宋诩：《竹屿山房杂部》卷五养生部，《景印文渊阁四库全书·子部》第871册，第130页。

③ 〔清〕周家楣、缪荃孙等编纂：《光绪顺天府志》第六册《食货志二·物产》，北京古籍出版社1987年版，第1833页。

难忘的时代记忆。

《一岁货声》“烫面饺”注称，卖烫面饺的小贩，“凡二人，一担前设方盘，中安锅灶笼屉，后则高方柜，背有栏，上抽屉二层，下空，装水桶；一人担二圆笼，内盛各种馅盆，现定现蒸。猪肉、口蘑、干菜、虾仁、香椿、龙须菜、芽韭、藕、羊肉、茴香、白菜、豇豆、芽豆、胡萝卜、卤”[①]。

看到这里，真的令人震撼，寻常一道烫面饺，竟有15种馅料，而且是“现定现蒸”，其风味之美当可以想见。

与烫面饺有关但又与元代宫廷烫面炸饺稍有不同的是昔日北京的“蒸而炸”。这种烫面炸饺一般为西葫芦香菜素馅，馅中略加香油、五香面和精盐，烫面饺蒸后放油锅中稍炸捞出，浇上蒜泥汁就是一盘，虽然是全素，但风味独特。

直到20世纪50年代前后，北京崇文门外花南小市口路东、北羊市口一家马蹄烧饼铺，也卖这种烫面炸饺。在山西长治陵川县，类似北京的蒸而炸但馅料更丰富的则叫“油糊饺”[②]。

这道炸饺在元代宫廷食谱中写作“莳萝角儿”，在《居家必用事类全集》中，前面二字写为音同字异的左偏旁都是“食”、右边是“是”“罗”，说明当初这道炸饺的馅中应该是有莳萝。

但《居家必用事类全集》中未见馅料的记载，《饮膳正要》所记

① 李家瑞编，李诚、董洁整理：《北平风俗类征》上册“饮食”，北京出版社2010年版，第332页。

② 张洪光、郭起云主编：《传统小吃》，第97页。

馅料的调料也仅有葱、陈皮和姜等，未见莳萝。

推想莳萝为蒙古皇家不喜之物，故未投放，但名称仍一如其旧，说明这道馅料中有莳萝的炸饺此前名气很大。四水潜夫（即周密）《武林旧事》卷第六“市食”中有“市罗角儿”，应即莳萝角儿的同音异写，可证此饺在南宋时已为临安（今杭州）市场名食。

莳萝原产西亚，后传至地中海沿岸直至欧洲各地。据李珣《海药本草》莳萝条，“谨按《广州记》云：生波斯国。……主膈气，消食，温胃，善滋食味”[①]，说明作为一味药食两用香草，莳萝于唐代首先通过海上丝绸之路传入岭南，初为药用，至宋元时已有食用的记载，这里的莳萝角儿即为面食中的一例。

在《红楼梦》第四十一回中，丫环们为贾母和刘姥姥送来的两个点心盒子，其中一盒两样炸食之一是一寸来大的螃蟹馅小饺儿。据秦一民先生研究，这小饺儿就是先蒸后炸的苏杭风味名饺[②]。这说明炸饺至清代又成为高门的一味精致的小点心，并流行大江南北。

软面团的出现带来锅贴系列

文献记载说明，水饺之后新式饺子的不断出现，不仅仅来自饺子皮面所用生水熟水的改变，而且来自加水量的明显改变。将和面的水

① 〔五代〕李珣撰，尚志钧辑校：《海药本草（辑校本）·草部》卷第二，人民卫生出版社1997年版，第30页。

② 秦一民：《红楼梦饮食谱》，华岳文艺出版社1988年版，第53页。

内蒙古博物院藏元代三足双耳饼铛。民俗学资料显示，后世类似铁铛，除了烙馍、做铛炮羊肉以外，还用于做锅贴。《饮膳正要》等元代典籍记载的“鏊上炮熟”的“鏊”，似也指这类铁铛（徐娜摄自首都博物馆“大元三都”展）

量增加，用于饺子皮的面团就从“团”变成了“糊”，将面糊摊成饼，包上馅，用酒杯刻出，再用油炸，就成了元代的“盏酪燋油”[①]。

如今在浙江舟山一带，直接将面粉倒入白铁皮做的弯月形模具内，再放入两只海虾和葱末，下入七成热的油中炸至金黄色出锅，将饺子从模具中取出，这就是风味独特的舟山虾饺。[②]

① 〔元〕无名氏：《居家必用事类全集·庚集》“从食品”，第281页。

② 浙江省饮食服务公司编：《中国小吃（浙江风味）》，中国财政经济出版社1981年版，第26页。

锅贴，是水饺之后只在皮面团和熟制方法上改变的一种饺子。用于锅贴皮的面团一般比水饺的软。同是锅贴，北京、天津、济南的虽然都有回汉风味之别，但是在包法上有所不同。

北京的锅贴，皮、馅包和时留口较小，而天津和济南的则露出两端。在米食盛行的福建，锅贴也是沙县小吃的一种，其形制与北京的大体相近[①]。

从锅贴制作的全过程特别是在铛上用油和面水煎，以及最终出铛时锅贴底面必须以颜色金黄入口焦脆为标准来看，当初锅贴的创意应是从剩水饺用油煎却别有风味受到启发而来。

在浙江绍兴嵊州，当地有一种小吃叫烤饺。据友人申洪亮先生寻访，这种饺子的皮面除了面粉和水以外，还加了盐和油；馅则分小葱猪肉和纯肉两种。在嵊州街头食店，做烤饺的是一种平底锅，锅烧热后，饺子先用油稍煎，再加水没过饺子一半，盖盖。待水快烧干时，倒入用小葱花和盐打匀的蛋液，煎熟时翻个、淋油，再将另一面煎至金黄色，撒上小葱花即可出锅。

绍兴嵊州烤饺的名称及其制作过程，与《居家必用事类全集》记载的“烙面角儿”相似，显然是宋元烙面角儿的遗响，但是在熟制炊器和熟制方法上，这种烤饺又类似北方的锅贴。

① 乐相森、林霞：《沙县小吃（一）》，沙县小吃业发展领导小组办公室1998年印本，第60页。

浙江绍兴嵊州的烤饺（胡平供图）

米粉面团的出现带来粉角系列

同水饺相比，新式饺子最大的变化是对饺子皮所用主料的颠覆，即由小麦面粉变成了米粉或淀粉、澄粉。以米粉为皮料的饺子至迟在明代已经出现，当时被称作“粉角”[①]。

到明末清初时，粉角被广东人称作“粉果”。《广东新语》：“平常则作粉果，以白米浸至半日，入白粳饭其中，乃舂为粉，以猪脂润之，鲜明而薄，以为外；荼蘼露、竹胎、肉粒、鹅膏满其中，以

① 〔明〕张自烈、〔清〕廖文英：《正字通》戌集下“食部”，第1299页。

为内。”[1]

这段文字中提到的白米，应是糯米，白粳饭应是熟粳米饭。

为什么要将泡过的生糯米和熟粳米饭放到一起“为粉”呢?

我们知道，糯米的黏性比粳米大，但硬度比粳米低，这两种米无论是同时生用还是熟用，都不会像小麦面团那样具有良好的弹性和延伸性，也就是都做不成饺子。

历史上南迁粤地的中原人，可能是想到了祖居地用生、熟小米和黍子来做饸饹的方法，将黏性大的生糯米粉与黏性小但硬度高的熟粳米饭相混揉，从而使这种由生熟二米和成的米团也具有小麦面团的延伸性，巧妙地解决了米团不能做饺子皮的难题，这应该是古代南迁的中原人对饺子工艺的一项重要创新。

现在，以二米或类似粉团做的粉饺，在安徽肥西三河、浙江、湖北沙市、广东潮汕和广西南宁等地均有，其中肥西三河和湖北沙市的为炸米饺，其他地区的多为蒸粉果（饺），馅心也甜咸均有。水饺之后的多品种时代，至迟在清中叶已传至大江南北。

写至此，如果追溯饺子的款式及其名称的源头，大致是这样的：带汤食用的饺子包括饺子和面条同煮的款式，元代宫廷的“三下锅”应是其源头。宋代的“角子”，应是明清时“饺子”一词的词源。扁食应源于宋元时的“匾食”。清代的煮饽饽、粉饺，明代已见记载。

① 〔清〕屈大均：《广东新语》卷十四“食语”，中华书局1985年版，第381页。

擀捏·模刻·刀切

——亚欧大陆饺子的形制类型

翻开《国际菜谱》等西餐书，在俄罗斯、格鲁吉亚、乌克兰、法国、意大利、匈牙利、叙利亚和朝鲜等亚、欧、美洲国家的美食中，也有皮、馅各异的多种饺子。

细看这些国家的饺子谱，饺子皮多是以面粉、鸡蛋、盐加水和成的软面团，而中国的饺子皮用的都是加水量较少的硬面团。

在馅料中，牛、羊、猪肉等主料及其切成或绞成末的方法同中国差不多，但拌馅的调料基本上是黄油、洋葱、大蒜、胡椒粉和精盐等，而未见中国饺子馅常用的大葱、鲜姜、酱油或黄酱、香油和料油等调料。

在饺子皮的制作、饺子的成形方法和最终出品的款式上，它们却与中国饺子的现代版或古典版有着不少相似之处，甚至会让人不禁联想到中国古代饺子的相关文献记载和考古出土的实证。

如果从饺子皮和饺子的成形方法来分，这些亚、欧、美洲国家的饺子大致可以分为三种类型。

第一种是以叙利亚、法国和匈牙利为代表的擀皮捏制型饺子。

叙利亚的饺子馅是用黄油、洋葱末、羊肉末、核桃仁、菠菜、精盐、胡椒粉、丁香、桂皮、茴香籽粉10种馅料炒制而成的熟馅，饺子皮是将面粉、鸡蛋加水和成的软面团擀成的圆皮。将馅放在皮上，先包成半圆形，再捏花边，就成了叙利亚的花边饺子。

煮熟后，上桌时不是随中国饺子的醋蒜碟，而是随酸奶蛋黄少司蘸食。

在法国饺子中，清汤咖喱饺最有名。其馅是将黄油、洋葱末、猪肉末、咖喱粉、精盐、胡椒粉炒香的熟馅，饺子皮面团的和制方法同叙利亚的相似，只是其中多了盐，也是一种软面团。

擀皮、包馅和捏合的方法不仅与叙利亚的相近，而且最终捏出来的也是花边饺子，只不过这种法式咖喱饺子是炸饺而不是水饺，但上桌时要配清汤①。

同叙利亚和法国相比，匈牙利的饺子无论是皮还是馅都很特殊。比如土豆饺子，是将去皮土豆煮熟搅成泥，再加猪油、蛋黄、面粉和盐揉匀，揪剂后擀成皮，放一茶匙果酱为馅，包成饺子后，煮好捞出，还要滚上面包渣，再放进烤箱烤一下。

如果把果酱换成蜜饯李子、杏或乌梅，那就是匈牙利的李子饺子、杏馅饺子或乌梅饺子。

在匈牙利的饺子中，纯以面团为皮的饺子首推圆白菜饺子。其皮是用黄油、鸡蛋、蛋黄、盐、面粉和成的面团擀成，馅是用猪油、圆白菜、炸面包丁和盐等炒成的熟馅，包后煮熟捞出，上面再放上黄油和计司末就可以上桌了②。

第二种是俄罗斯、格鲁吉亚和乌克兰的模刻成形饺子。

① 北京友谊宾馆《国际菜谱》编写组：《国际菜谱》，科学普及出版社1983年版，第269、40页。

② 马新编译：《匈牙利名菜》，第268、61、237页。

这三国饺子的馅各有千秋，俄罗斯的是猪肉牛肉各半，所用调料除了洋葱、盐、胡椒粉之外，拌馅时还要加点水，类似中国的水打馅。

格鲁吉亚的是羊肉、洋葱、大蒜、鸡蛋、盐和胡椒粉。

乌克兰最著名的馅是用土豆泥、水发口蘑、洋葱、黄油、鸡蛋和盐调成的素馅。

饺子皮大体都是用面粉、鸡蛋、盐加水和成的软面团，先擀成大薄片，将馅挤成小丸子，然后一个个码在面片的一半上，再将另一半面片折盖在丸子上，用铁圈或不锈钢圈压刻成一个个半圆形饺子，用牛肉汤煮熟，带汤盛入盘内，浇上酸溜溜的柠檬黄汁，撒上香菜末即可食用[①]。

第三种是意大利和阿根廷的刀切成形饺子。

意大利饺子有带汤和不带汤的两种，馅一般是用熟猪肉、熟牛肉、熟菠菜、火腿、计司、鸡蛋、盐和胡椒粉拌成，皮是先用面粉加鸡蛋但不加水和成面团，再擀成薄片，在面片的一半放上用馅挤成的小丸子，刷上鸡蛋糊，折盖上另一半面片，轻轻压紧，用花刀切成四方形或斜角形饺子，用沸水煮熟捞出，放入盘内，浇上番茄沙司，撒上计司末，这是不带汤的。

如果往盘里浇上鸡清汤，就是意式饺子汤。

---

① 马新编译:《匈牙利名菜》，第61、269页；成孟秋编译:《意大利名菜》，轻工业出版社1990年版，第113、123、124页。

用擀面杖和模具制作的意大利饺子（引自食品信息网）

阿根廷饺子是煮后另浇少司汤，饺子皮与意大利的稍有不同，和面时除了鸡蛋以外还要加水，而且擀出的皮也比意大利的稍厚。

馅是用牛肉末、洋葱末、蒜末、鸡蛋、生菜油、盐和胡椒粉拌成，也是挤成一个个小丸子，放在面片上，折盖后压紧，用花刀切成斜方形饺子，水煮后捞入盘内，浇上用黄油、洋葱末、大蒜末、牛肉末、胡萝卜丝、西红柿丁、番茄酱、盐、胡椒粉和清汤炒制的少司，再撒上计司丝就可以了[①]。

不难看出，阿根廷饺子的口味要比意大利的浓郁。

从东亚到欧洲
——13世纪中国饺子的西传

以上这三种类型的饺子与中国饺子的关系，很明显，第一种类型的饺子，在制皮和包捏成形上，让我们会联想到前面谈到的元代文献中的相关记载，特别是叙利亚和法国的花边饺子，更让我们立刻想到重庆忠县出土的公元3世纪时的花边饺子陶模，而匈牙利的饺子，又让我们想到了吐鲁番出土的公元7—9世纪时的隋唐饺子。

从地图上看，这三国都在中国的西边和北边，而且很遥远。这三国的饺子虽然与中国饺子形似，似乎又并不搭界。

法国烹调与意大利密切相关，汉代史籍中的“大秦”，即古罗马。在反映公元前2世纪意大利农业发展状况的《农业志》中，古罗马著名农学家加图（公元前234—前149）记载了当时13种小麦面食及其制法[②]，其中未见花边饺子或饺子。

在贾思勰《齐民要术》和忽思慧《饮膳正要》中，可见“胡饭”

① 北京友谊宾馆《国际菜谱》编写组：《国际菜谱》，第269、40页。

② 〔古罗马〕M. P. 加图著，马香雪、王阁森译：《农业志》，商务印书馆1986年版，第41—46页。

和“脑瓦剌”的制法[①]，这两种胡式餐品，简单来说，就是薄饼卷烤肉时蔬。如果从小麦面食的形制所表现的文化特征来看，加图和贾思勰、忽思慧所记的古罗马与胡式面食，均表现出高度一致的饼肉分制、肉放饼上的开放式特点。

而无论是古今中国的花边饺子，还是叙利亚和法国的花边饺子，尽管馅心和蘸料各异，但呈现的均是皮馅一体、相合同制的包容式特征。

在世界史上，叙利亚、法国和匈牙利都曾与阿拉伯帝国相关联。尤其是叙利亚，对古代中国来说并不陌生，阿拉伯帝国倭马亚王朝时期（661—750），叙利亚的大马士革是其都城。而阿拉伯帝国即中国史书中的“大食”，特别是与唐朝往来更多。

以铁圈或酒杯等模具刻制饺子，在《居家必用事类全集》中已有明确记载，该书记载的“烙面角儿”等三种饺子，都是“以盏脱之”而成形[②]，说明这种方法在中国元代的饺子制作中比较常见。

关于俄罗斯、格鲁吉亚和乌克兰这种模刻饺子的文化来源，苏联一位学者在解读莫斯科克里姆林宫一幅表现8—15世纪俄罗斯饮食状况的壁画时指出，画中的“曼特”是一种大饺子，明显受到鞑靼

① 〔北魏〕贾思勰著，缪启愉校释，缪桂龙参校：《齐民要术校释》卷第九飧饭第八十六，第526页；〔元〕忽思慧著，尚衍斌等注释：《饮膳正要注释》，中央民族大学出版社2009年版，第103页。

② 〔元〕无名氏：《居家必用事类全集·庚集》“从食品”，第281页。

和蒙古族烹调技术的影响[①]。

“曼特”显然是“馒头”的音译，馒头与饺子在中国虽然是两种不同的面食，但其名称已经表明，俄罗斯饺子应源于中国。

日本学者吉成大志认为，俄罗斯西伯利亚饺子与中国水饺非常相似，格鲁吉亚人的饮食中也有这种食品，只是外形比西伯利亚的更大些，格鲁吉亚人称之为“欣加利”。从这些食品中可以看出，这些民族的饮食文化与东方饮食文化有着共通之处[②]。

以刀切法成形的饺子，目前在中国文献中还鲜见记载。

我们推想，阿根廷的饺子可能来自意大利。

阿根廷虽然在南美洲，但自16世纪中叶起即沦为西班牙的殖民地，1816年阿根廷宣布独立，1866年定名阿根廷共和国，国民人口中97%为白种人，是南美洲各国中白种人比例最高的国家，至今西班牙语仍为其国语。可以说在一定意义上，阿根廷文化实际上是以西班牙文化为代表。

在中世纪欧洲史中，公元5—8世纪初，西班牙曾在意大利西哥特王国版图之内。16世纪时，意大利北部的米兰公国曾被西班牙占领。

15—16世纪，法国与西班牙争夺意大利的统治权，战争的最终结果是意大利大部分领土隶属西班牙。由此我们可以明白，为什么意大利和阿根廷、也就是和西班牙饺子的成形方法如此相似。

---

① 刘来石、孟昭恩编译：《苏联现代佳肴烹调艺术》，轻工业出版社1990年版，第4页。

② ［日］中山时子主编，徐建新译：《中国饮食文化》，中国社会科学出版社1992年版，第330页。

在国际学术界，有关饺子的起源与传播观点不一，但美国学者蕾切尔·劳丹指出，有一点是明确的，那就是饺子是在“蒙古治下的和平”时代才决定了其传播范围。为此，劳丹还设计了一幅1200—1350年世界饺子传播图。

从这幅地图上可以看出，13—14世纪的世界，当亚欧大陆均在蒙古四大汗国即金帐汗国、察合台汗国、伊利汗国和中国元朝的版图时，从东到西、到北，饺子依次出现在从日本列岛至地中海沿岸及其以北地区。

首先是东亚日本的煎饺和朝鲜饺子，越过元朝中国，是印度的三角形肉饺子、中亚乌兹别克斯坦的小饺子、伊斯法罕的三角饺子、土耳其饺子，然后是俄罗斯、意大利、乌克兰、波兰和白俄罗斯的各式饺子。

关于饺子于13—14世纪在亚欧大陆大面积的出现，劳丹的解释是，持续了大半个世纪的蒙古治下的和平，将欧亚大陆及其范围内各路饮食的核心因素联结了起来，并对从中原、朝鲜和俄罗斯等俘虏来的匠人进行了重新安置。在波斯的汗国，厨房里是中国厨师。

劳丹认为，蒙古帝国虽然被后来的王朝所取代，但“它们在饮食风格中也留下了种种蛛丝马迹”。比如在中亚，乌兹别克人除了用烤、炸的方法熟制饺子之外，尤其爱以水煮的方式做小饺子和曼泰大饺子。

但劳丹同时也指出，关于烘烤或油炸的饺子、意大利小方饺与中国饺子之间的关系目前尚不清楚。随着15世纪奥斯曼帝国和莫卧

15世纪晚期印度中部摩腊婆国苏丹监制炸饺子图（引自［美］蕾切尔·劳丹著，杨宁译《美食与文明：帝国塑造烹饪习俗的全球史》，民主与建设出版社2021年版，第163页）

儿帝国的崛起，羊肉馅饺子又成为当时伊斯兰饮食的一种名食[①]。

看来劳丹综述的多国学者关于饺子在亚欧大陆传播的研究成果，实际上也从一个侧面揭示了如今亚欧大陆饺子的历史由来。这使我们得以在世界文化史的层面上打开一扇窗口，进一步看清了饺子是如何在历史的岁月中在亚欧大陆传播。

① ［美］蕾切尔·劳丹著，杨宁译：《美食与文明：帝国塑造烹饪习俗的全球史》，民主与建设出版社2021年版，第163、166、169、173、174、175、179页。

第四章　中国拉面

——永生与长寿祈愿的面条版表达

拉面是人们熟悉的中国面条类名品，除了日常食用以外，在公众场合，它往往还以其长其细而成为轰动世界的美食新闻。

据2017年10月30日人民网记者时岩、侯琳琳报道，河南南阳一家挂面企业，当年10月28日为99位长寿老人准备了一份特殊的礼物——一根长达3048.32米的长寿面，这是三位面点师用近40公斤面粉、历时一天的杰作，创下了世界最长面条的吉尼斯世界纪录。这一长度打破了2007年由日本面点师所创548.7米的世界最长面条纪录。

而在2003年10月27日，有拉面王子之称的面点师厉恩海，在湖南长沙以1公斤面团一次抻出209万根面条，面条细到一个针孔竟能穿过20根。更令人感到惊奇的是，厉师傅的公子厉涛以209万7152根的成绩超过其父。

面对如此震撼人心的新闻，人们在惊叹面点师高超的技艺时，也不禁会问：中国人经历了怎样的探索、感悟与岁月的验证，才最终将小麦面团的可塑性定格在如此高超的水平上，并成为世界面食文化中的一个亮点？

赵志军先生的最新研究成果表明，原产西亚的小麦大约在

兰州拉面（刘天斌制作，刘宝树摄）

北京全聚德高级面点技师张景宇在“京交会”上展示抻面技艺。一块面团经13次抻拉，成为8192根细如发丝的“龙须”，用于制作全聚德一道特色面点奶油龙须饼。据了解，最多时，她可抻出32768根（李东摄）

3500—4500年前经由中亚传入中国[①]。

中国先民对小麦物性的认知，从陌生到粒食，从粒食到粉食，进而在粉食阶段将小麦面团做成各种形状的面条类美食，大约经过了2000年的探索。

从文献记载的成形手法来看，中国古代各种面条大致由以下七种方法成形：手拉、手推、箸拨、模出、刀切、刀削和出条器。其中，以模出和部分以刀切法成形的品种，我们在本书相关篇章中已专述，这里重点谈的，是主要以手拉法成形的面条的历史概况。

水引古面

——3世纪粟黍工艺影响下的早期中国拉面

“水引”是以手拉法成形的中国古代小麦面粉面条头牌品种，它为什么叫水引呢?

所谓“水引”，简单来说有两层意思，一是用水浸揉好的面剂，二是以水当饽面拉条。水引的“引”，按清末薛宝辰的说法，扯面（拉面）的扯，本作桢，在《玉篇》中释作“引”[②]，意思是“引”就是扯面的扯、拉面的拉，“水引”即在水的辅助下将面剂拉成条。

水引或水引饼的名称，目前所知最早见于唐《初学记》所引范

---

① 赵志军：《小麦传入中国的研究——植物考古资料》，《南方文物》2015年第3期，第44页。

② 〔清〕薛宝辰撰，王子辉注释：《素食说略》，中国商业出版社1984年版，第49页。

汪《祠制》，其原文是："孟冬祭，下水引。"[①]

范汪是东晋名士和名医，这条记载说明，至迟在公元4世纪，水引在中原地区已很流行，并曾作为初冬时祭祀祖先的祠堂供品。

但是，水引的出现应早于范汪时代。在魏晋诗赋中，不乏颇具水引意韵的名篇。"乃有三牲之和羹，蕤宾之时面。忽游水而长引，进飞羽之薄衍，细如蜀茧之绪，靡如鲁缟之线"[②]，傅玄以如此生动形象的文字，在《七谟》中描绘出一幅西晋面点师临釜制作面条的场景图。

"忽游水而长引"，拉入釜中的面条，随水沸而翻滚舒展于汤面；"进飞羽之薄衍"，投入釜中的面条，犹如轻薄的鹅毛飘落釜中。

"细如蜀茧之绪，靡如鲁缟之线"，则凸显了傅玄对面条极致形象充满浪漫色彩的想象与升华。

其中的"忽"字，极言面点师拉面动作令人目不暇接；"飞"字，道出了面点师拉面速度之快；而"长"和"薄"，则描摹出面条的品相特征。

倘若将"忽游水而长引"之句略去"忽游"和"而长"，则顿现隐在赋中的"水引"之名。如果这一理解不误，傅玄《七谟》将是目前所知最早歌咏水引的名赋，自然也是记载水引的最早文献之一。

① 〔唐〕徐坚等：《初学记》卷二十六"饼第十七"，中华书局1962年版，第643页。
② 〔晋〕傅玄：《七谟》，〔清〕严可均辑：《全晋文》卷四十六，商务印书馆1999年版，第473页。

作为魏晋南北朝时期的面食新宠，水引颇受王室贵族的追捧。早在南齐开国皇帝萧道成在刘宋时代统兵时，何戢知道萧氏喜食水引，萧氏每次到何府，何戢都会让其夫人亲自下厨做水引，此事一时传为佳话[①]。

需要说明的是，在范汪之前，《齐民要术》所引的东汉《四民月令》中已有“水引饼”，其全文是：“距立秋，无食煮饼及水引饼。”其后注：“夏月食水时，此二饼得水，即坚强难消，不幸便为宿食伤寒病矣。试以此二饼置水中即见验；唯酒引饼入水即烂矣。”[②]但《北堂书钞》和《太平御览》均为“水溲饼”而非“水引饼”。

生活经验告诉我们，如果是水引饼也就是面条，吃了一般不仅不会有肠胃不良反应，反而会利于消化并且感觉很舒服。大概因为如此，缪启愉先生辑释的《四民月令辑释》中，此句为“水溲饼”而不是“水引饼”[③]。

那么水引饼是怎样制作的呢?

《太平御览》所引弘君举《食檄》和《齐民要术》，除了分别记有水引面团的两种和制方法以外，还介绍了水引的出条手法。

这两部文献所显示的制作流程是：首先用细绢筛取精面，然后

① 〔宋〕李昉等：《太平御览·饮食部》卷第八百六十“饼”，中华书局1960年版，第3818页。

② 〔北魏〕贾思勰著，缪启愉校释，缪桂龙参校：《齐民要术校释》卷第三杂说第三十，第166页。

③ 〔东汉〕崔寔著，缪启愉辑释，万国鼎审订：《四民月令辑释》“五月”，农业出版社1981年版，第54页。

分别用调好味凉凉的肉汤和滤掉滓的茶水，将小麦面精粉和成软硬适度的面团。接着将面团搓成像筷子那样粗的条，一尺一断，码在盘内用水浸。

当初步加工的面条剂饧得“刚软中适”时，用手在锅上方将面条剂拉成像韭菜叶那样的条，依锅中的水随开随拉随煮。煮熟捞出，这种面条不仅薄如韭叶，而且“细如委綖，白如秋练”[1]。从其流程不难发现，这种面条饧面和用手拉薄时为防面团粘连和粘手，全借助水来操作。

令人深思的是，古人当时为何不用油或饽面呢？

从用水饧面和出条可以看出，在早期中国面条的制作中，古人虽然已经有了“饽面”意识，但由于对小麦面团的认识仍不十分清晰，还没有想到用油或饽面来解决搓条、拉条过程中的粘连和粘手问题。而借助水来解决操作中“粘”的问题，应该是袭用了此前已有数千年历史的粟黍制品的工艺传统。

推想古人创制小麦面条的初期，难免会用粟黍面团的认识和做法来对待新来的小麦面团。“水引”法的出现，应该是这种传统观念和操作习惯所留下的时代印记。

关于后来拉面时的饽面及其用法，在《云林堂饮食制度集》、《居家必用事类全集》和《竹屿山房杂部》等书中，已有用淀粉做饽面的记载，其中宋诩在《竹屿山房杂部》中强调：“凡面中用饽，用

① 〔宋〕李昉等：《太平御览·饮食部》卷第八百六十“饼”，第3820页。

绿豆粉。”[①]

应当指出的是，将盘内的面条剂拉薄投入锅内时，《齐民要术》原文所用的动词是“挼”。挼，音nuó，为挪的异体字，本为揉搓义。其原文是：“宜以手临铛（锅）上，挼令薄如韭叶，逐沸煮。”[②]

从全文所显示的操作流程来看，当是双手各持面剂两端，在锅边悬空将面条剂拉长拉薄。如果是用手“揉搓”盘内面条剂使其薄，又何来“临铛上”？

看来“挼”在这里按揉搓的意思讲不通，释“拉”或“抻”为宜。

水滑面细

——9世纪以来面团新揉法与细面条的出现

隋唐五代时，文献中有关面条的记载虽然不少，却难觅“水引”的踪迹。水引的名称连同其制作技艺都消失或失传了吗？

在敦煌文书中，有“水面”一词，高启安先生认为应是“水引面”[③]。从食品名称由繁至简来看，水面是水引面的简称是可能的。

① 〔明〕宋诩：《竹屿山房杂部》卷五养生部，《景印文渊阁四库全书·子部》第871册，第129页。

② 〔北魏〕贾思勰著，缪启愉校释，缪桂龙参校：《齐民要术校释》卷第九饼法第八十二，第510页。

③ 高启安：《唐五代敦煌饮食文化研究》，民族出版社2004年版，第143页。

如果再从水面用料的角度来考察，敦煌文书记有白面、粗面和黑面三种面粉，其中的白面，应即束皙《饼赋》所言的重罗之面。而敦煌文书记载的水面，用的正是这种适合抻拉做面条的小麦面粉。如此看来，唐五代时的“水面”应系公元3世纪水引面的简称。

唐代巢县令杨晔成书于大中十年（856）的《膳夫经手录》，记有当时10种“不托”也就是面条类面食的出品特点或名称，其中开头第二种是“有带而长者”[①]，这明显是“水引”出品的形状特征。

杨晔的这条记载十分珍贵，它说明经过数百年频繁的战乱、朝代更迭和人口迁徙，水引的名称虽然鲜见了，其拉面的技艺却流传下来，并成为大唐面条类面食中名列前茅的品种。

宋元文献中出现的“水滑面”，虽然与水引只有一字之差，却非常值得关注。

宋《吴氏中馈录》：“水滑面方：用十分白面，揉搜成剂。一斤作十数块，放在水内，候其面性发得十分满足，逐块抽、拽，下汤煮熟。抽、拽得阔薄乃好。麻腻、杏仁腻、咸笋干、酱瓜、糟茄、姜、腌韭、黄瓜丝作齑头，或加煎肉，尤妙。”[②]

元《居家必用事类全集》：“水滑面：用头面，春、夏、秋，用新汲水入油、盐，先搅作拌面羹样，渐渐入水，和搜成剂。用手拆

① 〔唐〕杨晔：《膳夫经手录》，《续修四库全书》本，上海古籍出版社2002年版，第525页。

② 〔宋〕浦江吴氏：《吴氏中馈录》，说郛本，第19页。

开作小块子，再用油水洒和，以拳揉一二百拳，如此三四次，微软如饼剂。就案上，用一拗棒纳百余拗。如无拗棒，只多揉数百拳。至面性行，方可搓为面指头，入新凉水内浸两时许。伺面性行，方下锅。阔细任意做。冬月用温水浸。”①

综合这两条关于水滑面制法的记载，特别是要选用筋性高的头面和面条剂用水浸且未见用饽面来看，水滑面在工艺上与水引显然一脉相承。

与水引不同的是，水滑面在和面时已不用肉汤而改用新汲的井水加油、盐，而且在面团的和法上十分讲究揉的工具和次数，直到“面性行”时才可以拉条下锅煮，这其中深蕴着古人对拉面面团性质的认识已进入一个新的境界。

怎样才能达到“面性行”呢？这主要体现在出条前对面团的处理上。先要“以拳揉一二百拳，如此三四次”，然后再“用一拗棒纳百余拗”。如无拗棒，则须“多揉数百拳”，直至“面性行”即面团的面筋网络完全形成方可。

这种对拉面面团的处理方式，至今在山东烟台福山拉面师的操作中仍可以见到，被视为非物质文化遗产传承技艺。

在拉条技艺及其出品的款式上，从“一斤作十数块”到“逐块抽、拽”，再到“用手拆开作小块子”，最后“方可搓为面指头”，这一系列工艺节点说明，宋元时的水滑面，秉持的仍然是水引时代一

① 〔元〕无名氏：《居家必用事类全集·庚集》“湿面食品”，第276页。

河南省开封市的“一根面”。商招上的文字和现场场景说明，这种面条是用双手将麦芯粉面团直接从面盆拉抻至面锅而成，以持续拉抻长及数米一根一碗著称（马民生摄）

次一条的成形手艺。

“抽、拽得阔薄乃好”的出条标准，反映出直到南宋时水滑面仍然以扁薄的韭叶形长条为美。而“阔细任意做”的说明，又让我们得知，水滑面除了宽条面以外，还出现了细条面。

这种新款式面条的面世，显示出水滑面已经跳出水引时代出品的审美层面，同时也体现了其拉面技艺的新发展。

顺便提一下，在山西介休，至今仍保持着水滑面的古称，只是在书面上写作“水哗”，并有将过水面从水中捞出时因有哗哗的水声故名“水哗”的说法。在当地，水滑面是每年夏季头伏第一天家家都要做的面食，取吃了水哗伏天凉爽之意。①

扯面抻面

——11世纪告别水引步入中国拉面新时代

扯面之名在公元11世纪的《倦游杂录》中已见记载，只是当时写作“奢面”，这一点我们在本书“汤饼与馎饦”篇章中已作说明。

至明清时，在与面条相关的文献中，出现了“扯面”和“桢条面”（即抻面）这两种面条制法的记载。

扯面见于宋诩《竹屿山房杂部》，宋诩为江南华亭人，其家为华亭望族，而华亭为大明王朝的江南文化胜地。这部书就是宋诩将其母所传炊厨经验及各地食闻的汇编，书成于明弘治甲子年（1504）。因其母久居京师，故该书中的扯面可能是当年宋府的家厨或其母随其父在北方做官时所习得。

宋氏所记的扯面是这样制作的：“用少盐入水和面，一斤为率。既匀，沃香油少许，夏月以油单纸微覆一时，冬月则覆一宿。余分切如巨擘，渐以两手扯长，缠络于直指、将指、无名指间，为细条。

① 任向文主编：《定阳传统面食》，山西人民出版社1992年版，第5页。

先作沸汤，随扯随煮，视其熟而浮者先取之，齑汤同前制。”[①]

这段文字以传神之笔，将公元16世纪初叶扯面的用料和制法表达得清清楚楚。从中不难看出，明代的扯面同宋元时代的水滑面相比，出现了四个新的特点：

一是和面时只用水和少许盐，并且在家制作时，为确保面条的品质，已讲究用面的数量，所谓“一斤为率”，也就是宜少不宜多，这显然是官宦之家的用料量。

二是饧面团时已完全告别水浸时代，而改用香油并覆以油单纸，夏天饧一个时辰，冬天则要头天和好面团饧一宿。

三是拉条之前，先要将一块面团分为若干个剂，即“余分切如巨擘”。

四是拉条时要“渐以两手扯长”，即要顺着面剂的筋性逐渐将面剂延展拉长，而且其间要注意保持五指与面条之间的协调一致。

引人注意的是，原文中的“扯”字为提手旁，右边似为“奢”字，这与北宋张师正在《倦游杂录》中的写法是一样的，只是多了注音，笔者现据其音及义径作“扯”。

抻面在清代又称“桢条面”“把子面”，其制作方法见于《素食说略》“面条”。

具体制法是：“其以水和面，入盐、碱、清油揉匀，覆以湿布，

① 〔明〕宋诩：《竹屿山房杂部》卷五养生部，《景印文渊阁四库全书·子部》第871册，第130页。

俟其融和，扯为细条。煮之，名为桢条面。作法以山西太原平定州，陕西朝邑、同州为最佳。其薄等于韭菜，其细比于挂面。可以成三棱之形，可以成中空之形，耐煮不断，柔而能韧，真妙手也。”

首先需要说明的是，以水和面时，该书一注释本为“入盐、碱、清油”[1]，经咨询专业人士，清油是面团和好后揉面用，和面时只加盐和碱，因此“碱”字后面应作逗号。

再有，面团揉匀后，文中只是说，要“覆以湿布，俟其融和，扯为细条，煮之”。倘若是依一般所说的拉面，面团揉匀后，要么揉搓成长长的一条盘绕在面盆内，要么分成若干条面剂，再“覆以湿布，俟其融和，扯为细条”。

如果是北京等地的抻面，面团饧后，要进行遛条（山西称晃条），即人们见到的将面团抻成粗条再合拢“拧麻花”的阶段，然后才是“扯为细条”。因此，这段文字缺少出条前的工艺节点说明。

不过这段记载的最后也让我们得知，到清末时完全以手成形的中国抻面，已经有了三种形状的出品，即韭叶面、三棱面和空心面。

原文虽未有这三种面成形方法的文字，但我们从吴国栋《增编陕西风味小吃》中得知，将粗条用手压扁，然后再拉，即成中间厚两边薄的韭叶形面条。将粗条用两手拇指挤压，使呈三角形，出条后，即成表面光滑而又有三个棱角的三棱面。将粗条压槽，往槽内

① 〔清〕薛宝辰撰，王子辉注释：《素食说略》，第49页。

抹油，然后捏住，再拉条，即成每根面条中都是空心的空心面[①]。

薛氏所记的这三种抻面，目前在餐馆中虽然已很少见，但在烹饪专业院校的课堂上，却是面点课中非常受学生欢迎的中国面条经典演示科目。

另外，和面时除了放盐或盐、碱以外，庄绰在《鸡肋编》中所记宋代陕西一带做面条和面时加“掬灰”，引起了笔者的注意。这里的“掬灰”，很可能是后世兰州等地拉面中传统上所加的“蓬灰”。庄氏谈的虽是擀切面和挂面[②]，但这段记载说明，至迟在11世纪下半叶至12世纪初，西北一些地区做面条时已有加植物碱性灰的做法。

总之，纵观扯面和抻面工艺的历史演变，这两种面条尽管在后来的面团辅料上稍有不同，但是从成形手法来看，都是以拉、抻为主要技艺。

由于历史、地理等方面的原因，这两种面条的称谓出现了方言之别，特别是拉和抻，在一些地方要么不分要么各有所指，而山西介休、陕西关中等地则仍然保留着水滑和扯面的古称。其中扯面的名与实在不同地区更是明显有别。

在河北邯郸，将一块面团抻成条，称“扯面”。而在北京，则名“抻面”。在邯郸，将小麦面团擀成片，切成0.8厘米宽的条，再抻成

---

① 吴国栋编著：《增编陕西风味小吃》，三秦出版社1997年版，第92页。

② 〔宋〕庄绰：《鸡肋编》卷上，中华书局1983年版，第16页。

甘肃天水家常扯面（李志鹏供图）

细条，称“拉面”。浇上用面酱炖的红汤牛肉，即为当地的“牛肉拉面”。而在北京，则名“抻条面”。

据李志鹏先生讲，在甘肃天水，用于扯面的面团只加盐和水，出条前的面剂子比较粗，为防风干要抹油，扯面一般多为宽条。而拉面的面团传统上一般放蓬灰，其形状比扯面多，有宽有细，其中宽的又有大宽、中宽、小宽和韭叶等名目。

不过无论这两种面条在各地的称谓如何，经过2000年左右的不断探索和积淀，古代中国人终于从早期袭用粟黍食品工艺传统中走出来，成功地创造出中国小麦面条特有的一整套出条技艺，使拉面成为世界饮食文明中具有中国文化特色的代表性面条。

汉唐索饼

——早期中国面条的一种祖型

就笔者目前所知，“索饼”的名称最早见于汉末刘熙《释名·释饮食》和张仲景《伤寒论·辨厥阴病脉证并治》[①]。

在这两部书中均未见索饼的制法，但刘熙指出，索饼等“饼”的名称，“皆随形而名之也”。

张仲景对正气已衰、“饥而不欲食”者给出的医方是“食以索饼”，并预示对“不发热者”来说，食用了索饼，“知胃气尚在，必愈”。索饼能进入东汉名医张仲景所开的医方中，说明它是当时既能让人胃口大开又能让人食后感到舒服的一种小麦面食。

既然是随形而名之，那么索饼的“索”是什么形状呢？

汉代许慎在《说文解字》中指出：“索：草有茎叶，可作绳索。”清代学者段玉裁进一步解释说：“当云索绳也。”[②]由此可知，索饼应是汉代一种形如草绳的小麦面食。

蒸、炸、煮、烙、烤，这五种烹饪方法在汉代小麦面食中均有涉及，索饼用的是哪一种呢？

清代学者成蓉镜在《释名疏证补》中提出：“索饼：疑即水引

① 〔清〕王先谦：《释名疏证补》释饮食第十三，第205页；张再良编著：《读解伤寒》，人民卫生出版社2007年版，第241页。

② 〔清〕段玉裁：《说文解字段注》第十二卷第六篇下，成都古籍书店1981年版，第290页。

饼，今江淮间谓之切面。”[①]水引饼属于拉面类，切面为刀切成形的手擀面，虽然二者均为面条，但在制作工艺上还是两码事儿。不过成氏的说法让我们得知，索饼是用水煮法制作的面条。

翻检历代相关文献，我们又发现多条早于成氏但与其看法相近的记载。

首先是《膳夫经手录》，在杨晔所记的唐代十种“不托”中，可见索饼之名，而在该书中名列首位的是“有薄展而细粟者”[②]。

展，即拉、抻；粟，即小米。将面剂拉成像小米粒那样细的条，这显然不是扁长的韭叶形水引，而应是索饼的品相特征。

其次是与杨晔同时代的川籍名医昝殷的《食医心鉴》。该书记载了葛粉、羊肉、黄雌鸡、乌雌鸡、丹鸡和榆白皮等八种索饼的食疗方，并有每种索饼的主治功效说明[③]。

段成式《酉阳杂俎》的记载显示，在晚唐长安的“衣冠家名食”中，韩约所做的“皮索饼”为其中之一[④]。

据日本学者太田泰弘研究，在公元935年日本的《倭名类聚抄》中，已有索饼的记载[⑤]，说明唐五代时，索饼就已经是中国面条的代表性品种了。

① 〔清〕王先谦：《释名疏证补》释饮食第十三，第205页。
② 〔唐〕杨晔：《膳夫经手录》，《续修四库全书》本，第525页。
③ 〔唐〕昝殷：《食医心鉴》，第1、11、13、18、26页。
④ 〔唐〕段成式：《酉阳杂俎》前集卷之七“酒食”，第71页。
⑤ 〔日〕田中静一：《中国料理传来史》，第98页。

再看北宋高承《事物纪原》:“世尚食汤饼，今索饼是也。”[①] 显然，在高承看来，索饼即汤饼。问题是汉代刘熙在《释名》中谈到“饼”时，既有汤饼也有索饼。不过高承的看法似乎反映了这样一种变化：到北宋时，汤饼又泛指面条类面食，索饼则是当时都市非常流行的一种细长形面条。

在明代蒋一葵《长安客话》中，有如下记载：“水滑面、切面、挂面，亦名索饼。”[②] 不言而喻，细而长是这三种面条形状的共同特征。

蒋氏本为江苏武进人，明万历年间曾任京师西城指挥使，据该书前言可知，他的这一说法来自多年来对京城及周边地区访察和阅籍所得。因此可以这样说，至迟在公元16世纪末叶，索饼已是大明帝国首都圈这三种细长形面条的通称。

同上述两条记载相较，清末薛宝辰对索饼的认识似乎更明确，他指出：“面条，古名索饼，一名汤饼。索饼言其形，汤饼言其食法也。”[③] 看来，在薛氏的认识中，索饼就是面条。如果再看他后面接着谈的，他所说的面条，从其形制看，指的应是抻面。

既然索饼是抻面，所用的原料应是小麦面粉、水和盐，抑或还有油。但是在唐代昝殷《食医心鉴》所记八种索饼中，其面团除了

① 〔宋〕高承撰，〔明〕李果订，金圆、许沛藻点校：《事物纪原》，中华书局1989年版，第471页。

② 〔明〕蒋一葵：《长安客话》卷二“皇都杂记”，第38页。

③ 〔清〕薛宝辰撰，王子辉注释：《素食说略》，第49页。

小麦、面粉之外，还有多种药用配料。

据统计，这八种索饼的面团，以鲜姜汁、榆白皮汁、鸡蛋清和饮用水和成的有六种，以桂末、茯苓末和桑白皮、茯苓、桂心煎汤和成的各一种。其中，三种羊肉索饼均以鲜姜汁和面。

引人关注的是和面时用榆白皮汁，榆白皮本是一味利水道除邪气的草药，在传统上北方不少地区做小米面或高粱面、荞麦面饸饹时，会用到榆白皮。

小麦面团中含有榆白皮汁，会影响面团的延伸性。这意味着这里的索饼，要么是饸饹型的面条，要么是切面。

从名称上看，索饼的“饼”字已经表明，其所用主要原料应是小麦面粉。而南宋林洪《山家清供》中的玉延索饼，玉延即山药，其用料当为山药。

其制法是：“如作索饼，则熟研，滤为粉，入竹筒，微溜于浅酸盆内，出之于水，浸去酸味，如煮汤饼法。”[①]说明这种索饼是将熟湿山药面放入竹筒内摁压挤出的山药条，实际上是以竹筒为出条器制作的山药饸饹，这与薛氏所言索饼是抻面显然不一。对此可能有多种解释，我们想到的是下面三点。

一是林洪借用索饼之名，因为是以山药而不是以小麦面粉为原料，所以索饼的前面特意加了山药的雅称“玉延”，以示与众所皆知的小麦索饼相区别。

① 〔宋〕林洪：《山家清供》卷上，第17页。

二是如果联系《食医心鉴》中索饼面团加榆皮面汁的记载，早期索饼有可能真的是以小麦粗粉制作的饸饹型面条，只不过后来在“水引饼”的影响下演变为拉面。

倘若如此，那么这两部古籍记载的索饼制作方法，便是公元2世纪前后中国早期索饼的遗制，而且这也符合唐代川籍名医昝殷秉承东汉名医张仲景索饼古方和南宋隐士林洪尚古崇文的特点。

三是因为索饼本是细而长的面条，而要将山药做成索饼的形状，只能采用以竹筒为出条器将熟山药面做成饸饹的方法。

在宋元相关文献记载中，与薛氏索饼是抻面的看法基本一致的是《居家必用事类全集》中与索饼仅有一字之别的“索面”。通过其中对索面制作过程的详细描述，我们对索面也就是索饼又有了新的认识。

其原文是：“索面：与‘水滑面’同。只加油，陪用油搓，如粗箸细，要一样长短粗细。用油纸盖，勿令皴，停两时许。上箸杆缠，展细，晒干为度。或不用油搓，加米粉粹搓，展细，再入粉，纽展三五次，至于圆长停细。拣不匀者，撮在一处，再搓展。候干，下锅煮。”①

明代宋诩所记索面的用料和制作方法与《居家》相同，只是面条晒之前，先白水煮，后料汤煮。

这两部书均强调的“晒干为度”和“候干，下锅煮”表明，索

① 〔元〕无名氏：《居家必用事类全集·庚集》“湿面食品”，第276页。

河北易县太行水镇的手工挂面坊。店前长长的挂面与店匾和红灯笼交相辉映，不时引得游人忆起儿时的时光（叶良俊摄）

面实际上是后世所言的挂面。挂面在元代已为宫廷面食，羊肉蘑菇鸡蛋挂面为元宫聚珍异馔之一。[①]

在解读上引索面制作方法之前，先让我们简单追溯一下挂面最早出现于何时。高启安先生认为，在公元846—856年的敦煌文书中，已有“须面”即可能为挂面的记载[②]。

其后，我们前面提到的《鸡肋编》记载，11世纪时，在陕西原州已有以纸囊包装为佳礼的“面”，这种纸包的“面”应为挂面。

① 〔元〕忽思慧著，尚衍斌等注释：《饮膳正要注释》，第95页。

② 高启安：《唐五代敦煌饮食文化研究》，第155页。

直到现在，山东、河北等地的挂面和浙江临安湍口三联乡等地的索面，仍以新型代纸包装材料来包挂面索面。看来挂面制作工艺形成的年代，其上限当不会晚于唐宋。

关于挂面的名称，宋元人将拉成后直接下锅煮或未干状态的面条称为“湿面”，拉成后晒干的面条则称“挂面”。

《清异录》记唐五代金陵士大夫家家均有拿手美食，其中“湿面可穿结”为当时“建康七妙”之一[①]。所谓“可穿结”，犹言今日抻出的面条细到可以穿针眼。

《老乞大集览》对湿面挂面的解释更明确：“湿面：以面条晒干，临用，于热汤泡食者，谓之挂面。未干者，谓之湿面。”[②]说明元代特别是元大都人将未干的面条称作“湿面”，应系沿袭唐五代金陵之俗。

下面我们谈谈上引索面制法的原文。从整体看，如果我们忽略文中“晒干”和“候干”的工艺要求，主要从其形制的角度来看，索面的成形方法正是今日拉面的核心技艺。这可以从以下两点看出来：

首先是告别了水引、水滑面以水为“饽面”的时代，在面团的分剂、搓剂、饧剂直至出条过程中，完全以油或米粉为“饽面”。其中，饧剂阶段的水浸，也被以油纸覆盖所取代。

---

① ［宋］陶穀撰，孔一校点：《清异录》“馔羞”，第110页。

② ［日］日本京城帝国大学法文学部：《奎章阁丛书》第八《老乞大集览上》，朝鲜印刷株式会社1943年版，第388页。

原文中“陪用油搓”的“陪”，显系“倍”字之误。“倍用油搓”，即多用油搓面剂之意。这反映出中国古代的拉面师，在无数次的操作中，终于发现了比水更优越的油和饽面，从而使拉面技艺进入了一个新的历史阶段。

其次，文中关于“展细，再入粉，纽展三五次，至于圆长停细”的记载，不妨看作是对《膳夫经手录》中“有薄展而细粟者”的一种具象诠释。其中的“纽”，应为“扭”字之误。对拉面师的访谈说明，根据扭的次数与面条粗细的关系，这里的“三五纽”，应是约数。

因为所谓“扭”，应即拉面师将面剂拉长后，将右手所持面头放到左手面头上，并迅速将右手或其中指伸进条环中，挑起另一端，这一操作过程，即为“扭”，有的地方则称“环”或“扣”数。

如果以后世北京、山东和河南开封抻（拉）面为例，一般9扭或12扭（扣、环等），即成为细如发丝的龙须面，显然这里的“三五纽”是定数的可能性很小。

令人感兴趣的是，现在，将晒干卷包的面条称作挂面在全国大部分地区已广为人知，而索面的名称及其制法至今仍在浙江、江西和福建等省内的部分地区流传。

其中，浙江杭州临安、金华东阳、衢州常山、温州瑞安以及乐清和平阳等地，均为浙江地方特产索面的主产地，近年来索面又成为当地非物质文化遗产保护项目。

当地新闻网播放的相关视频显示，这些地方的索面均由当地家庭面坊手工制作。如果将其视频与以上所引的古籍记载相对照，那

浙江衢州常山面坊索面制作图（采自衢州常山新闻网）

么可以清楚地看出，这些家庭面坊的索面制作仍在依照古法。

视频中墨黑粗釉的和面缸瓦盆，厚重的白木长方形面案，缠挑面条的一根根箸竹管，房外场院高高吊起的晒面长竹竿，房内外这一切制面和晒面的场景，古风拂面，恍如隔世，顿时使《居家必用事类全集》中索面的记载变得更具象更真切。

与上述视频中的画面相似的是，在日本《七十一番职人歌合》中，也有一幅索面制作图。

图中也有二人，右面的主妇盘坐在一长木案前，案上有一大四小白色方块，应系面块。左面的男主人站在一木架前，双手各拿一挂已拉细的面丝，正往架上小孔插放。

再看架上，已插有上下对应的八根木棍（竹管），每两根木棍上

14—16世纪日本室町时代家庭面坊索面制作图（引自岩崎佳枝校注《七十一番职人歌合》，日本岩波书店1995年版，第36页）

均挂拉着排列密集细如白线的面丝，显然即该书所说的索面。

对照浙江常山等地的索面制作图，那位日本男主人往木架上挂面丝的场景，与常山等地的大致相近。那位日本主妇面前案上五块方方正正的面块，却与常山等地的明显不同。

如果是用刀将面块切为一条条的面剂，就可以将面剂拉成条，但案上却没有刀以及面块之外的任何东西，这令人非常费解。看来此图的作者显然没有到过索面制作现场，仅仅是凭听说和想象画出此图。

不过从文化传播的角度来看，这幅图也形象地确证了日本索面与中国索面之间的渊源关系，并且表明直到14—16世纪日本室町时代，日本家庭作坊的索面仍在沿用中国传统制面工艺。

加拿大温哥华的重庆小面馆（谢宇雄摄）

加拿大温哥华的东北面馆（谢宇雄摄）

水引索饼

——中国拉面的两种祖型

从名称上看，水引饼是以其制作方法中不可或缺的水及其出条动作而得名，索饼则是以其形状特点来作比喻的联想型比喻型称谓。

这二者虽然都属于中国古代面条中的拉面类，但是上引原文开头即言明“索面：与水滑面同”，说明除了面团之外，二者的面团成形手法和出品形状等方面均有所不同。

其中最值得关注的是，无论是水引饼还是水滑面，其出品长期以来均为韭叶形的长条，只是到了宋元时才出现了圆形细条；而索饼则由早期的草绳形长条，至唐代发展为细如小米粒的圆形长条。

出品形状上的这一特点，反映了这两种拉面当初应来自不同的创造理念。翻开《齐民要术》我们会发现，在贾思勰所引的《声类》中，有如下记载：“韭者，久长也，一种永生。”[1]

正因为韭菜“久长”“一种永生”，所以在汉代，当二月来临，人们在行春社之祭时，要“荐韭卵于祖祢”[2]。

这种以韭菜为祭品的习俗，其源至迟可以溯至西周。“四之日其

① 〔北魏〕贾思勰著，缪启愉校释，缪桂龙参校：《齐民要术校释》卷第三种韭第二十二，第145页。

② 〔东汉〕崔寔著，缪启愉辑释，万国鼎审订：《四民月令辑释·二月》，第25页。

蚤，献羔祭韭”，《诗经·豳风·七月》中的诗句表明[①]，韭菜在西周时已用来祭祀司寒之神。

可以设想，正是在这样的文化背景下，古代中国人将小麦面剂拉得“薄如韭叶”，也就是拉成他们心中神圣的韭叶形水引饼，借以表达人们向往的“久长”和“永生”的梦想。于是，水引饼就这样出世了。

那么古代中国人为何将面条做成“绳”的形状呢？

我们在前面已经谈到，索饼之名来自其形，早期的索饼应形如草绳。清代学者段玉裁在解释“索”字时，曾引“昼尔于茅，宵尔索绹”[②]。这诗句本来自《诗经·豳风·七月》，说的是西周时，农人九月打扫场院，十月收庄稼，然后去贵族那里建宫室。白天打草，晚上搓草绳，还得忙着修房子[③]。

搓出的草绳干什么用呢？

甲骨文中的“禾”字，像一位农人头顶一捆庄稼的象形字[④]。可证商周时代，草绳主要是农人将收割的庄稼打捆，以便将五谷扛回场院。

于此可以推断，草绳与农事特别是丰收相关联。将小麦面团做成形如草绳的面条，其中当寄托着古代中国人渴望五谷丰收的美好心愿。

① 高亨注：《诗经今注》，上海古籍出版社1980年版，第200页。
② 〔清〕段玉裁：《说文解字段注》第十二卷第六篇下，第290页。
③ 高亨注：《诗经今注》，第200页。
④ 左民安：《细说汉字》，中信出版社2015年版，第365页。

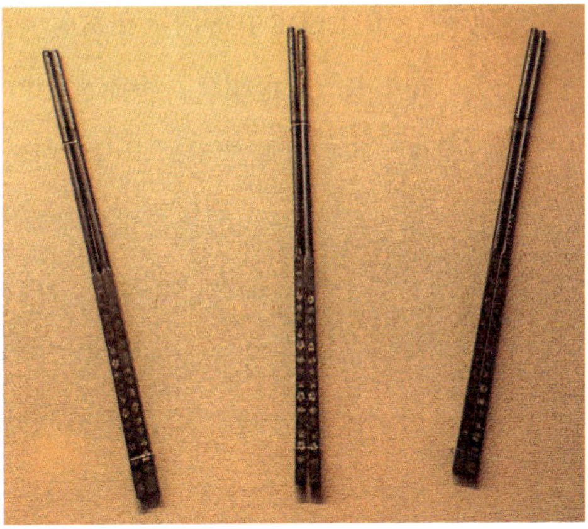

清代黑漆螺钿箸（贺耀春摄于中国国家博物馆）

随着岁月的流逝，大约到唐代时，在"生日汤饼"的流俗中，索饼的形状又升华为人们表达长寿心愿的龙须面。将极细的面条称为"龙须"，直到清代仍为人们所乐道[①]。

据袁珂先生研究，"龙须"一词最早见于《古今注》和《山海经》[②]。而在诗歌灿烂的大唐，将上古神话融入拉面的创意并加以形象化表现，则应是中国古代拉面师对索饼技艺的贡献。

从成形手法的技艺来源来看，水引饼应是从馎饦发展而来。这是因为，水引与馎饦在成形前都是将面剂用水浸，水引的面剂"如箸大，一尺一断"，馎饦的比水引粗而且短，为"如大指许，二寸一断"。

① 〔清〕富察敦崇：《燕京岁时记》"元旦"，第56页。

② 袁珂校注：《山海经校注》"中山经"，巴蜀书社1992年版，第194页。

成形时，馎饦是用手将面剂在盆旁“推”薄，水引则是在锅上方将面剂“拉”长[①]。很明显，将面剂由粗短变细长，从盆旁推到锅上方进行拉条，可以清晰地看出水引成形技艺形成的历程。

相比之下，索饼的成形技艺来源要简单得多。看过拉面表演的朋友可能还记得，拉面师在遛条阶段将面抻拉得上下颠腾时，不时会出现粗条折合为一股转拧成麻花或粗绳状的场景。而这正是索饼当初不仅是以“索”形而得名，更是从搓“索”即《诗经》所唱的西周农人搓草绳动作借鉴而来的时代印记。

如此看来，索饼的“索”，不仅言其形，更留下了其成形技艺的源头。

透过水引饼与索饼的创意与实现的历史时光，我们从中依稀看到，这是古代中国人出于美好意愿而创造的两种面条。而韭菜的“永生”与龙须的“长寿”，则全部承载在一根根细而长的面条中。

还应补充的是，在探究索饼早期成形方法的过程中，由于索饼与汤饼和煮饼几乎同时出现在东汉文献中，并且这三种面条类面食均只见名称而未见制作方法，因而我们只能根据历代学者的注释并结合考古学民俗学等资料进行考证。

于此，根据刘熙“皆随形而名之也”的重要提示，我们在前面已经对索饼的名与实进行了初步探索。除了上述考证之外，我们在

---

① 〔北魏〕贾思勰著，缪启愉校释，缪桂龙参校：《齐民要术校释》卷第九法第八十二，第510页。

这里要补充的是，考虑到汉代中国地域辽阔，族群众多、习俗不一，不同地区的先民对“索”形小麦水煮面食会有不同的成形方法。

总括起来，当中国早期小麦面食的创制在不少地区还没有进入面团料型阶段时，除了粒食型的麦饭和麦仁粥之外，面糊应是当时的主要料型。

我们在本书相关篇章中已经谈到，以一根筷子成形的箸流型、以皮或绸或布袋挤压成形的袋流型和以葫芦漏瓢成形的瓢漏型，用这三种方法中的任何一种方法，均可以使面糊成为“索”形面条。而这三种“索饼”，当时可能主要分布在不同的小麦种植区。

意面东西

——意大利面来源的再探讨

在世界面条中，中国、阿拉伯、意大利和日本等地的面条均历史悠久，特色鲜明。其中，中国牛肉拉面、阿拉伯库斯库斯（面疙瘩）、意大利番茄面和日本乌冬面，更是享誉全球。

但是在追溯上述亚欧大陆面条的历史源流时，关于意大利面的渊源，由于对现已发现的相关古代图像和文字史料解读不一，因而至今尚难论定。以下三点多被人们所关注。

古希腊罗马时代是否有意面

在不少文章或图书中常可以见到这种说法。其中有的说公元前

7世纪，意大利北方埃特鲁斯坎地区的居民已开始制作面条。该地区古遗址出土了公元前4世纪用来和面的木桌和煮面条的厨房用具。

公元前1世纪，希腊人也吃一种煎薄片千层面。到公元前的罗马帝国时期，罗马人借鉴希腊人的办法，将面团压成薄纸状切成片，盖在食物上焗熟。其后，又想到将面团切成小块或条棒状，还可以晒干保存[①]。

类似的说法还有不少。

其中，这类说法中谈及的用于做面条的木桌等厨房用具，似是韩国学者李旭正先生在意大利面条博物馆见到的公元前4世纪墓碑的图片内容。图中墓碑上雕刻的图像，据推测是用来做面条的砧板、擀面杖和切面片的刀具等。

但李旭正认为，墓碑图像中宽扁意大利面模样的食物是煎或烤来吃的，和现在煮着吃的意大利面不一样，所以应该不太可能是现代意大利面的原型。李旭正指出，在古罗马贵族度假胜地庞贝古城遗址，发现的食物遗存中只有面包而未见面条[②]，这和美国学者蕾切尔·劳丹的论述是相同的。劳丹并配发了庞贝遗址出土的面包的图片，笔者在本书蒸食卷中已经引用。

---

① 周文翰：《不止美食——餐桌上的文化史》，商务印书馆2020年版，第313—317页。

② ［韩］李旭正著，［韩］韩亚仁、洪微微译：《面条之路：传承三千年的奇妙饮食》，华中科技大学出版社2013年版，第330—332页。

需要补充的是，古罗马共和时代著名农学家加图所著的《农业志》，是了解公元前2世纪前后古罗马饮食文化最重要的文献。

在这部书中，加图专门记载了当时常见的圆面包、面包卷和饼干等13种小麦食品的用料和制法。据统计，在制作方法上，9种食品为以烘烤或油炸法制作，4种系煮制的麦仁粥等，唯独未见面条[①]。

综上可知，无论是目前所知的考古发现，还是相关文献记载，均未显示出有关人士对上述墓碑图像内容新的解读。

阿拉伯人发明了最早的意大利面

这是目前被大多数意大利人和意大利面研究者基本认可的观点。但他们同时又强调，不可能把意大利面的发明完全归功于阿拉伯人。

克里福德·莱特在《一场地中海的盛宴》中提出："中世纪，四处游牧的阿拉伯人需要一种便于携带和保存的食物来填饱肚子，而当他们游历至西西里的时候，发现了当地出产的硬质小麦，凭借这种材料，阿拉伯人发明了最早的意大利面。"

而12世纪中叶，阿拉伯地理学家易德里斯也确实在他的西西里游记中写到了当时那里的意大利面制造业。"每年，那里出产大量的意大利面，销往四面八方。送去卡拉布里亚、中亚和欧洲其他地方

① 〔古罗马〕M. P. 加图：《农业志》，第41—46页。

的意大利面一船又一船。”[①]

2008年，李旭正在艾米利教授的帮助下，在牛津大学博德里安图书馆看到了这部名为《罗杰之书》的游记。据艾米利教授讲，书中的“伊特利亚是像线一样细长的干燥意大利面”。

李旭正接着引述学者们所见，在13世纪的一部阿拉伯文献中，有关于伊特利亚是如何制作的内容，即“用硬质小麦麦粉或一般小麦粉加水和盐和成面团，在餐桌或者四角型砧板上，用两只手搓面团，搓成又细又长的伊特利亚，然后放到太阳下晾晒即可”。

李旭正说，通过这段记录，学者们都认同伊特利亚一定是细长模样的干燥面条，公元1154年的《罗杰之书》是最早记录干燥意大利面的史料。意大利博洛尼亚大学蒙塔纳里教授认为，西西里的意大利面的原型是伊斯兰的面条[②]。

我们注意到，李旭正在《面条之路》中有三处谈到伊特利亚，其他两处一处是引述波斯地区中亚学者的话指出，伊特利亚是一种皮带模样的食物，在中亚则称“拉修塔”。另一处是李旭正在伊朗农村看到的拉修塔是刀切面[③]。显然这三处伊特利亚的形制并非都是又细又长的干燥面条。

其次，关于伊特利亚的制作，据《面条之路》，是在餐桌或四角

① 殳俏：《从米兰到西西里的美味之旅——意大利面政治学》，《三联生活周刊》2012年第48期，第43页。

② ［韩］李旭正：《面条之路：传承三千年的奇妙饮食》，第346—348页。

③ ［韩］李旭正：《面条之路：传承三千年的奇妙饮食》，第356、359页。

型砧板上，“用两只手搓面团，搓成又细又长的伊特利亚，然后放到太阳下晾晒即可”。经请教专业面点师，用双手直接将面团搓成又细又长的面条，这是不可能的，也是完全不实际的。

试想用手将面团搓成一根根细而长的面条，一般长2米左右、细（直径）2毫米左右，搓一根做试验已很费力费时，况且还不能做到粗细一致。要搓多少次多少根，才能达到一船又一船行销四面八方的量？看来干燥意大利面的原型伊特利亚不是仅仅用双手搓的方法制作。

那么干燥意大利面的原型伊特利亚究竟是用什么方法制作的呢？

亚欧大陆的面条品种繁多，其中将小麦面团做成细而长的面条，在工业化时代之前大致有六种方法，即一块面团拉面法、面剂子抻条法、盘剂子一根面法、竹管拉面法、大小刀切面法和漏器挤压出条法。

在这六种方法中，出条后既能便于自然晒干又能具有数量规模的是竹管拉面法，其次是漏器挤压出条法。用这两种方法做出的面条，在规格上竹管拉面法的面条可细如发丝，并分为实心面和空心面两种。

相比之下，出自漏器挤压出条法的面条，无论是长度还是细度，均比竹管拉面法的短而粗。当然在美食文化的演进中，这两种面条也分别蕴含着“嚼劲”与“爽滑”的不同审美追求。

世界面条文化传统已经证明，上述六种出条方法均与特定的小麦品种相对应。我们注意到，不少意面研究者强调，传统干燥意大利面是以杜兰小麦为原料。杜兰为拉丁语，有人译为杜伦，是“硬”

的意思，杜兰小麦即硬粒小麦。

传统的干燥意大利面为何要用杜兰小麦呢？日本学者土屋敦认为，因为这种小麦的蛋白质含量一般为11%—14%[①]。

中国粮油专家最新的科学研究显示，在手工空心挂面即干燥空心面的小麦面粉选择上，面粉蛋白质含量为13.10%或14.48%的，其空心面成品均富于弹性和韧性，并且光滑适口有麦清香味。而蛋白质含量为9.8%的面粉，其面条虽然色泽白亮，但基本无麦清香味，且后味苦[②]。

由此我们明白，为何传统的干燥意大利面一定要用杜兰小麦。但是正如土屋敦先生指出的那样，由于杜兰小麦同一般小麦相比，其面筋伸展性较弱而弹性较强，无论是面团还是面剂子，均难以将其拉长，因而又不适合用拉面法来制作细而长的面条。

如此看来，传统干燥意大利面的祖型是以漏器挤压出条法制作的。令人感到新奇的是，乌克兰学者艾琳娜·库丝蒂奥科维奇指出："我们必须知道，在过去，面食生产并没有磨面粉的程序。""就传统制面方式来说，整个工序由麦粒开始，麦粒会在揉制过程中加水压碎并混合。"[③]这让我们对传统干燥意面祖型的用料方式有了一个新

① ［日］土屋敦著，卫宫纮译：《书房里的意大利面哲学家》，浙江大学出版社2019年版，第17—19页。

② 朱玉萍等：《小麦粉特性对Biangbiang面品质的影响》，《中国粮油学报》2018年第9期，第19—25页。

③ ［乌克兰］艾琳娜·库丝蒂奥科维奇著，林洁盈译：《意大利人为什么喜爱谈论食物？——意大利饮食文化志》，浙江大学出版社2017年版，第222页。

的认知。

按照这位乌克兰学者的描述，热那亚人是先用手将半研磨的小麦粒和成面团，再将面团放入有搅拌兼石磨研磨器的木桶内，让面团浸泡在温水中。随着操作者的操作，麦粒完全破碎，最终成为富有弹性又黏稠的面团。

而那不勒斯人则是将原料倒入石槽，研磨器为木制，加入的是沸水。操作者的动作像骑脚踏车那样，最后将未完全压碎的小麦制成面团。这样的面团，不仅仍有小麦的玻璃质，而且能使面条有光泽。

面团和好之后，就进入了出条阶段。一般是将面团放在有漏孔的铜圆盘上，由操作者压出面条，再将面条挂在木棍上放到特定地点风干。在意大利文中，这种面条的形状被表述为“状如细绳”。

好了，现在我们对上述阿拉伯文献中被称为伊特利亚即干燥意大利面的祖型及其制作有了一个初步认识。从中不难看出，这种出条方式类似中国饸饹的制作方法。那么这种据说当年由阿拉伯人带到西西里的制面技术，是阿拉伯本土文化还是来自其他文化?

阿拉伯人带到西西里的制面技术探源

据说当年是阿拉伯人将制面技术带到了西西里，这才有了干燥意大利面。但奇怪的是，为什么如今在阿拉伯地区看不到前面所谈的那种细而长的面条呢？石毛直道先生的看法是，阿拉伯地区是以手抓食物的饮食文化，习惯以手抓食的阿拉伯人用手抓起细长的面条非常不方便[①]。

这有一定道理，用手抓食又细又长的面条确实不方便，不过在意大利多幅19世纪以及之前相关内容的绘画作品中，当时意大利人均是站在街头面摊旁或室内以手抓食细而长的面条，只是后来才改用餐叉。但这种面条并未因此而在意大利失传，相反却成为意大利人引以为傲的“国菜”，看来这还不是主要因素。

现在看不到，那么当年在阿拉伯地区能看到这种面条吗？美国学者劳丹在引述相关阿拉伯文献时指出，“这一时期，以小麦为基础的重要创新”，包括“人们使用一种硬质小麦做面食，特别是细面条和粗面条”。

接着，劳丹又引述《古兰经》经文中“享受甜食是信仰的标志”时强调，就连“新出现的小麦细面条上桌时会浇上糖浆”[②]。请注意，劳丹在这里用的是“新出现的”一词，这说明小麦细面条在公元8—9世纪时的阿拉伯地区是前所未见的面食新品。

那么这种小麦细面条的制面技术来自哪里？劳丹在此并未具体指明，但她在这一章的开篇中谈到，“伊斯兰饮食成形于9世纪，当时巴格达的哈里发按照穆斯林饮食哲学的要求，对波斯饮食进行了改造”。

就这样，“不断演进的穆斯林饮食哲学重塑了萨珊波斯的饮食风

① ［韩］李旭正：《面条之路：传承三千年的奇妙饮食》，第361页。

② ［美］蕾切尔·劳丹：《美食与文明：帝国塑造烹饪习俗的全球史》，第157—158页。

格，并且从罗马帝国、印度、中国的饮食以及叙利亚和伊拉克当地的低端饮食中吸收了许多元素”。

在这诸多文化元素中，如果仅就面条而言，正如石毛直道先生所指出的那样：“我将世界上主要传统制面方法归为五类，这些方法无不起源于中国，流传到其周边地区。”[①]

显而易见，当时阿拉伯—伊斯兰饮食文化中的细面条，应是中国文化的具象体现，而不是以面包为代表的罗马帝国等国的文化元素。

接下来的问题是，中国细面条制面技术是通过何种方式和路径传播到阿拉伯地区的？

大致梳理相关文献记载和学者论著后，我们未发现这方面直接、具体的证据，但以下三点应与中国细面条出现在阿拉伯帝国相关联。

首先是阿拉伯帝国上层对中国文化的态度，这为包括细面条在内的中国文化的西传创造了良好的大环境。

伊斯兰教创立者穆罕默德临终曾留下遗训：“学问即使远在中国，你们也要寻求。”这几乎成为阿拉伯帝国的国策，无论是怛逻斯战役之前的阿拉伯倭马亚王朝即白衣大食时代，还是之后的阿拔斯王朝即黑衣大食时代，从651—798年的147年间，阿拉伯帝国曾遣使出使唐朝36次。

① ［日］石毛直道：《面条的传播与丝绸之路》，载《第四届亚洲食学论坛论文集》，陕西师范大学出版社2015年版，第13页。

特别是阿拔斯王朝初期，其哈里发曼苏尔称，自此与中国唐朝的关系将进入新纪元。于是，其使节在753年一年内，于3月、4月、7月和12月共4次遣使朝贡。其后又连续5年，年年均有使节来到长安[①]。

同时，阿拉伯人对新建都城“巴格达”的解释也折射出中国文化的影响。据宋岘先生研究，当时的阿拉伯人认为，中国国王名叫“巴格”，当他们回到自己国家时，就说“巴格达”，意思是我们得到的这些利润乃是国王的恩赐。

于是，随之出现的这两个大帝国文化的西传与东传，也就成为世界史上的灿烂篇章。自然，在这种东西方文化互鉴的洪流中，这篇章中也理应有中国面条制面技术的西传。

其次，在这种大环境中，这两大帝国依西北陆路和东南水路而进行的商贸盛况空前。往来西北陆路进行商贸的主要是双方的骆驼商队。交州、广州、明州是当时东南水路商贸的著名港口。

中国海船长达20丈，牢固安全，在当时闻名世界。每船可载货五六百吨，载人六七百名[②]。这么多的船上人员，他们的旅途食品不外乎炒面、面饼和挂面。其中，挂面、索面因细如发丝一煮即熟，又因干燥便于远途携带，至今陕西岐山和浙江、福建等地的挂面、

① 白寿彝：《从怛逻斯战役说到伊斯兰教之最早的华文记录》，载〔唐〕杜环著，张一纯笺注《经行记笺注》附录，华文出版社2017年版，第85—119页。

② 沈福伟：《中西文化交流史》第四章《唐代中西文化和科学技术的交流》，上海人民出版社1986年版，第136页。

索面仍很有名，应是古代商贸旅途食品的遗迹。

再次，据中国古代文献记载，最先到过阿拉伯帝国的中国人，是唐代中期的杜环。杜环将其游历阿拉伯帝国10年的见闻写成《经行记》，成为自19世纪末叶以来英、德、法、日等国汉学家和中国学者难得的研究史料。

在该书中，与中国面条制面技术传入阿拉伯帝国相关的主要有两点：一是杜环在谈到他所见的阿拉伯帝国物产时指出："粳米白面，不异中华。"说明当时大食国已完全具备同中国一样的面条原料。

二是杜环在记载兴建大食都城巴格达的建设者时，非常珍贵地记下了四位中国工匠的姓名和籍贯，即作画者京兆人樊淑等和织络者河东人吕礼等[①]。

京兆和河东分别为今陕西西安及其周边和山西，这两地的面食从古至今闻名天下，因而不应排除他们在工作之余，运用从小耳濡目染习得的面条等面食技艺，在做面给自己食用时，也请当地人品尝并加以传授做法。

总之，劳丹引述的在阿拉伯帝国"新出现的"细面条，以及往面条上浇糖浆的历史片断，大致应是在以上三点构成的大背景下出现的。

① 〔唐〕杜环著，张一纯笺注：《经行记笺注》10"大食国"，华文出版社2017年版，第66、67、149页。

马可·波罗与中国面条

这是在谈论意大利面历史时常会遇到而又至今看法不一的问题。其起因系由迁到美国的意大利面制造商1929年发表在《通心粉杂志》上的一篇短篇小说。

这篇小说都写了什么？为什么有这么大的反响？

为此，笔者特请友人丁勇先生搜集并译出。因篇幅较长，为便于讨论，现将其中与意大利面来源最相关的译文摘录如下，共同研讨。

1929年意大利面制造商在美国发表的小说

从第七次十字军东征到第八次十字军东征结束时的公元1270年期间，正是中世纪最伟大的旅行者威尼斯人马可·波罗在遥远的土地上进行探索的时候。17年来，他访问和研究了亚洲诸国，不仅对中亚大陆地区进行了准确的了解，而且揭示了日本的存在。彼时日本还被叫作Zipangu。

据说有一天马可·波罗的船队航行到中国（彼时称作Cathay）海岸附近时，他的船员告诉他，淡水已经快不够了，需要立即补充，于是他开船到离海岸最近的地方，派几个船员乘坐一艘小艇去岸上寻找淡水。

他们上岸后，几个人分头去找，其中有一个名叫斯帕格蒂（Spaghetti音译）的威尼斯人，很快看到了一片小木屋的村庄，他意识到附近肯定有水源。

在前往村庄的路上，他碰到了两个当地人正在做饭，看上去他们将一个生面团拉成一条条的面条状，在当地干热的天气下，面条很快变硬变脆。他边看边想，这种食物肯定能受到船员的喜爱。虽然语言不通，他还是尽量通过手势和肢体语言等，向这两个当地人了解这种食物的做法，并带回了一些用于制作生面团的谷物和已经晾干的面条。

回到船上后，他将面团做成细长的条状。当它们变干时，他把它们分成更短、更方便的长度。他尝试了几种吃法：干吃的话，味道不怎么好；在淡水中煮熟也好不到哪里去。

于是，他想到了用海水来煮面条的方法。众所周知，海水含有盐分，这种做法似乎产生了最好的结果，用海水煮过的面条很有味道。

小说当然是虚构的，但不可否认的是也有生活真实。先看小说中提到的两个时间，一个是1270年，这本是欧洲十字军从1096年起东征的最后一年，但小说将其说成是马可·波罗正在中国进行探索。

问题是马可·波罗和其父亲、叔父从威尼斯出发时是1272年，1275年才到达元朝中国的上都（今内蒙古多伦）[①]，显然小说所写的时间与史实相差5年。

另一个时间是17年，马可·波罗和其父亲、叔父从1275年至1291

① 杨志玖：《马可·波罗与中国——对〈马可·波罗到过中国没有？〉一文的看法》；黄时鉴：《关于马可·波罗的三个年代问题》，载余士雄主编《马可波罗介绍与研究》，书目文献出版社1983年版，第52—58、289页。

食疗汤面是元代宫廷面条的一大特色，图为饮膳太医和御厨正在煲汤（引自忽思慧《饮膳正要》）

年在中国，正好是17年，这说明小说中的这个时间与史实相符无误。

再看故事主要情节发生的地点。小说中描写海岸附近的一个村庄，国外有学者说是现在印度尼西亚的苏马特拉岛附近[①]。而细看原文，写的明明是中国海岸附近，这是需要特别加以说明的，否则这篇小说也不会引发有关意大利面来源这么大的反响。

再看小说中对这个村庄的村民夫妇做面条的描写，会让人不禁联想到本书中提到的浙江常山等地索面制作的场景。同样是夫妇二人制作，同样是在室外将面条风干，同样可作为海员远航的干粮。这既可以说是一种巧合，也可以说反映了情节的真实。

① ［韩］李旭正：《面条之路：传承三千年的奇妙饮食》，第338—339页。

总之，从时间、地点、人物和主要情节来看，这篇虽是虚构的小说却具有一定的历史真实性。推测其故事的原型，可能来自现在还不为一般人所知的某个版本的《马可·波罗游记》，或者取材于当年马可·波罗一行归国后对人们的口述，并由此口口相传形成的民间传说。

令人深思的是，同是意大利人，为何在1929年时公开宣称意大利面是马可·波罗从中国学习而来，并且是以品牌推介的形式在美国广而告之。而仅仅数十年之后，却坚称意大利面与马可·波罗毫无关系？

其二，既然无论是部分意大利人还是不少学者，均认为意大利面与12世纪阿拉伯人有关，那么为何1929年意大利面制造商在美国推介意大利面时，不提阿拉伯人而提中国人？

看来意大利面是否与马可·波罗有关，是，来自意大利；否，也来自意大利。

《马可·波罗游记》有关中国面条等食物的记述

韩国文化学者李旭正在《面条之路》一书中说，意大利佛罗伦萨国立图书馆，“收藏了散布在全世界共130多个版本《马可·波罗游记》中和原版最相似的三卷手抄本”。

在“这三个版本中，都没有提到在中国看到意大利面，或者把面条带回来的内容。唯一有一版提到面条，是在描写一个叫‘潘素乐岛’的部分”。

引自殳俏《从米兰到西西里的美味之旅——意大利面政治学》(《三联生活周刊》2012年第48期，第40页)

“马可·波罗写道，(该岛)原住民用面包树粉做成宽绳子模样的食物，和宽扁意大利面很相似”。于是，李旭正提出：“用面包树粉来做面条，任谁看了都难以置信。但这样荒谬的内容在《马可·波罗游记》中随处可见。”[1]

我们不清楚李旭正看到的《马可·波罗游记》是哪三个版本，但关于《游记》版本，据已故法国著名汉学家伯希和1938年统计有

① [韩]李旭正：《面条之路：传承三千年的奇妙饮食》，第339—340页。

143种，我国已故学者向达1956年统计有100种左右。

据马可·波罗学学者研究，这100多种版本一般分为原写本、改订本和合订本三类，多藏于巴黎、瑞士伯尔尼、牛津大学伯德雷恩和意大利米兰安白洛襄等图书馆。其中，成于马可·波罗晚年的庇庇诺所译拉丁文版，意大利《游记》研究者认为马可·波罗知道这个版本，并加以改订。

特别是20世纪20年代初，意大利国立地学委员会委任拜内戴托教授编辑新版《游记》。为此他走访了全欧洲50多家图书馆，终于在米兰安白洛襄图书馆发现了由14或15世纪传抄而来的一种写本，并于1928年出版。

中国学者早在20世纪初就已翻译《游记》，魏易是中国第一位翻译《游记》的学者。1909年，他的译作开始在《京报》连载，1913年7月正蒙印书局出版了由梁启超题写书名的全书[①]。

从魏易译本至目前，由中国学者所译的《游记》有六种，笔者目前见到四种。在这四种译本中，其中三种有关于面条或其他食物的记述，为便于比对，现予以分别引出。

张星烺译本："他们有充足的食物，食物大部分是米、黍、粟和稷。尤其是鞑靼人、契丹人和蛮子国人，食此最多。……这些人民没有面包，他们只用那三种粮食和牛奶一同煮，此外或用肉。……

① 张跃铭：《〈马可波罗游记〉在中国的翻译与研究》，载余士雄主编《马可波罗介绍与研究》，第39—46页。

在那些地方，麦子产生不多，但是他们吃麦做成的油煎饼或别种面做成的东西。”

冯承钧译本：“至若食粮，彼等甚为丰足。盖其主要食物为米稷粟，尤以在鞑靼、契丹、蛮子境内为甚。……此种民族不识面包，仅将其谷连同乳或肉煮食。其处小麦产额则不如是之丰，收获小麦者仅制成饼面而食。”

陈开俊等译本：“至于食物，也无匮乏之忧。因为这些人民，特别是鞑靼人、契丹人和南中国的蛮子省，大都以米、黍、粟为生。……小麦固然没有这样丰产，但他们不吃面包，只有做成线面或糕饼时才食用。至于米、粟这类粮食，吃时掺上奶，再煮烂或和肉一起炖熟。”

梁生智译本：“食物方面他们也无匮乏之忧，因为这些人民特别是鞑靼人、契丹人和南中国蛮子省的居民，大都以米、粟等东西来维持生活，这些东西的产量十分丰富。小麦的生产固然没有这么丰富，但是他们不吃面包，仅仅把它做成面条或糕饼来食用。至于米粟等粮食，则和肉一起煮成浆。”①

比对后可以清楚地看出，这四种译本关于面条等食物的记述明显同中有异，尤其是面条的记述更是如此，这主要是由译本所据版本造成的。从这四种译本的序、前言或后记可知，张星烺译本系据

① 张星烺译：《马哥孛罗游记》，厦门大学出版社2021年版，第232—233页；冯承钧译：《马可波罗行纪》，上海古籍出版社2014年版，第205页；陈开俊等译：《马可波罗游记》，福建科学技术出版社1981年版，第119—120页；梁生智译：《马可·波罗游记》，中国文史出版社1998年版，第142页。

拜内戴托本，冯承钧译本包含原写本和改写本，陈开俊等译本和梁生智译本均据美国科姆诺夫本而译。

在这四种译本中，关于面条等食物的记述表明，尽管当时中国已是蒙古人的大一统天下，但是在食物方面，从北到南，无论是被他称为鞑靼和契丹的中国北方的牧区和农区，还是所谓“蛮子国”的中国南方，仍然是以粟、黍、稷和小麦为主，具有蒙古饮食特色的肉、奶则不占主要位置，更见不到欧洲人日日不离的面包。

当时的饮食景象真的是这样吗？还是出自马可·波罗道听途说的编造或是夸大其词？

为核实这些记述的真伪，我们从与马可·波罗同时代的中国文献中，选出两部最具针对性和代表性的《饮膳正要》和《王祯农书》。

在时间上，《饮膳正要》成书于1330年，但其开始编撰是在1312年，此时马可·波罗和其父亲、叔父离开中国刚过21年。《王祯农书》成书于1313年，时当马可·波罗一行离开中国22年。

在内容上，这两部书一为宫廷食谱、一为民间农书，且农书撰者王祯虽是山东人，但因长期在北方和南方为官，因而该书内容南北兼具，可以说这两部书比较全面地反映了马可·波罗在华期间的中国饮食面貌，是对照鉴别以上所引《马可·波罗游记》记述真伪的最佳文献。

在古代中国，粟、黍、稻、麦的种植，历来有“南稻北粟”之说，《王祯农书》的记载表明，到元代仍然如此。

在北方，关于小麦，“夫大小麦，北方所种极广”，“小麦磨面，可作饼饵”。关于粟黍，“夫粟者，五谷之长，中原土地平旷，惟宜种粟”；“北地远处，惟黍可生。……可以酿酒，又可作馔（一作餟）粥，黏滑而甘”；“穄（稷），其色鲜黄，其味香美。然所种特少，为农家之稀馔也”。

而在南方，“大抵稻、谷之美种，江淮以南，直彻海外，皆宜此稼。舂而为米，洁白可爱；炊为饭食，尤为香美”[①]。

关于面条，在《饮膳正要》所记的95种“聚珍异馔”中，面条类计有15种。这些面条，不仅有现做现吃的水滑面等，还有风干后可以随时取食的挂面[②]。

在这两部书中，均未见面包的记载。两相对照，可以明显看出，以上所引《马可·波罗游记》的记述，与这两部书的记载基本一致，从而印证了《马可·波罗游记》记述的真实性。

尤应指出的是，马可·波罗和其父亲、叔父在中国17年，面条作为当时宫廷与民间的常见面食，无论是最高统治者还是民间家庭，均有以面条待客的习俗。

比如被成吉思汗视为“神仙”的全真教始祖丘处机，从朝见成吉思汗的途中直至归程中，均受到沿途官员以面条为佳礼的款待[③]。

---

① 王毓瑚校：《王祯农书》“百谷谱集之一、之二”，第78—87页。

② 〔元〕忽思慧著，刘光华校注：《饮膳正要》卷第一“聚珍异馔”，第10、11、12、14、15、16页。

③ 〔元〕李志常著，党宝海译注：《长春真人西游记》下卷，河北人民出版社2001年版，第55、93页。

由此可以推测，在华长达17年的马可·波罗和其父亲、叔父，很有可能在宫廷或与官员的交往中食用过面条。《马可·波罗游记》中有关面条的记载，也应是这一史况的记忆。

《马可·波罗游记》对意大利面的影响

《马可·波罗游记》曾对西方产生过巨大影响，这种影响是多方面的，特别是15世纪以后，这里我们仅简单谈谈其对意大利面的影响。

这要从马可·波罗和父亲、叔父为何不远万里来到中国谈起。12—14世纪，地中海地区的商业革命，带来了欧洲人对东方香料和中国丝绸等特产的渴望。正是在这种时代背景下，作为威尼斯商人，先是马可·波罗的父亲和叔父，后是马可·波罗和父亲、叔父一起，相继开始了探寻中国之旅。

1298年，《马可·波罗游记》完稿。1324年，马可·波罗去世。让马可·波罗想不到的是，在他在世和去世后的700多年间，不断有人质疑该书内容甚至怀疑他是否到过中国。

但同时自14世纪之后，随着前往东方的欧洲传教士和热那亚的哥伦布等人，因得益于《游记》的指引，对东方文明的灿烂和美洲新大陆有了全新的认识，从而使马可·波罗及其《游记》的影响越来越大。

在众多影响中我们发现，有关意大利面的记载，也是从14世纪以后逐渐多起来。这是在讨论意面历史时，应予高度关注的一个时间节点。

“在意大利，用硬粒小麦制成的通心粉出现于13世纪”，这是美国学者杰弗里·M.皮尔彻在谈到8—13世纪“伊斯兰世界的多民族饮食”时指出的[①]。

乌克兰学者艾琳娜·库丝蒂奥科维奇在引述“意式面食”的历史文献时强调：“干制面食的发明，是为了当作水手的储粮。西西里水手在远航时会准备‘马凯罗尼’带在路上，利古里亚水手则带比较细的‘面线’卷。热那亚商人将面线传到欧洲各地：早在14世纪，就有文献记载这些东西曾经出现在普罗旺斯和英格兰地区。”

她接着指出：“来自热那亚的哥伦布，在率领由尼尼亚号、平塔号和旗舰圣玛莉亚号组成的首航美洲舰队上，就是因为有大量面线作为存粮，才得以支撑到发现美洲大陆。”[②]

干燥意面和《马可·波罗游记》使哥伦布发现了美洲大陆，这应是马可·波罗去世后意面史上最灿烂的篇章。

在意大利，意面的食用，对普通百姓来说，直到19世纪末仍是以手抓食。如果上溯至15世纪，喜食意面的那不勒斯国王斐迪南二世，因严苛的宫廷礼仪才改为以叉子食用[③]。

美国植物考古学家罗伯特·N.斯宾格勒三世认为，“马可·波罗

---

① ［美］杰弗里·M.皮尔彻著，张旭鹏译：《世界历史上的食物》第一章《世界最早的食物》，商务印书馆2015年版，第16页。

② ［乌克兰］艾琳娜·库丝蒂奥科维奇著，林洁盈译：《意大利人为什么喜爱谈论食物？——意大利饮食文化志》，第221—222页。

③ ［日］土屋敦著，卫宫纮译：《书房里的意大利面哲学家》，第101页。

将意大利面带入意大利的传说无疑是错误的"。但是他同时指出，最有可能率先推广"马可·波罗将面条引进意大利"这一传说的，是意大利面生产商的官方行业期刊《通心粉杂志》在1929年刊登的一篇文章。

他接着指出，"意大利人也许将面食视为本国的民族遗产，但是这种说法很难得到佐证。古代罗马和希腊的文本中都缺乏明确提及面条或硬粒小麦的记载"。最后，他强调，"根据文献资料，我们基本可以肯定：西南亚地区在很多个世纪之前就在食用面条。因此，号称'意大利国粹'的意大利面，很可能是在不到1000年前才由阿拉伯商人经由海路从亚洲运到意大利的舶来品"[①]。

还有，我们在前面摘引的出自意面制造商的小说等等，均说明自14世纪以后马可·波罗及其《游记》对意面的影响不应忽视。

还应引起重视的是，怀揣商业梦想的马可·波罗和父亲、叔父回到威尼斯之后，会将他们在中国乃至东南亚、中亚获得的商业信息，进行了怎样的变现？这些信息是否也用于意面特别是商船干燥意面？我们目前还未检索到这方面的研究报告。

① ［美］罗伯特·N.斯宾格勒三世著，陈阳译，唐莉校：《沙漠与餐桌：食物在丝绸之路上的起源》，社会科学文献出版社2021年版，第39—41页。

第五章　从斫脍到切面

——中国手擀面的工艺来源与文化象征

切面又名切条面、手擀面等，是我国北方大部分地区常见的一种面条，也是不少家庭主妇的一项传统厨艺制品。大部分切面与拉面虽然都是用小麦粉做的面条，但是切面用的是加水量较少的硬面团，其成形离不开擀面杖、面案和刀。

对专业人员来说，还需要有较高的刀工技艺，以便把大面片叠切成粗细长短均匀一致的面条，而且要有速度。因此看起来切面很平常，实际上做起来并不容易。

如果稍加梳理就会发现，一碗爽滑味美的切面，一般要经过和面、揉面、饧面、擀面、切条、水煮、过水、切配面码和制作臊子（浇头）等十余道工艺节点，才能最终呈现在餐桌上。

追溯中国切面的历史，这十余道工艺节点的有机结合与形成，并非孤立的一挥而就。

其中，有的节点来自中国粟黍食物的某些制作技艺，有的借鉴了菜肴的某些厨艺诀窍，还有的则是直接将美味佳肴的配料和做法稍作调整便吸纳成为其中的一个节点。

现在，就让我们一起通过解析其中主要工艺节点的渊源，来初步理出中国切面的历史发展脉络。

杠压面团

——10世纪前后中国手擀面技艺的创新

文献记载和考古发现表明，中国古代切面所用的面团，其主料是经石磨和面罗加工的筋力大的小麦面粉，但后来也有将小麦粉、绿豆粉或玉米粉等相配的杂面。

在世界面条体系中，这是颇具中国风格的一种工具型面条，这一点从面团和制开始就可以看出来。

根据相关专业数据，切面面团的加水量一般为面粉的三分之一。

加水和制面团时，早期应该是只加水，并且十分讲究水的来源及其新鲜程度，这一点我们将在下面详述。

现在山东、河南和四川等地的切面（杠子面或称大刀面）面团中，还加有鸡蛋清。这一做法在唐代昝殷《食医心鉴》中已有记载①。宋代陕西一带的面条，和面时还加入植物灰②。

无论是加鸡蛋清还是植物灰，由于加水量低，切面的面团都很硬。

为了使煮出的面条爽滑筋道，古代中国人很早就发现，将面团揉匀揉透非常重要。公元6世纪30年代左右成书的《齐民要术》中，

① 〔唐〕昝殷：《食医心鉴》“治脾胃气弱见食呕吐瘦薄无力方”，中国科学院图书馆藏东方学会印行本，第11页。

② 〔宋〕庄绰：《鸡肋编》卷上，第16页。

已有将面团“揉令熟”的记载[①]。

所谓“揉令熟”的“熟”，在这里应是揉匀揉透的意思。也就是说，通过按一定手法反复揉，使所有的面粉颗粒都充分吸足水分，促进面筋网络的形成，从而使和出的面团光滑且出条指数高。

但是，由于切面的面团很硬，一小块面团还可以用手揉，如果面团较大甚至很大，要在短时间内仅仅用手来揉显然难以做到。

于是，作为双手的一种替代型揉面工具——木杠子，至迟于公元10世纪前后由中国黄河流域的先民发明推出了。

如果我们旅游、出差或探亲访友时，在河北、山西、山东、河南、陕西、甘肃和重庆等地，看见过当地杠子面的制作，那么对敦煌壁画中的《压面图》将会感到十分亲切。

这幅图中的两位男子，分别用双手同持一根木杠的两端，木杠中间下方为一大团白色凸起物，显系刚和的面团。

面团下面是两盘叠落的圆形面台。这根长木杠左高右低，二人显然正在用力压面，现在陕西等地则称之为“轧面”。

从材质及其功能来看，这幅敦煌壁画中二人压面所持的木杠，应即《居家必用事类全集》中揉“经带面”等面团时所用的“拗棒”[②]。

拗，这里应音niù，同扭，作揉讲。“经带面”等记载中的“拗

① 〔北魏〕贾思勰著，缪启愉校释，缪桂龙参校：《齐民要术校释》卷第九饼法第八十二，第510页。

② 〔元〕无名氏：《居家必用事类全集·庚集》“湿面食品”，第276页。

敦煌莫高窟第61窟五台山压面图（引自高启安《唐五代敦煌饮食文化研究》，民族出版社2004年版，第118页）

棒拗”，应即用木棒（杠）揉面。将揉面的木具称为“拗棒”应是唐宋语，今将杠子面所用的木杠叫作“杠子”，应是后来语。

与后世所见杠子面压面场景不同的是，这幅敦煌壁画中的面团是由两人同时压，而现在压面的木杠，多将一端固定，另一端则由一人双手向下按。

这说明随着操作经验的积累，特别是在意人力资源成本的都市面馆的大量涌现，木杠稍作改进，便可减少一人。同时，从中也不难看出唐五代以来切面借助木具揉面技艺的发展轨迹。

需要说明的是，这类木杠子除了压制切面所需的面团以外，有的地方往往还用于做“锅盔”之类的硬面发面饼等。

重庆山沅村杠子面压面图。杠子面传承人刘一点来自重庆石柱土家族自治县山村，说明杠子面在长江流域也有流传（邓向东供图）

擀宜极薄

——擀面杖面案的出现不晚于隋唐

切面的面团用手揉或木杠压以后，就进入了饧面阶段。

饧面是在无干扰的情况下，使面团中的面粉颗粒进一步吸水，最终增强面团的胶性和筋力。

面团饧好，就可以擀了。

在古代文献的相关记载中，擀和切往往同时提到。唐代杨晔《膳夫经手录》和宋代庄绰《鸡肋编》等书中，均记有“擀切”[①]，只

---

① 〔唐〕杨晔：《膳夫经手录》，《续修四库全书》本，第525页；〔宋〕庄绰：《鸡肋编》卷上，第16页。

不过这些古籍中的“擀”字，均写作“幹”或“捍”。

将擀写作“幹”或“捍”，在古代食书中并不鲜见。元代倪瓒讲到“手饼”的制作时强调，要将饼剂“幹作小碗许大饼子”[①]；明代宋诩记宋府的“油烙卷”制作时特别指出，要“幹薄饼，油中烙”[②]。

无论擀字是写作“幹”还是“捍”，唐宋以来的相关文献记载表明，“幹（捍）切”是当时人们对切面的一种较普遍的称谓。

既然是擀切，理当有擀面杖、面案和刀。

用擀面杖在面案上怎样将面团擀成大片，目前在古代文献中虽然还未见相关记载，不过新疆吐鲁番阿斯塔那201号墓出土的唐代擀饼彩绘泥俑，却为我们提供了这方面难得的形象史料。

这件彩绘泥俑，表现的是一家庭主妇手持擀面杖，已将面案上的一块面剂擀成了圆饼状，其旁边有一鏊子，鏊子上正烙一张饼，看得出擀的应是大饼。

在专业人士看来，将面团擀成圆饼或长方形大片，在擀法上技法相近，而且在实际操作中擀饼或擀面条往往用同一根擀面杖，或者是大小擀面杖连用。只是因为面团的软硬不同，擀的时候双手用力的轻重有异而已。

同时，吐鲁番考古出土的文物有一个特点，一般来说凡是出自

① 〔元〕倪瓒：《云林堂饮食制度集》“手饼”，碧琳琅馆丛书本。
② 〔明〕宋诩：《竹屿山房杂部》卷五“养生部·油烙卷”，《景印文渊阁四库全书·子部》第871册，第133页。

河南开封兰考大刀面的师傅正在擀面（马民生摄）

阿斯塔那墓的食品实物和相关图像作品，其墓主人多为西迁的中原人。因此，这件擀饼彩绘泥俑，塑造的虽是擀饼形象，但从中也可以大致推想出唐代切面擀制工艺节点的状况。

用擀面杖将面团擀成切面所需的圆形或长方形大片，圆形的片一般是用小面团擀出来，多为家庭主妇或家厨用小擀面杖操作；长方形大片系专业切面手以大小擀面杖轮用，将一大块面团逐渐擀成，流传至今的河南兰考大刀面等就是这样操作。

无论是将面团擀成圆形还是长方形，基本的要求都是“薄”。因为只有擀得薄，才能使下一步切出细条来。对此中之道，明末清初著名戏曲理论家、美食家李渔强调：“捍（擀）宜极薄，切宜极细。”①

① 〔清〕李渔著，叶定国注释：《闲情偶寄·饮馔部》谷食第二，中国商业出版社1984年版，第28页。

随刀落银缕

——唐代吴刀面与今日大刀面

流传至今的切面技艺说明，古代中国人很早就发现，要想使切出的面条细而长，一是要将长方形面片擀得薄如纸，二是要将面片擀成一定长度。

也就是说，擀出的长方形面片有多长，最终切出的面条也就有多长。

同时，如果长方形面片的宽度过窄，那么切出的面条往往又不够一大锅，也就是不够十几碗甚至数十碗。

无论是拉面还是切面，在古代中国人追求长寿吉祥的观念的影响下，面条均以细而长为美。

中唐诗人刘禹锡在送别友人之子时不禁想起参加他的生日宴，“尔生始悬弧，我作坐上宾。引箸举汤饼，祝词天麒麟”[①]。

诗中“引箸举汤饼”的“举”字，会令人想见当年生日宴中，客人将碗内长长的面条高高挑起以祝主人长寿的热烈情景。这种在生日宴中闪亮登场的面条，在唐宋时则被人们称为“长命面”[②]。

为了使切出的面条除了细而长以外，还要达到一定的量，切之前就要将擀成的长方形薄片叠摞起来。

---

① 〔唐〕刘禹锡《送张盥赴举》，《刘禹锡集》卷第二十八，第378页。

② 〔宋〕马长卿：《嬾真子》卷三，《钦定四库全书》子部“每嗟火伞等语诚为善喻”。

但是叠的层数也不能太多，多了叠起的面片就高，那么起刀也要高。这样不仅不便下刀，而且容易把手切伤，这就是为什么大刀面一般将长方形面片叠四层的道理。

这样叠好以后，每一刀下去都不是一根两根而是八根左右。

切这种面的刀，从传统上来看只有大刀才能胜任。

山西晋南一带、陕西韩城或铜川、河南兰考、山东临沂、甘肃平凉灵台、四川成都和重庆等地，至今仍有这种大刀面。

这种切面的大刀一般长70厘米左右，形如铡刀，气势如虹。有的地方是切面手右手持刀左手按面，有的则是双手同时操刀。

切时既可将刀下叠好的面片切出能穿过针眼的细丝，也可以切成韭叶或韭叶半等多种名目的面条。

关于大刀面的来历，贾平凹认为，所传卖大刀面的多姓关或包，是关公或包公的后裔，“此言大谬”。

他指出，陕西铜川东关一家卖主，“夫姓华，妇姓陈，皆是关公包公当年所杀之人的姓氏。问及手艺，祖传。再问：先祖出身？则马场铡草夫”①。

在唐冯贽编《云仙杂记》所引的《河东备录》中，有如下记载：“并、代人喜嗜面，切以吴刀，淘以洛酒，漆斗贮之，击鼓集老幼，自以多寡取之，至饱。”②

① 贾平凹：《陕西小吃小识录》，上海文化出版社，2015年版，第113页。

② 〔唐〕冯贽编：《云仙杂记》卷之八，《四部丛刊续编》，商务印书馆1934年版，第5页。

在《白孔六帖》所引《入洛记》中，也有类似记载："野狐泉一姥，善制水花冷淘。切以吴刀，淘以洛酒，潦叶于铛耳中，过投于汤中。其疾徐鸣掌趑之不及。富子携金就食之。"[①]

这两段文字虽然都属异闻小说类，比如将切面的刀称为"吴刀"，据唐《初学记》，吴刀为古代吴地所出名刀，名列历代四大名刀之首[②]。用吴刀来切面虽有夸张想象的成分，但从其所切的面条要供全村老幼这么多人吃个"至饱"来看，所谓"吴刀"，当是后世所言的"大刀"。

如果这种理解不误，那么唐五代时的"吴刀"面，应是今日大刀面的先河。从考古发现来看，汉代的刀刀身较直，孙机先生认为，这种形制一直延续到唐代[③]。

现在大刀面所用的大刀，各地虽略有小异，但其形制表明，应是从汉代兵器刀转化而来。

关于中国古代切面刀工技艺的来源，我们在梳理相关文献记载时发现，鱼脍从先秦至汉唐一直盛行，《诗经》《礼记》和汉赋唐诗中多可见鱼脍的文字，唐人并撰有专记斫脍技艺的《斫脍书》[④]。

而有关切面的记载，大约从唐代起才渐多起来。其中引人关注

---

① 〔唐〕白居易撰，〔宋〕孔传续撰，匀利军点校：《白孔六帖》（社会生活部分）卷十六，齐鲁书社2014年版，第109页。

② 〔唐〕徐坚等：《初学记》卷二十二武部"刀"，第529页。

③ 孙机：《中国古代物质文化》九《武备》，第366页。

④ 〔明〕李日华撰，郁震宏、李保阳点校：《紫桃轩杂缀》卷二，凤凰出版社2010年版，第282页。

宋代厨娘斫脍图（徐娜摄自中国国家博物馆）

的是，唐宋以来文人多以“丝”“缕”等字词来形容鱼脍或面条的形状特征。

比如唐代段成式在记南孝廉的斫脍时，称其斫出的鱼脍“縠薄丝缕，轻可吹起”，并且斫时“操刀响捷，若合节奏”[1]。

而宋代诗人王禹偁歌咏切面的名句，则是“随刀落银缕，煮投寒泉盆”[2]。联想前面提到的那位以吴刀切面的高手，其切面时的速度令人“疾徐鸣掌趑之不及”，二者虽一为斫脍一为切面，但在操刀上

① 〔唐〕段成式：《酉阳杂俎》前集卷之四“物革”，第51页。
② 〔宋〕王禹偁：《甘菊冷淘》，载《钦定四库全书》本《佩文斋咏物诗选》卷二百四十七。

却有异曲同工之妙。

这一现象似可以给我们这样的启示，公元8世纪以来，中国唐宋时代的切面手，无论是操小刀者还是操大刀者，他们在不同门类的厨艺的相互影响与学习中，特别是在如何将大面片切成像鱼脍那样的“银缕”上，从传统的斫脍等技艺中汲取并借鉴其高超的运刀之道，从而逐渐形成了特色鲜明的切面操刀技艺。

槐叶冷淘

——皇恩象征与士大夫雅会

槐叶冷淘是唐宋时非常有名的一种面条。所谓冷淘，即今天所说的过水面，只不过这种过水面和槐叶密不可分，这要从这种面条的制作谈起。

唐宋以来文献中多见有关槐叶冷淘制法的记载，如《事林广记》《山家清供》和《竹屿山房杂部·卷五养生部》等。

其中，宋代陈元靓《事林广记》的记载颇详：“槐叶，采新嫩者，研取自然汁，依常法溲面，倍加揉搗搦，然后薄捏缕切，以急火瀹汤煮之，候熟，投冷水擁过，随意合汁浇供，味既甘美，色亦鲜翠。”①

说明这种切面的面团中，加入了新采的嫩槐叶汁，因此捞出的

① 〔宋〕陈元靓编：《事林广记·壬集》下卷“饮馔类”，中华书局1963年版，第4页。

唐宋槐叶冷淘复原（赵小凤制作，刘宝树摄）

面条色绿，再立刻倒入凉水中过一下，就会使面条在迅速冷却的同时，也避免了槐叶汁遇热时间过长发生变色，从而使面条不仅爽滑可口，而且色呈鲜翠诱人食欲。

古代文献记载显示，人们对槐叶冷淘等过水面用的水十分重视，并非只要是凉水就可以的。

我们在前面提到的野狐泉那位老妇善制的“水花冷淘”中的“水花”，据《本草纲目》“井泉水”，乃是清晨从泉眼中冒出的第一股泉花水。

古人认为，这种泉水最清凉且最为甜美，用这种泉水淘面，说明古人对过水面的水的选择已相当讲究。

北京怀柔区怀北镇龙各庄村树龄已有600余年的大槐树（张从艳摄）

但唐宋以后，人们发现，用生水过面，面条容易破烂，于是改用凉温的滚水。如今陕西的岐山面，捞出过凉水后还要再回开汤中过一下，岐山人把这叫作“打死救活”，应是宋元过水面的遗响。

古人为什么要用槐叶汁和面做过水面呢？

这大约有两个原因，一是按《周礼·秋官·朝士》记载，周代时外朝要种槐棘，以作为朝臣列班的位次，故有用三槐、槐鼎来比喻三公之位的说法。这就可以理解为什么唐代夏天朝会燕飨时，朝廷要为九品以上的官员们准备槐叶冷淘，这有显示官位的含义在里面。

另一个是食疗保健，据李时珍《本草纲目》，嫩槐叶有治肠风痔疾、湿疹和明目等功效，春夏正是这些疾患的高发季节，槐叶冷淘可是应时当令的面条。

写到这里，我们再来看杜甫那首传唱千古的《槐叶冷淘》，对诗中的内容，便不再会感到陌生："青青高槐叶，采掇付中厨。新面来近市，汁滓宛相俱。入鼎资过熟，加餐愁欲无。碧鲜俱照箸，香饭兼苞芦。经齿冷于雪，劝人投此珠。"①

诗中的"青青高槐叶"和"新面来近市"说明，出自唐宫的槐叶冷淘之所以能"碧鲜俱照箸"，除了御厨制面技艺高超之外，还在于所用槐叶和面粉的"青"和"新"上。

同时，"新面来近市"的"新面"似乎也透露出，朝廷于此时设槐叶冷淘之会，除了以上所述的缘由以外，还含有新麦登场天子与百官尝新之意。就此而言，面条在唐代除了风行朝野的生日宴之外，又有天子与百官的尝新宴。

3个世纪后，北宋文坛巨擘苏东坡虽被贬惠州、儋州，但总能在逆境中超然物外的他，在与友人以白酒鲈鱼小酌并食槐叶冷淘时，竟即兴效杜子美也成一首"槐叶冷淘"。

"枇杷已熟粲金珠，桑落初尝滟玉蛆。暂借垂莲十分盏，一浇空腹五车书。青浮卵碗槐芽饼，红点冰盘藿叶鱼。醉饱高眠真事业，

① 〔唐〕杜甫：《槐叶冷淘》，载中华书局编辑部点校《全唐诗》卷二百二十一，中华书局1999版，第四册第2347页。

此生有味在三余。”①

如果将苏诗与杜诗相对照可以看出，在唐代颇具仪式感的槐叶冷淘被东坡称为“槐芽饼”，盛在小碗内翠绿的冷淘与红点冰盘内雪白的鱼片交相辉映，300年前一碗象征朝官身份的槐叶冷淘，就这样在东坡与友朋的欢饮中，被赋予了一位正直的士大夫笑对人生挥洒豪气的新意。

立春冷淘

——元代宫廷节令饮食的中原化

槐叶冷淘是唐代初夏新麦登场时的御赐宫餐，而在宋代，冷淘却是在春寒料峭时立春的一种应节面食。南宋陈元靓《岁时广记》引《岁时杂记》：“立春日，京师人家以韭黄、生菜食冷淘。”②

元朝最高统治者的饮膳素以肉乳著称，且因游牧而无所谓四时八节。但自从成吉思汗攻陷金中都燕京（今北京）重用耶律楚材之后，儒家文化逐渐影响蒙古帝国治国施政的方方面面。

耶律楚材是辽太祖耶律阿保机的九世孙，生于北京，死后亦葬于北京，深受汉文化的熏陶，博通经史，为汉化契丹人中的英才。

① 〔宋〕苏轼：《二月十九日，携白酒、鲈鱼过詹使君，食槐叶冷淘》，载〔清〕王文诰辑注，孔凡礼点校《苏轼诗集》第七册，中华书局1982年版，第2102—2103页。

② 〔宋〕陈元靓撰，许逸民点校：《岁时广记》卷八“飧冷淘”，中华书局2020年版，第173页。

他的文集中下面两首立春诗，不仅体现了他的汉诗造诣，同时也反映出以他为代表的汉化契丹人和元代深刻的中原食文化影响。

“客中为客已浃旬，岁杪西边访故人。杷榄花前风弄麦，葡萄架底雨沾尘。山城肠断得穷腊，村馆销魂偶忘春。今日唤回十载梦，一盘凉饼翠蒿新。”

“昨朝春日偶然忘，试作春盘我一尝。木案初开银线乱，砂瓶煮熟藕丝长。匀和豌豆揉葱白，细剪蒌蒿点韭黄。也与何曾同是饱，区区何必待膏粱。”[①]

这两首诗中最令人感兴趣的诗句是“一盘凉饼翠蒿新”和“木案初开银线乱”，以及诗中的脚注“西人煮饼，必投以豌豆”。“凉饼”“银线”和“煮饼”已明显反映出耶律楚材所歌咏的春盘，其中如“银线”般的“凉饼”正是冷淘面。

立春冷淘不仅流行于蒙古帝国时代的西域，后来还成为元代宫廷立春时的面食。其盘中除了韭黄、蓼芽等唐宋立春春菜之外，还有白煮羊肉、羊肚肺和煎鸡蛋饼，最后以盐、胡椒和醋调味[②]。中原食俗与蒙古饮食好尚融为一盘，是元代宫廷“春盘面”的明显特征。将鸡蛋煎成饼，并在这大盘什锦面上点以胭脂红，从色彩和形状上又使其具有了立春气象和仪式感。

① 〔元〕耶律楚材：《十七日蚤行始忆昨日立春》《是日驿中作穷春盘》，载《湛然居士文集》卷六，商务印书馆1937年版，第83页。

② 〔元〕忽思慧著，刘光华校注：《饮膳正要》卷第一“聚珍异馔·春盘面”，第14页。

芝麻酱过水面（刘天斌制作，贺耀春摄）

而在味道与养生上，依当时的饮膳太医忽思慧等人看来，这道汉蒙融合的春盘面，除了酸辣开胃之外，还具有补中益气的功效。

面具五味

——唐宋以来皇家府宅的手擀面味道观

在切面滋味的来源上，古代中国人的认识和做法同现在常见的有很大不同。

现在的切面一般都是靠汤或浇头、臊子来使一碗面变得有滋有味，古代则有将鱼、虾等动物性食材加到面团中的做法，这并且成为切面味道观的一个流派，其突出的代表人物是李渔。

李渔在《闲情偶寄》中谈到南人和北人吃面的不同时说：“南人

食切面，其油、盐、酱、醋等作料，皆下于面汤之中。汤有味而面无味，是人之所重者不在面而在汤，与未尝食面等也。”

李渔是浙江兰溪人，自然也在南人之列，但在吃面上与此相反。

他主张从和面开始就要“以调和诸物尽归于面”，从而让“面具五味，而汤独清”，他认为，只有这样“方是食面，非饮汤也”。于是他推出了两种能够体现其理念的面条，一种是自家食用的五香面，一种是款待客人的八珍面。

所谓五香，就是和面时先把花椒末和芝麻屑撒进面里拌匀，接着将酱、醋和笋汁、香菇汁、煮虾汁倒入面中和匀，不用水只用这些鲜汁和调料将面和成五香面团。

所谓八珍，是将鸡肉、鱼肉和虾肉晒干研成的粉，同鲜笋、香菇、芝麻、花椒的汁和末，一起拌入面中和好，即成八珍面团。同时，和这两种面团时，还要加些鸡蛋清。

为确保这两种面好吃，李渔还提出了“三宜”要求，即“拌宜极匀，捍（擀）宜极薄，切宜极细”。

其中，做八珍面所用的“鸡鱼之肉”，要“务取极精，稍带肥腻者弗用。以面性见油即散，捍（擀）不成片，切不成丝故也”。

看来这五香面和八珍面李渔还真不是纸上谈兵说说而已，他还真的拿出来多次款待过客人呢。

古人在用鱼、虾等食材的末和汁来调制切面的面团时，除了取其味取其鲜以外，还往往要其美好的颜色。仅《事林广记》《山家清供》和《饮膳正要》等书记载的彩色面条，就有红、绿和紫等颜色。

红色是用虾汁或羊血和面，叫红丝面。

绿色是嫩槐叶汁，叫翠缕面。

紫色是黑豆汁，叫紫不托。

和面时加羊脂或乳饼末，叫玲珑面。

此外，还有放山药粉、萝卜汁、梅花汁或百合、地黄等食药两用食材的。

南宋陈元靓在谈到翠缕冷淘等切面的制作要诀时指出，凡治面，须硬作熟溲、薄擀缕切、深汤久煮[①]。其中，在切后的出品上，“细切如面”的要求说明，在宋元人的概念中，“细”是面条品相的主要特征，面条的代表性品种就是细面条[②]。

不难看出，这比李渔主张的“面具五味”可要丰富而精深得多了。可以说，从历史的角度看，李渔的食面观实际上来自唐宋以来官方、文人和大宅门的食面传统。

为什么这样说呢？

因为在这种“面具五味”理念下做的每一碗面，都是吃鱼不见鱼、吃虾不见虾，这是只有那些吃腻了鸡鸭鱼肉的大户人家或者是追求风雅的文人才喜欢的面条。

对于一般人家和都市面馆来说，他们出于享受或商业经营考虑，会将鱼虾之类的硬货浇在面条上，以让人看得见吃得到为标准。

① 〔宋〕陈元靓：《事林广记·壬集》下卷“饮馔类”，第224页。

② 〔元〕无名氏：《居家必用事类全集·庚集》“湿面食品”，第277页。

陕西宝鸡麟游县的血条面（鲁谊摄）

简单来说，李渔推崇的这类美味切面，费工费时不说，吃的时候还看不见真东西，应该是古代皇家和府宅家厨的面条做法，后来在餐桌上很少见到它那是很自然的。

不过时至今日，在陕西宝鸡麟游县，当出远门的亲人回家、儿女们孝敬长辈时，都要用猪血和面做切面，当地人把这种手擀切条面叫“血条面”，它还上了央视《乡土》栏目，让观众大开眼界。

而用羊血和面做的切条面，在《饮膳正要》中叫“红丝”，是元代的宫廷面食，看来麟游血条面渊源久远，并非一时一地的乡土名食。

说到这里，还要谈一下切面和拉（抻）面的关系。从最终煮出的面条来看，这两种面条很相似，容易让人有如出一门的感觉。

大概是因为这一点，日本著名汉学家青木正儿先生在《中华名物考》中提出："在中国，切面的先祖是'水引饼'。"[①]

但我们从以上文献记载和本书"拉面和抻面"的相关叙述中可以看出，切面和水引饼是分别用切和拉成形的面条，二者在成形工艺上，显然不具有渊源关系。

"经带"与"裤带"

——陕西关中𰻞𰻞面溯源

𰻞𰻞面的"𰻞"是个生僻字，它就是被外省人称为陕西十大怪之一"面条像裤带"的那种面。这种至今仍流传于关中一带的面条，不仅形状与常见的细面条不同，其名称的读音biangbiang也为关中方言语音。

𰻞𰻞面在陕西小吃中名气很大，在咸阳和西安等地的面馆中，下图由多字和偏旁组合而成的字符，就是𰻞𰻞面具有浓郁乡土气息的代表性符号。这字符第一笔是从哪里开始起笔以及每一处的名称，当地曾有这样的顺口溜："一点飞上天，黄河两道弯。八字大张口，言字向里走。左一扭，右一扭，中间夹个马大王。心衬底，月照光。

① 〔日〕青木正儿著，杨晓钟等译：《中华名物考·馄饨》，第120页。

留个勾搭挂麻糖，推个车车逛咸阳。”

关于这种面的来历，传说与清康熙皇帝微服私访有关[①]。

但在古代文献中，这种似裤带、宽而长的面条，早在康熙之前800余年时就已见记载。唐杨晔《膳夫经手录》记有10种面条，第二种就是“带而长者”[②]，可见这种“带而长”的面在当时是仅次于拉面的品种。

那么当时这种面叫什么？目前还无从知晓，但是从“带而长”的“带”字来分析，奤奤面像“裤带”，而《居家必用事类全集》记载的“经带面”[③]，则如“经带”。显然与“裤带”只有一字之别的“经带面”，有可能就是“带而长者”的名称。

经带面的“经带”似乎还透露出这样的历史信息，即这种面大约当初出自寺院，这也可以从奤奤面的传统上看出来。菠菜、胡萝卜、鸡蛋，没有任何肉类，这就是奤奤面的经典汤料，它明显是一种素食汤面。

① 吴国栋编著：《增编陕西风味小吃》，第12—15页。

② 〔唐〕杨晔：《膳夫经手录》，《续修四库全书》本，第525页。

③ 〔元〕无名氏：《居家必用事类全集·庚集》“湿面食品”，第276页。

新麦新磨的小麦粉，清晨新汲的井花水，再加上碱和盐，就和成了经带面的面团。我们在前面已经谈及，经带面的面团处理方式同以木杠压面稍有不同，是以拗棒击打且分两次进行，待面团达到“面性行”时才进入刀切阶段。

如此棒击、刀切、水煮出的经带面，还要过水之后才能调味，或直接做成汤面。

同具有象征长寿意义的细而长的面条相比，这种面不仅与李渔“切宜极细”的主张相背，而且一反唐宋以来面以细切为尚的潮流。即使是在现在陕西的手擀面中，无论是岐山轧面、户县摆汤面、礼泉饸面，还是汉中梆梆面和韩城大刀面，奋奋面的前世经带面的形制也是独一无二的。

既然如此，这种“带而长”的面为何能历经一千余年而不衰呢？满满一大碗，那面带看着就有陕西人厚实、大气而豪迈的人文气概。而耐嚼，越嚼越香，咀嚼感强，食用之后总能有真痛快的满足感，应是其世代流传尤其受庶民欢迎的主要原因吧。

第六章　汤饼与馎饦

——汉唐以降两个面条类名称的指代

在涉及中国古代面条的文献记载中，汤饼和馎饦是两个出现频率最高的热词。

关于这二者究竟是面条中的哪一种，由于相关文献记载欠明确又比较杂乱，而且古人在谈到二者时往往又在它们之间画等号，因此人们对它们的认识仍很模糊。

从汤面到泛指部分水煮类面食

——汤饼名称的千年演变

现在我们试着以这二者在文献中出现的年代为序，综合相关记载，大致梳理出一个比较清晰的眉目来。

先谈汤饼。时下一般认为，汤饼是面片汤，但多未举出相应的证据。《太平御览》所引东汉光武帝刘秀的近侍乐林收受刘纂所送的“面、肉”时，这二人曾“共啖汤饼”[①]，说明汤饼至迟在东汉初已为上层社会的时新面食。

① 〔宋〕李昉等：《太平御览·饮食部》卷第八百六十“饼”，第3820页。

在东汉末刘熙的《释名·释饮食》中，汤饼为刘氏所记以小麦面粉为主料的七种面食之一[①]。这两条记载虽然年代较早，但也只见名称未见形制。

隋杜公瞻注《荆楚岁时记》引《魏氏春秋》说，魏文帝怀疑侍中尚书何晏面色白净是抹粉所致，时值盛夏，便命何食汤饼，结果何“大汗出”后，颜面更加皎然[②]。

“玄冬猛寒，清晨之会。涕冻鼻中，霜成口外。充虚解战，汤饼为最。”[③]看得出，西晋束皙在《饼赋》中推崇的御寒汤饼，同此前何晏所食汤饼一样，均是一碗热腾腾的汤面。至于这碗里的是面疙瘩、面片还是面条，虽不明确，但毕竟让我们晓得汤饼是热汤面。

大约从隋唐开始，人们从相关文献记载中，可以逐渐看出汤饼的形制面貌。在唐韦巨源向中宗皇帝所献的《烧尾食》单中，有“生进鸭花汤饼”[④]。这道初唐御用汤饼在食单中虽然只见其名，但如果看一下南宋林洪《山家清供》中的“梅花汤饼”制法，或可从中推想出其形制。

先将白梅、檀香末加水浸，接着用这汁来和面做馄饨皮。再用

① 〔清〕王先谦：《释名疏证补》释饮食第十三，第204页。
② 〔梁〕宗懔撰，宋金龙校注：《荆楚岁时记》，山西人民出版社1987年版，第53页。
③ 〔晋〕束皙：《饼赋》，〔清〕严可均辑：《全晋文》卷八十七，商务印书馆1999年版，第930页。
④ 〔宋〕陶穀撰，孔一校点：《清异录》“馔羞”，第105页。

五分大的梅花形铁刻刀将馄饨皮压刻成梅花形片，煮熟后捞入鸡清汤中，每碗盛200余片即可[①]。

“生进鸭花汤饼”中的“鸭花”，可能也是以这种方法压刻而成。由此推之，隋炀帝尚食直长谢讽所著《食经》中的“汤装浮萍面”[②]，也应属于这类花色汤饼。

这三例汤饼的面片尽管是以模刀刻成的花形面片，但它们却透露出面片汤曾是汤饼的历史信息。

不过唐宋时的汤饼，远不止面片汤一种。前文“从斫脍到切面”一章中提到的唐诗“引箸举汤饼”中的汤饼，就不是面片，而是细而长的面条。

不仅唐宋时人们生日必食的汤饼为“长命面也”(《嬾真子》)，就连寺院僧人所食的清幽汤饼，指的也是面条。五代释鉴兴《天台山颂》有“汤玉入瓯，糟云上箸”之句，既然是用筷子食用，这莹滑的汤饼当为面条。

寺院僧人所食的汤饼为细而长的面条，在历史上远不止五代，其俗至少可以溯至初唐。

在涉及寺院和高昌国贵族年节饮食的吐鲁番文书中，从正月元日、三月三日、五月五日、七月初七、十一月冬至直到腊月腊日，在这六大节日的应节食品中，均有以小麦面粉做的汤饼，甚至在食单中已

---

① 〔宋〕林洪：《山家清供》卷上，第6页。
② 〔宋〕陶穀撰，孔一校点：《清异录》“馔羞”，第106页。

将汤饼称作“面”，这也是目前发现的将面条称作“面”的最早记载。

更为珍贵的是，吐鲁番文书还载有明确纪年为重光三年即公元622年时汤饼所用的食材组配，即以将小麦面粉多次过罗的“白罗面”做面条、以肉和胡瓜子（黄瓜）为臊子及面码。

既然是以高筋性的白罗面做汤饼，那么这种汤饼当为以抻拉法成形的扁而长或细而长的面条[①]。应当指出的是，公元7世纪高昌国寺院僧人和贵族年节食汤饼，应是汉代以来西迁的内地人在高昌沿袭中原食俗的反映。

与此同时，随着面条类面食逐渐成为人们的常食之品以及品种的增多，内地都市食店经营面条类面食的也渐多起来。

“旧只用匙，今皆用箸矣”[②]，北宋孟元老的这句感叹说明，遍布东京汴梁大小街巷的食店，当初蜂拥而起时经营的多是以匙舀食的棋子面和面片等品种。当这波食潮过后，细而长的面条便引领了水煮面食的新潮流。

此时面条类面食的名称，已同吐鲁番文书记载的一样，多以“面”名，如《东京梦华录》所记的软羊面、桐皮面、插肉面和大燠面等。但崇文尚古的士人在面条名称上也不入俗，甚至仍以“汤饼”的雅号来指称一切水煮类面食。

---

① 〔宋〕陶穀撰，孔一校点：《清异录》“馔羞”，第110页；赵海霞、茹毅：《5—7世纪高昌地区的食物品种》，《新疆大学学报（哲学·人文社会科学版）》2008年第2期，第61—67页。

② 〔宋〕孟元老撰，邓之诚注：《东京梦华录注》卷之四“食店”，第128页。

宋代张师正指出："今人呼奢（一本作煮）面为汤饼……岂非水瀹而食者皆可呼汤饼？"[①]其中的"奢"字，在明宋诩《竹屿山房杂部·养生部》中，左边还有提手旁，为后世西北和华北等地区"扯面"之"扯"字的早期俗用字。

如果说张师正将当时凡是水煮类面食都称作汤饼多少还有些疑义的话，那么明代万历年间京师西城指挥使蒋一葵在北京地区的民俗寻访所得表明，这一说法至少在明代京畿地区，早已成为人们的一种普遍认识。其原文是："水瀹而食者皆为汤饼。今蝴蝶面、水滑面、托掌面、切面、挂面、馎饦、馄饨、合络、拨鱼、冷淘、温淘、秃秃麻失之类是也。"[②]

其间，稍晚于蒋氏的王三聘等人，也有类似记述。

总的来看，张氏等人的所记说明，大约从公元11世纪至16世纪末叶，汤饼由公元1至10世纪时有别于索饼、煮饼、馎饦和馄饨的单一面食名称，逐渐成为泛指大部分水煮类面食的统称。

唐代馎饦形状资料的新发现

——南北朝以降馎饦的专指与泛指

同汤饼相比，馎饦的形制面貌在文献记载中总体上来看比较清

① 〔宋〕张师正撰，李裕民校点：《倦游杂录·胡饼》，上海古籍出版社2012年版，第84页。

② 〔明〕蒋一葵：《长安客话》卷二"皇都杂记"，第38页。

晰，只是后来出现名称上的同音异写，并由此引发对其由来的多种解释以及名称的泛指。

从年代上看，馎饦的“饦”，最早见于西汉扬雄的《方言》。该书宋代庆元浔阳郡斋刊本载：“饼，谓之饦。”①

但清代著名学者钱绎认为，这里的“饦”系“饨”之伪。也就是说，《方言》中本没有“饦”字。

在南朝梁顾野王的《玉篇》中，已载“饦”②，但《方言》和《玉篇》中均未见与馎饦形制相关的文字。

能够让我们认识馎饦形制的明确记载是北魏贾思勰的《齐民要术》。贾氏所记相关内容是：“馎饦：挼如大指许，二寸一断，著水盆中浸，宜以手向盆旁挼使极薄，皆急火逐沸熟煮。非直光白可爱，亦自滑美殊常。”③

贾氏的这段记载让我们得知，至迟在公元6世纪三四十年代，馎饦是借助陶盆和水的光滑以手推法而不是揪法成形。值得注意的是，贾氏在这里未言其长，而只强调要“极薄”。那么馎饦究竟是宽条还是片呢？

我们在目前所见《齐民要术》以后的食书中尚未找到答案，意外的是在农书造醋的章节中发现了馎饦形状的明确记载。

---

① 〔清〕钱绎撰集：《方言笺疏》卷十三，第806页。

② 〔梁〕顾野王编辑：《原本玉篇残卷》“食部”，中华书局1985年版，第94、297页。

③ 〔北魏〕贾思勰著，缪启愉校释，缪桂龙参校：《齐民要术校释》卷第九饼法第八十二，第510页。

唐末韩鄂的《四时纂要》，其中七月六日造“醋泉”为《齐民要术》所未载。所谓“醋泉”，即造一次据说可以使用30年的老醋，类似后世酱卤肉的老汤。所用原料为馎饦、曲和煮馎饦的汤，这三者皆有定量，哪一种原料特别是馎饦少了也做不成。

为此，一不能让虫、鼠吃到馎饦，二要防止有人偷吃“馎饦片子”①。其中“馎饦片子”一词的出现表明，唐代的馎饦是面片，这是关于中国古代馎饦形状的一条非常重要的史料。

需要说明的是，该书中馎饦的“馎”，右边是“丕”，字书无此字，当为当时的俗用字。

唐代的馎饦既然是面片，每片有多薄呢？

晚唐名宦孙光宪在江陵为官期间，曾对“清修重德，冠绝当时”的王凝非常推崇，说他“食馎饦面不过十八片”②。

“十八片”是什么概念呢？按照《齐民要术》制法所做的实验显示，十八片盛进直径15厘米的碗内还不到半碗。

为什么这么少呢？因为这种面片太薄了。

正因为如此，大约从宋代起直至明代，人们又将这种以水引法制作的馎饦称作“水引蝴蝶面”或“蝴蝶面”。

程大昌在《演繁露》中指出：“水引，今世犹或呼之，俚俗又遂

① 〔唐〕韩鄂撰，缪启愉校释：《四时纂要校释》七月，农业出版社1981年版，第179页。

② 〔五代〕孙光宪著，林艾园校点：《北梦琐言》卷第三“王文公叉手睡”，上海古籍出版社2000年版，第1817页。

名为蝴蝶面也。水引、蝴蝶，皆临鼎手托为之。”[①]

清幽老人本心翁的《贻来》诗，更是形象地点出了这种馎饦薄的程度：“贻我来思，玉屑尘细。六出飞花，天一生水。”[②]

此诗让我们得以想象出这种面片之所以名为“蝴蝶面”，原来是因其片薄如蝶翼。

吃面条用筷子，唐人吃馎饦用什么餐具呢？

据高启安先生研究，馎饦是唐五代时敦煌人除了饼以外食用最多的食物，其中一件文献写道：“调停一镬馎饦，一杓先入喉中。”[③]说明馎饦是用木勺来进食的，这与《四时纂要》记载的馎饦为面片的特点正相吻合。

大约是在唐代，同南北朝时相较，馎饦发生了两大变化。

一是出现了同音异写的“不饦”或“不托”等，二是不饦的指称范围远远超越《齐民要术》中的馎饦。

在这方面，杨晔《膳夫经手录》是一篇非常重要的文献。

在杨晔笔下，薄展而细粟者（拉面）、带而长者（拉条子）、方而叶者（擀切的方形薄面片）、厚而切者（切削面？）、侧粥者（拨鱼）、切面筋（筋）夹粥者（即在稀小米粥中煮面条，今山西介休俗称米面和子饭）和鹘突不饦（类似今云南过桥米线的面条），这七种

① 〔宋〕程大昌撰，许逸民校证：《演繁露校证》卷十五“不托”，中华书局2018年版，第1002页。

② 〔宋〕陈达叟编：《本心斋蔬食谱》“贻来”，商务印书馆1936年版，第1页。

③ 高启安：《唐五代敦煌饮食文化研究》，第136页。

这件新疆吐鲁番唐墓出土的碗内的方形厚面片，可能是《膳夫经手录》记载的唐代馎饦中的“方而叶者”（徐娜摄自中国国家博物馆）

虽然分别以拉、切、拨法成形，但均在不饦名下。

尤应注意的是，杨晔最后特别指出，冷淘、索饼和擀切“与不饦法略同”[①]，言外之意是这三种面条不在“不饦”之列。这说明在唐人的认识中，面条类面食是以成形方法或煮后的处理方式来划分的。

对“不饦”或“不托”名称的由来，唐人也有自己的解释。李济翁说：“至如不托，言旧未有刀机之时，皆掌托烹之。刀机既有，乃云不托。今俗字有馎饦。”[②]北宋高承也持此说，他说：“魏世食汤

① 〔唐〕杨晔：《膳夫经手录》，《续修四库全书》本，第525页。
② 〔唐〕李匡乂：《资暇集》卷下，中华书局1985年版，第24页。

饼，晋以来有不托之号，意不托之作，缘汤饼而务简矣。今讹为餺饦，亦直曰面也。”[①]

对照我们在前面提到的《齐民要术》中馎饦的制作可知，馎饦的成形并非“皆掌托烹之”的“不托之作”，“未用刀机”倒是点出了当时馎饦制作的特点。看来，这两位先贤似乎没见过《齐民要术》中馎饦的记载。

不过他们的说法也让我们得知，在《齐民要术》中馎饦之前，应该是有一段手拿面团直接往锅里揪面片的历史阶段，借助陶盆和水以手推法制作馎饦应是其后而来的史事。至今，山西介休等地仍有以这种方法做面片的，应是那个历史阶段的遗迹。

还应说明的是，高启安先生根据馎饦有多种同音异写的情况，认为馎饦有可能是一个外来语音译词，这是非常值得研究的一个课题。

从高启安引述的有关馎饦的敦煌文献可以看出，馎饦多出现在寺院和归义军的账单中。那么当时在寺院和归义军中都是何人呢?

相关学者的研究表明，敦煌寺院的僧侣和归义军将士，多为来自中亚或西南亚等地区的天竺人或粟特人等。

其中，早在北魏时就有东来的粟特人从河西凉州迁居中原。有学者认为，五代时河西地区归义军曹氏政权的曹氏，即为粟特人后裔。在河西地区，当时还有粟特人的聚落[②]。

① 〔宋〕高承:《事物纪原》卷九“不托”，第472页。
② 〔宋〕欧阳修:《归田录》卷二，中华书局1981年版，第26页。

同时，以食品的用料、制法及其出品的色香味特点来称呼并作为其名称，是中国古代食品赋名的主要传统，而“馎饦”一词显然不是出自这一传统。

如此看来，“馎饦”一词有出自粟特语等古中亚或西亚语音译的可能，但这尚待古代欧亚语言学家的研究。

最后谈一下馎饦与汤饼的关系，经典的说法来自宋代欧阳修，他在《归田录》中说：“汤饼，唐人谓之不托，今俗谓之馎饦矣。”①

陆游于南宋绍熙四年（1193）秋天在山阴（今浙江绍兴）所作的诗中有“老病家居幸岁穰，味兼南北饫枯肠。满脾蜜熟伥餭美，下栈羊肥馎饦香”。陆游赞美的这羊汤馎饦与汤饼是何关系？

再看陆游在《岁首书事》之二诗后面所作的注：“乡俗以夜分毕祭享，长幼共饭其余。又，岁日必用汤饼，谓之冬馄饨年馎饦。”②显然，在放翁的头脑中，汤饼与馎饦是一回事。欧阳修和陆游的认知表明，大致从宋代起，汤饼与馎饦同义。

非但如此，到明代万历年间，在人们的概念中，馎饦不仅与汤饼同义，甚至馎饦已成为面条的通称“面”。明黄一正对馎饦的注释

① 韩香：《两汉迄五代中亚胡人的来华及活动》，中国社会科学出版社2016年版，第75、119、125、169、172页。

② 〔宋〕陆游著，钱仲联校注：《剑南诗稿校注》卷二十七、卷三十八，上海古籍出版社2005年版，第1915、2468页。

汉代面食陶厨俑。北京昌平博物馆展出的这两件汉代厨俑，与20世纪50年代以来河南和湖北等地汉墓出土的厨俑明显不同的是，这些地方的厨俑多持刀割肉或脍鱼，而这两件厨俑，手中均未持刀，且操作动作相同，均为左手推搓案上粗条形面团，右手稍倾向粗面条一端。根据《齐民要术》所载，"水引"面在案上要以手将面团"挼如箸大"，而"馎饦"则要将面团"挼如大指许"。这两位厨俑双手所搓的面条，其粗细当"如大指许"而非"如箸大"，显然是正在制作馎饦，非常珍贵地为我们留下了汉代馎饦制作的生动场景（吴昊摄于北京昌平博物馆）

正是如此："不托：又曰馎饦。溲面为条，今直曰面。"①

自此，正如我们在前面追溯汤饼的史脉时所引述的，这一说法屡见于元明清相关文献记载中。随后，除了我们已经单独详述的拉

① 〔明〕黄一正辑注：《事物绀珠》卷十四食部，《景印文渊阁四库全书·子部》第200册，第742页。

面和切面以外，便是下面逐一谈起的被古人视作汤饼与馎饦的部分经典品种。

双手揪片

——以手单一动作成形的面条类名作

揪片是人们十分熟悉的一种煮制面食，特别是在山西、陕西、甘肃、宁夏、青海和新疆等地，不仅是当地汉族的一种传统面食，而且是回族、撒拉族、藏族、维吾尔族和哈萨克族等兄弟民族的特色风味面食。

从总体上看，这些地区的揪片大多是先将面团擀成大片，再将大片用刀划成宽条，接着双手持条，边揪边将面片抛入沸水（或料汤）锅中。

在技艺上，以揪出的面片大小厚薄均匀一致、速度很快为最。煮熟后，或捞出浇以臊子，或以羊肉片等加调料烹炒，或以原汤食用。其中，雀舌、安多面片和库卡代，分别是青海省撒拉族、藏族和新疆维吾尔自治区哈萨克族对羊肉面片的称谓[①]。

别具一格的是，青海藏族的安多面片，所用羊肉是切成块，然后加葱花爆炒，再放水和盐，待汤开时下面片，为原汤原味的羊肉

---

① 鲁克才主编:《中华民族饮食风俗大观》宁夏卷新疆卷青海卷，第104、113、118、120、122、123页。

新疆炒片（张九龙制作，刘宝树摄）

块面片。

从这些地区揪片制作所表现的成形特点来看，特别是先切宽条再揪片的工艺节点，与唐宋以来“带而长者”的“经带面”具有明显的渊源关系。

据《居家必用事类全集》，将上等面粉加碱、盐和新打的井水和成比切面稍软的面团，用木棒打百余下。约饧一时后，再打百余下。然后将面团擀得很薄，切成像经带那样的宽条，投入沸水锅内。煮熟捞出，过凉水，可任意浇上自己喜欢的浇头[①]。

①〔元〕无名氏：《居家必用事类全集·庚集》“湿面食品”，第276页。

不难看出，如果“经带”不直接下锅，而是一下一下揪出片，就是如今各地的揪片。

如此看来，说唐宋时的“带而长者”是后来揪片的前体也未尝不可。在馎饦的品系中，除了揪片以外，还有两种面片不可不提。

一种是“剪刀面”，这是唐代著名书法家、文学家柳公权向皇帝献其所书《龙城记》和《八朝名品》时，唐穆宗、敬宗、文宗、宣宗其中一位赐给柳公权的宫廷面食[①]。

剪刀面是面片吗？《云仙杂记》和《白孔六帖》均未见记载。明黄一正《事物绀珠》“面食品类”辑历代名面22种，其中第一种便是剪刀面，其下注：“面片。”[②]

需要说明的是，山西一些地区流传的剪刀面，是以剪刀将面团剪出两头尖的条，与上述文献记载有异。

另一种则全是以擀法制成的面片，这就是《居家必用事类全集》等书中记载的“托掌面”。

从其制作过程来看，这种面片实际上是圆形的饺子皮，只不过要“如盏口大，以薄为妙”。值得注意的是，这种面片煮熟后，捞出时要放进凉凉的肉汤中浸一下，然后再换汤，加入黄瓜丝、鸡丝和蒜泥食用[③]。

---

① 〔唐〕冯贽编：《云仙杂记》卷之六“剪刀面月儿羹”，第7页。
② 〔明〕黄一正辑注：《事物绀珠》卷十四食部，《景印文渊阁四库全书·子部》第200册，第747页。
③ 〔元〕无名氏：《居家必用事类全集·庚集》“湿面食品”，第276页。

在清代的《调鼎集》中，这种面片最终又以炒法制成，称“炒烧饺皮”，只不过是顾客从饺子店买了饺子皮后，自己回家制作[①]。

需要指出的是，揪，最早是从面团上直接往锅里揪片，而且讲究片片要揪得一般大，至今山西介休等地仍有这样做的。撕，是将面团一下一下揪出再撕成手心大的片，这在山西临汾、运城一带叫猴儿面，而在清代则叫破布衫。

由于上述出片法在揪的过程中都有抻拉的动作，并且用于揪片的面团一般都比抻面拉面的面团硬，但又比手擀面的面团稍软，因此揪片的口感与拉面抻面手擀面都不一样，它兼有拉面抻面的爽滑和手擀面的筋道，是一种制法比较简单但口感非常独特的面条类面食。

刀切棋子面

——中国早期从蒸到煮的面条类名品

将饧透的面团擀成薄片，切成筷子宽的条，再横着切成筷子头大的面丁，煮熟时调入臊子，连汤盛在碗内，这就是甘肃张掖有名的“小饭”[②]。

如果要追溯历史，至迟在1500年前，与小饭相类似的面食被称

① 〔清〕童岳荐编撰，张延年校注：《调鼎集》第九卷，第286页。
② 高启安：《唐五代敦煌饮食文化研究》，第165页。

作“切面粥”，又名“棋子面”。

根据《齐民要术》记载，当时棋子面的做法是：先将揉透的面团揪剂，接着将剂搓成小指粗的条，撒上饽面后再搓成筷子粗的条，然后切成棋子大的方丁，簸去饽面，放甑内蒸熟，出甑后撒在阴凉处的净席上，摊薄。待凉凉时盛在袋内，吊挂着存起来。

需要吃的时候，用开水再煮一下捞出，浇上早已做好的浓汁肉浇头，这种棋子面入口筋道不黏。冬天做一次可以吃10天①。

不难看出，小饭与棋子面最终的成形方法是一样的，都是刀切，而且形状也相似，面丁都是筷子头大。只不过魏晋南北朝时的棋子面是先蒸后煮，蒸后可以储存，而小饭则是现切现煮，显然棋子面应是张掖小饭等类似面食的源头。

在名称上，棋子面既然是“面”，古人当时为何将其称作“切面粥”呢？我们知道，粥是中国一种古老的粒食食品，“黏滑”是粥在口感上的最大特色。切面粥中的“切面”与“粥”字的组合，反映了古人对煮后的棋子面黏滑的面丁与汤汁的认识，体现了古人从棋子面到粥的味觉联想，并以这种联想来称呼新面世的一种小麦面食。

显然切面粥是棋子面带有粒食传统色彩的早期名称，而棋子面则应是出自文人士大夫的雅称。

---

①〔北魏〕贾思勰著，缪启愉校释，缪桂龙参校：《齐民要术校释》卷第九饼法第八十二，第510页。

文献记载表明，棋子面自唐宋以来十分盛行。初唐时，尚书左仆射韦巨源曾向唐中宗献烧尾食。在当年的58款烧尾美食中，“汉宫棋”赫然在目，其注为：“钱，能印花，煮。”①

明代黄一正的辑注则为：“汉宫棋子：如钱大，印花，煮。”②黄氏的辑注让我们得知，这款初唐时的御用棋子面，每颗大如钱，上面还可以印上花。“汉宫”的冠名，更彰显了这款棋子面独特的宫廷风格。

比对《齐民要术》的记载可以看出，从公元6世纪到8世纪，仅仅经过两个世纪，棋子面的形制便发生了很大变化。

首先，面丁的形状从“切如方棋”变为“如钱大”，并且要在上面刻上花纹。这一方面可以看作是在诗歌灿烂的唐代，皇家面食也精于美化富于浪漫色彩，可以说“汉宫棋子”标志着“棋子”的形状进入了精致版。另一方面，面丁上刻有花纹，不仅便于熟制，而且可以使其更深层地吸收汤汁，让面丁更有滋味。

其次，南北朝时的棋子面，是以先蒸后煮的二次加热法制作，而且其中的蒸对棋子面来说属于熟制工艺，煮只是食用前将其加热和调味而已。

而到了唐代初年，为帝王享用的棋子面则全以煮法一次熟制而成。至于这款由唐中宗享用的“汉宫棋子”面用的是何种浇头或汤

① ［宋］陶穀撰，孔一校点：《清异录》“馔羞”，第105页。

② ［明］黄一正辑注：《事物绀珠》卷十四食部，《景印文渊阁四库全书·子部》第200册，第743页。

汁，则不可知。

不过令人深思的是，在世界面食文明史上，蒸是古代中国独具的熟食法。围棋及其棋子，在春秋战国时期就已为古代中国人所熟悉。

将小麦面团按一定工艺流程切成像棋子那样的方丁，并借用制作粟黍的炊器甑和操作传统将其蒸熟，可以说棋子面完全是在小麦传入中国以后，黄河流域的先民以自己的文化传统，在小麦面食上的一个原创品种。

宋代，围棋盛行，棋子面也成为都市食潮中的一种流行面食。

在南宋都城临安（今杭州）的面食店，仅日常制售的棋子面就有三鲜、虾臊、虾鱼、鸡丝和七宝等名目①。这同南北朝时的单一"臛浇"形成了鲜明的对照。

鱼、虾等水产浇头和七宝浇头的出现说明，南宋都市食店的棋子面，已经更多地具有江南水乡的风味特色和佛家素食色彩。

同宋代和宋代以前相比，元代的棋子面无论是在用料上还是在形状上，变化都非常大。

综合《饮膳正要》《朴通事谚解》和《居家必用事类全集》等文献记载，在用料上，元代的棋子面的面丁除了上等小麦面粉之外，还用到了鸡头粉（芡实粉）、豆粉。

如元代宫廷的鸡头粉雀舌棋子，即以鸡头粉加入豆粉和成的面

① 〔宋〕吴自牧：《梦粱录》卷十六"面食店"，第135页。

团，再切为棋子制作而成[1]。

在棋子面的形状上，新出现了雀舌、钱眼、柳叶、象眼、米粒和丁头六种形状各异的棋子。

如我们在上面提到的鸡头粉雀舌棋子，《饮膳正要》中只是说“切作棋子”。马兴仁先生据《突厥语大辞典》指出，这种名为“雀舌”的，是将“面剂切成扁豆粒大”形如雀舌的棋子[2]。

元代宫廷的水龙棋子和三下锅中的棋子，分别为钱眼形和丁头形[3]；元大都午门外饭店的象眼棋子和柳叶棋子，分别是象眼形和柳叶形的[4]；《居家必用事类全集》中的米心棋子，其棋子则形如米粒[5]。

在浇头和料汤上，元代宫廷的棋子面多以口味酸辣的羊汤为主，民间则以麻汁（芝麻酱稀释）、糟姜末、酱瓜末、黄瓜丝和香菜等常见。

柳叶棋子和象眼棋子则应是现在山西中部、东南部一带的柳叶面和山西南部、东南部地区的菱形小面片的源头。而甘肃张掖的小饭，明显保留了魏晋南北朝时期棋子面的古形，可以说是流传至今

① 〔元〕忽思慧：《饮膳正要》卷一“聚珍异馔”，上海涵芬楼景印中华学艺社借照日本岩崎氏静嘉堂文库藏明刊本，第31页。

② 马兴仁：《〈突厥语大辞典〉与中国清真饮食文化初探》，《首届中国饮食文化国际研讨会论文集》，大会秘书处1991年，第227页。

③ 〔元〕忽思慧：《饮膳正要》卷一“聚珍异馔”，上海涵芬楼景印中华学艺社借照日本岩崎氏静嘉堂文库藏明刊本，第31页。

④ 日本京城帝国大学法文学部：《奎章阁丛书》第八《朴通事谚解》，第325页。

⑤ 〔元〕无名氏：《居家必用事类全集·庚集》“湿面食品”，第277页。

的古式棋子面。

还应说明的是，棋子面在流传的过程中，棋子的“棋”字，在古代文献中先后被写作“碁”“粸”等，并且出现“粸”字连用甚至其形制也远离古制的现象。比如山西吕梁地区的家常面食“荞面粸粸”，实际上是以小麦面粉和荞麦面为主料的面条[①]。

掌按小薄饼儿与指推麻食

——宋元秃秃麻食的本真与演变

麻食是山西运城永济、陕西秦川和甘肃、宁夏、青海等地有名的面食。这种面食初看像面片，细看每片略呈扁圆，但又不是揪片，而且每片上都有几条道道，秦川人把这种麻食叫“勤麻食”，据说是将揪出的小面疙瘩放在草帽帽檐上用手指推按出来的。如果只是将面团擀薄切成小方片，则叫“懒麻食”[②]。

山西永济的麻食，因为是将煮熟的面疙瘩浇上用粉鱼、黄花、木耳和海带丝等用水淀粉勾芡调制的卤，然后倒入瓦罐上桌，故称“罐罐麻食”[③]。甘肃、宁夏、青海和新疆的回族、撒拉族、东乡族和保安族，又将麻食称作“秃秃麻”“麻失子”或“麻失”。

从名称上来看，麻食应是从“秃秃麻食”简化而来。在《事林

① 张洪光、郭起云主编：《传统面食》，第43页。
② 吴国栋编著：《增编陕西风味小吃》，第21页。
③ 张洪光、郭起云主编：《传统小吃》，第159页。

广记》《饮膳正要》《居家必用事类全集》和《朴通事谚解》等书中，分别名为“秃秃麻食”“秃秃麻失”或“秃秃么思”“脱脱麻食”。

不难看出，这些名称基本上音同字异，显然是同一个汉语外来词的音译。那么这种面食来自何方呢？

在上述古籍中，秃秃麻食分别被列为“回回食品”或“汉儿茶饭”，这无疑为我们探寻秃秃麻食的文化来源提供了重要线索。很明显，“回回”与“汉儿”是两个完全不同的概念，这种面食到底是其中的哪一种呢？

早在1981年初，笔者为此曾向中国社会科学院民族学研究所史凤耀和史金波二位先生请教。当年1月29日，史金波先生在给笔者的回信中指出：“秃秃麻食可能为中古维吾尔语音译。秃秃麻，为抓意；失，为边意，此名称可译为抓住边儿吃。”

10年后，笔者在中外文化交流史的相关论著中发现，黄时鉴先生认为，秃秃麻食的这些名称均为波斯语音译①。

美国学者保罗·D.布尔勒认为，秃秃麻食是14世纪突厥人普遍食用的面条，至今阿拉伯世界的烹饪书籍中仍有其名②。

马兴仁先生据11世纪末成书的《突厥语大辞典》提出，秃秃麻食为古突厥语音译，意为“别饿着”。该《辞典》对秃秃麻食的解释

---

① 黄时鉴：《元代的对外政策与中外文化交流》，载《中外关系史论丛》，世界知识出版社1991年版，第27页。

② ［美］保罗·D．布尔勒：《13—14世纪蒙古宫廷饮食方式的变化》，《蒙古学信息》1995年第1期，第40页。

是："面片（面条），突厥人的名食之一。"马兴仁据此认为秃秃麻食来自中亚，即后来流行中原地区的猫耳朵[①]。

需要讨论的是，在马兴仁所引的《突厥语大辞典》中，仅见秃秃麻食被释为"面片"而未见其制法的记载。但是在马先生所引的《古代维吾尔语词典》《土耳其语辞海》《土耳其语英语词典》和1892年版《波斯语英语大词典》中，秃秃麻食分别被释为"一种食品""用肉和酸奶制成的糕点""炖羊肉加鹰嘴豆，似烩饼"，或是"用通心粉做的汤面"。

"糕点""烩饼""汤面"，这些显然与《突厥语大辞典》所释的"面片"不是同一种面食。

突厥语属阿尔泰语系突厥语族，现在主要分布在中国西北部和俄罗斯、蒙古国、土耳其、伊朗、阿富汗、东欧及地中海沿岸部分国家，有30多个民族或民族共同体使用。

秃秃麻食在上述词典中的这种名同物异现象说明，仅就名称而言，秃秃麻食虽然是古代突厥人的一种面食，但是在历史的长河中，尽管同为突厥语族，由于部落、民族或地区不同，便会很自然地产生各具族群特点的秃秃麻食。于是，秃秃麻食在突厥语族中出现了名称相同而实物各异的方言称谓。

在探讨秃秃麻食的名与实时，除了上述关于名称的辨析之外，所用食材及其制作方法则是厘清秃秃麻食本真的关键。梳理与秃秃

---

① 马兴仁：《回回食品秃秃麻失》，《回族研究》1995年第2期，第63—69页。

麻食相关的汉语古籍，以下3条是目前所知反映宋、元、明三代秃秃麻食这方面史况的重要记载。

1. 南宋陈元靓《事林广记》：“回回秃秃马失：以头面，如水花（滑）面和。伺面性行，圆（团）成小弹剂，下冷水浸。两手掌内案（按）成小薄饼儿，下元汁锅内煮熟，以盘盛。用酥油炒抱（爆）担（单）片羊肉，加盐，炒至焦。以酸甜汤拌和，滋味得所。别（另）研蒜泥调酪，任便加减，使竹签签食之。以羊头油炒肉为上，酥油次之，羊尾油又次之。如无，羊脂亦可。”

2. 元无名氏《居家必用事类全集·庚集》：“回回食品·秃秃麻失：如水滑面，和。圆（团）小弹剂，冷水浸。手掌按作小薄饼儿，下锅煮熟，捞出过汁。煎炒酸肉，任意食之。”

3.《朴通事谚解》：“秃秃么思：如水滑面，和。圆（团）小弹剂，冷水浸。手掌按作小薄饼儿，下锅煮熟，以盘盛。用酥油炒片羊肉，加盐，炒至焦。以酸甜汤拌和，滋味得所。别（另）研蒜泥调酪，任便加减。使竹签签食之。”①

首先看以上三条的古籍版本，因为这关系到秃秃麻食文脉的渊源。《事林广记》有元、明多种版本，这里用的是中华书局影印的元代至顺年间（1330—1333）建安椿庄书院本，是各本中年代较早而

① 〔宋〕陈元靓：《新编纂图增类群书类要事林广记·辛集卷下》“诸国食品”，中华书局1963年版，第228页；〔元〕无名氏：《居家必用事类全集·庚集》“回回食品”，第274页；日本京城帝国大学法文学部：《奎章阁丛书》第八《朴通事谚解》，第150页。

又较多保留宋时风貌的版本。

《居家必用事类全集》有多种明刻本，这里用的是书目文献出版社出版的国家图书馆藏明嘉靖三十九年（1560）善本。《朴通事谚解》大约成书于元代至正六年（1346）以后到元朝灭亡（1368）之前的二十余年间，这一点我们在本书稍麦篇章中已经谈到。

综合来看，这三部古籍的版本年代虽然先后不一，但相距都不甚远。相关内容和所用词汇表明，它们明显出自同一个祖本。其中，《事林广记》和《朴通事谚解》的内容详细而较清晰，《居家必用事类全集》则属于稍有语焉不详的摘录本。

通过以上三条，我们可以大致勾勒出14世纪前后秃秃麻食的面貌。首先，选用上等小麦面粉，加水和好，像水滑面那样，将一个个圆如弹丸的小面剂用水浸。待面剂饧得舒展时，用手掌将面剂按成“小薄饼儿”，下锅煮熟，捞出过水，盛入盘内。

其次，用酥油炒羊肉片，加盐，炒干香。再倒入酸甜汤拌匀。另外，将蒜泥与奶酪相调，放多放少随意，即可用竹签签食。

最后，对炒羊肉片所用的油还有特别提示：羊头油为上，酥油次之，羊尾油又次之。如果这三种油都没有，羊脂也可以。

与秃秃麻食“面”的成形手法及其形状相近的是，元代宫廷的“畏吾儿茶饭搠罗脱因”，是将面剂“按作钱样”[①]。

---

① 〔元〕忽思慧：《饮膳正要》卷一“聚珍异馔”，上海涵芬楼景印中华学艺社借照日本岩崎静嘉堂文库藏明刊本，第39页。

显而易见，无论是秃秃麻食，还是掤罗脱因，按出的面片都是扁圆形的，而且面片上本没有在草帽等器物上按出的道道，这应是我们区别古代秃秃麻食与后世各式麻食并进而厘清它们之间关系的主要依据。

在文化内涵中，首先引人注意的是，秃秃麻食“面”的制作采用的是“如水滑面法”。在本书拉面篇章已经谈及，14世纪前后的水滑面，与3—6世纪时汉语文献记载的水引饼属于中原文化中一脉相承的同一种面条。

当这种面条在中原地区流行时，突厥还是柔然游牧帝国统治下众多部族集团之一。6—8世纪时，突厥推翻柔然的统治，开启了内亚草原帝国时代，成为北中国草原地带的太上皇。

其间，突厥与北齐和北周有和亲等往来，隋曾使突厥可汗俯首称臣。隋末大乱之际，“中国人避乱者多入突厥”[①]。我推测，中原文化的水滑面法可能就是在突厥与中原王朝不断往来的历史时期传入突厥可汗庭（鄂尔浑—塔米尔河谷，于都斤山，即今杭爱山），这可能也是后来秃秃麻食之所以出现在《突厥语大辞典》中不可忽视的文化积淀方面的历史背景。

当然，该辞典的编著者麻赫穆德·喀什噶里（1008—1105）为

① 王小甫：《唐、吐蕃、大食政治关系史》引言，《附录柒·论古代游牧部族入侵农耕地区问题》，中国人民大学出版社2009年版，第1—2、259—262页。王钺等：《亚欧大陆交流史》第八章《全面开放的唐朝》，兰州大学出版社2000年版，第134—145页。

今新疆喀什人，生活于黑汗王朝中叶。该王朝从初建至衰亡共三个多世纪，时当唐和两宋时期。其疆域在今新疆南部、西部和中亚一带，居民主要有噶逻禄、突骑施、回鹘和粟特人等。

炒是中国中原文化标志性的烹调方法之一，6世纪时《齐民要术》中已有以炒法制作的鸡蛋名菜[①]。秃秃麻食浇头中的羊肉片是以炒法而不是以草原文化的烧烤法制熟，这显然来自典型的中原烹调文化。

但是在炒羊肉片时，又讲究用酥油或羊头油、羊尾油、羊脂，从而使秃秃麻食具有浓烈的草原文化—伊斯兰风味特色。特别是羊肉片炒香后，要加入酸甜汤拌和，为羊肉片增添酸甜口味，是典型的波斯—阿拉伯饮食风格。

在古罗马帝国宫廷美食中，酸甜酱烤羊肉是波斯名菜的代表。8世纪时，出自波斯厨师之手的糖醋煨羊羔肉，是阿拉伯帝国皇宫盛宴上的美味佳肴。

而14世纪初叶元代宫廷的秃秃麻食，则将酸甜汤换成了好肉汤，调料中新加了葱和香菜，遂使秃秃麻食又具有了蒙古皇家文化风格[②]。

至于将蒜泥与奶酪搅匀作为秃秃麻食最终的调味品，则是14世纪前后的秃秃麻食制作上的点睛之笔。美国学者劳丹指出，秃秃麻

① 〔北魏〕贾思勰原著，缪启愉校释，缪桂龙参校：《齐民要术校释》卷第六养鸡第五十九，第333页。

② 〔元〕忽思慧：《饮膳正要》卷一“聚珍异馔”，上海涵芬楼景印中华学艺社借照日本岩崎静嘉堂文库藏明刊本，第38页。

食所加的这种奶油般细腻的蒜酪酱，与目前土耳其仍在使用的一种酱汁非常相似[①]。

在世界饮食文化版图中，中亚、西亚和北非等地区均为手食文化圈。而秃秃麻食做好后食用时，是以竹签签食而不是以手抓食，显然这是移用中原文化中唐宋签食果块的方式。

综上所述可以看出，14世纪前后的秃秃麻食，其文化内涵不仅仅是单一的波斯或突厥一种文化元素，其中还含有较多的中国中原文化元素，可以说是将诸多文化元素融为一体的一种面食。

谈至此，我们似乎比较容易回答前面提出的秃秃麻食到底是“回回食品”还是“汉儿茶饭”的问题。

“回回”一词，宋代已经出现。宋岘先生曾以“回回药方”为例指出，“回回药方”中的“回回”，其义为“伊斯兰的”，因而“回回药方”也就是“伊斯兰的药方”之义[②]。按此推之，“回回食品”当是“伊斯兰的食品”之义。

联系我们前面所引的秃秃麻食谱，均来自汉语古籍。从这些古籍的版本年代和行文特点来看，其祖本很可能是由侨居或定居中国并懂汉语的回回人所撰。

再从秃秃麻食选用食材讲究的程度、制作的精细以及食用方式等来判断，撰写此谱的人很可能是宋代入职礼宾院的汉人或回回人、

① ［美］蕾切尔·劳丹:《美食与文明：帝国塑造烹饪习俗的全球史》，第89、160、172、188页。

② 宋岘考释:《回回药方考释》前言，中华书局2000年版，第1—6页。

回回人后裔，其享用者则为当时来自中亚西亚等地区的国宾级伊斯兰贵族或使节。

至此我们可以看得很清晰，14世纪前后的秃秃麻食在形状上与后世华北和西北地区的麻食之类面食明显有别。但不可否认的是，这二者名称相近，那么它们之间关系如何？

如果从形状的角度来看，大致可以分为三种类型：那些形状近似或为小薄饼的麻食，显然直接源于14世纪前后的秃秃麻食。那些也被人们看作猫耳朵的麻食，要么本来就是猫耳朵，随人口迁徙在移民杂处的特定地区而被人们习称为麻食；要么也可能是秃秃麻食在流传过程中成形手法的改变导致其形变，其名称也随之简化为“麻食”或“麻失子”等。

第三种最独特的是“面”上有道道有条纹的“勤麻食”，令人兴奋的是，这种麻食已有考古实物出土，年代为公元4世纪东晋十六国北凉时期，这一点我们将在后面猫耳朵篇中详谈。

从秃秃麻食到麻食在名称和形状上发生变化的时间，我们目前还缺少较多的资料加以说明。只是在明蒋一葵《长安客话》中所说的12种面条中发现有“秃秃麻失”这一完整的名称。

蒋氏在明万历时曾任京师西城指挥使，这12种面条是他实地访查并结合文献记载而来，在一定程度上反映了16世纪北京以及京畿地区的史况，这表明这一时期至少在北京地区秃秃麻食似乎还未发生上述变化。

北京炒疙瘩

——宋元秃秃麻食的古都化

炒疙瘩是北京一种非常有名的面食，关于它的来历，大约从20世纪30年代起就有穆柯寨母女创制的说法。穆柯寨是民国初年顾客对北京和平门外藏家桥广福馆的雅称，她家的炒疙瘩好吃到雅俗共赏。后来前门外大李纱帽胡同的恩元居紧随其后，最终也以炒疙瘩闻名京城，这是直到目前有关北京炒疙瘩由来比较流行的说法[①]。

1979年6月，笔者来到大李纱帽胡同14号当年恩元居的原址，对恩元居创办者之一马东海先生采访时得知，马东海并不认可这种说法。

他认为无论是穆柯寨还是恩元居，炒疙瘩都是清真名食。他说，早年间我们老家周边一带素有“要吃饭，围着河间转”的说法，汉民的是驴肉火烧，回民的就是炒疙瘩和河间炮（肉），只不过我们来到北京以后，把炒疙瘩用的黄酱改成了六必居的好酱油，而且随四季分别加入了青豆嘴、黄豆嘴、菠菜、青蒜段和黄瓜丁等不同的俏头（配料）。

关于恩元居的创办，马东海回忆道：恩元居最早是由我哥马东峰于1930年在前门外留守卫胡同开创的。后来因为顾客越来越多，

① 第二商业部饮食业管理局编：《中国名菜谱》（第一辑），轻工业出版社1958年版，第80页。

北京炒疙瘩（于善兴制作，刘宝树摄）

大约过了四五年，我哥把我从天津叫来，在留守卫往东大李纱帽胡同又开了一家，于是就有了东、西两家恩元居。

后开的东恩元居比先开的西恩元居大，店堂摆了20多张餐桌，比西边的多十一二张餐桌。谈起恩元居字号的意思，马东海说，原来的字号是四个字，前面还有个“东”字。我们是哥俩，我哥马东峰，我是马东海，字号前面的“东”字，一是指第二家恩元居开在第一家的东边，二指的就是我们哥俩。

恩，是回民能开这个铺子全是穆圣的恩典；元，是多来主顾、财源茂盛的意思；居，在我们河间，凡是饭馆都叫居，1949年以后公私合营时才去掉了“东”字。

谈到恩元居炒疙瘩所用的面疙瘩，马东海说，最早我们的面疙瘩都是先用手揪出小疙瘩，然后在面案上撒饽面，伸直手指，用掌面将疙瘩连搓带滚弄成比铁蚕豆（北京的一种沙土炒蚕豆）稍小的圆球，最后再按得稍微扁一点儿即可。后来吃的人多了，忙不过来，就改用刀切，再后来就完全改用机器切机器摇了。

从马东海关于面疙瘩制法的介绍中可以看出，恩元居的面疙瘩同宋元秃秃麻食的成形方法大致相同，都是用手掌将搓成圆形的面疙瘩按扁，区别只在最终的面疙瘩形状，一个是“小薄饼儿”，一个是稍扁如小铁蚕豆大。

值得关注的是，我们在前面已经谈到，秃秃麻食在《居家必用事类全集》等书中被明确标注为“回回食品”。陈高华先生指出，在当今阿拉伯世界的烹饪书中，仍可见到秃秃麻食①。

这幅图中央十盘配菜众星捧月般围着的那个大圆锅，就是闻名世界的摩洛哥什锦塔吉锅。锅内表面是土豆、胡萝卜、西红柿、鹰嘴豆，遍布下面的小面疙瘩，就是摩洛哥人的“饭”库斯库斯，这是熊昱彤女士摄影并撰文的《舌尖上的摩洛哥之旅》中的一幅彩照。

当笔者在2019年8月27日的《三联生活周刊》上看到时，作者在文中谈到摩洛哥的历史，特别是自公元7世纪起阿拉伯人为该国带来了伊斯兰教与阿拉伯文化，这使笔者联想到宋元时流行的回回食品秃秃麻食。

---

① 陈高华、史卫民：《中国风俗通史·元代卷》，上海文艺出版社2001年版，第38页。

摩洛哥什锦塔吉锅（熊昱彤摄）

同为小麦面粉制作的疙瘩，摩洛哥的煨疙瘩风格古朴，而北京的炒疙瘩则颇具中国烹调“炒”的魅力。再联想到当年的穆柯寨和恩元居，店主人均是回族，说河间或北京的炒疙瘩是由秃秃麻食演变而来，看来应该是很自然的。

还有一点需要说明，秃秃麻食在黄河流域近千年的流传过程中，虽然是回回食品，但往往也在一些场合走上蒙、汉等族的餐桌。

最明显的例子是它在《饮膳正要》中的出现，说明至迟在公元13、14世纪时，秃秃麻食已为元朝蒙古贵族所喜食。

《朴通事谚解》中有驿站人员为过路使臣制备秃秃么思的情节[①]，这些在驿站用餐的使臣未必全是回回人，说明这种面食已成为元朝官方食单中为各族官员所共享的一种食品。

正因为如此，秃秃麻食到后来出现回、汉两种风味，也是历史形成的，我们前面谈到的山西永济和陕西秦川麻食，应是这一面食汉族风味的代表。

但是在世界面食文化版图上，这类"疙瘩"面食常被学者视为伊斯兰传统食文化[②]，即使今天在中亚高加索、伊朗和欧洲巴尔干地区也很常见。比如匈牙利的塔哈雅，是将面粉、鸡蛋加水和成面团，先擀成大片，再切成小丁，然后搓成豌豆粒大，进行风干储存。

要食用时，用油、洋葱碎炝锅，放入面粒，加入芹菜末，煸后倒入水和辣椒粉盖严焖制片刻，上桌前一般还要泼入热油。如果焖时加入土豆丁，起锅时撒上香菜末，就是"土豆塔哈雅"[③]。

因为起锅盛装后仍有汤汁，或与红甜椒佐餐，或与肉类菜肴配

① 日本京城帝国大学法文学部：《奎章阁丛书》第八《朴通事谚解》，第151页。

② [美]蕾切尔·劳丹：《美食与文明：帝国塑造烹饪习俗的全球史》第四章，第174页。

③ 马新编译：《匈牙利名菜》，第181、229、230页。

食，所以在欧洲餐品中，塔哈雅被视为一道经典的匈式汤。

如果我们将塔哈雅与北京的炒疙瘩对举，那么匈牙利的塔哈雅就可称为欧洲版的焖疙瘩或烩疙瘩。

至于匈牙利塔哈雅的文化来源，我们在本书有关饸饹的篇章中已经谈到，世界多位历史学者认为，匈牙利人中有不少为汉代以后从中国西迁的匈奴人，但塔哈雅是随西迁匈奴人还是由于公元15世纪奥斯曼帝国的扩张而传入匈牙利，还有待进一步考证。

指推猫耳朵

——汉晋以降具有“耳顺”象征意味的面食版

将揉透饧好的面团先搓成直径约二分半的长条，再切成二分长的小面丁，一般500克面要出900个左右。然后尽量少撒饽面，将一只手或两只手的拇指肚按在面丁上，边摁边推边向前微捻，面丁即变成一个个从两边卷向中间、状如白猫耳朵的小面卷。

煮熟加入调料等带汤吃，或者煮熟捞出浇上臊子拌着吃，也可以倒入用虾仁、火腿等制备的鲜汤内食用，还可以用肉片等炒着吃，这就是山西、陕西和浙江杭州等地有名的猫耳朵。

在山西一些地方，猫耳朵又称“捻疙瘩”，而在山西介休，它则叫耳朵朵。在介休，猫耳朵虽然是家常便饭，但当地有个风俗，订婚时女方家长必用猫耳朵来款待女婿，意思是让姑爷听话。婚后姑爷到女方家，有的岳母也会多做猫耳朵，同样含有让姑爷听话的

山西猫耳朵（刘天斌制作，刘宝树摄）

意思[①]，这说明猫耳朵又成为新婚伴侣的父母表达美好心愿的载体。

关于猫耳朵的来历，目前大约有三种说法。

一说是由揪面片演变而来，但未见提出相关根据。我们在本书“双手揪片”中已经谈到，中国揪片的记载最早见于唐代《膳夫经手录》和元代《饮膳正要》，其中《饮膳正要》“秃秃麻食”后面的注文为“系手撇面”。手撇面可以理解为包括揪片在内、以手撇（揪）成形的煮制面食。

但是从我们在前面所谈的猫耳朵的制作中可以看出，猫耳朵是

① 任向文主编：《定阳传统面食》，山西人民出版社1992年版，第4页。

以手的拇指肚将面丁推捻成形，揪片则是将面团或宽面条双手配合揪出片成形，显然二者成形手法区别较大。

如果说猫耳朵是由古代棋子面演变而来还是有可能的，这是因为棋子面最终的形状是用刀切成小面丁，从棋子面的小面丁到将小面丁推捻成白猫的耳朵状，仅仅是顺风顺水的一步之遥，是完全可以实现的想法。

第二种说法是杭州的猫耳朵与清代乾隆皇帝游西湖有关。据《南巡盛典》等书记载，乾隆从公元1751年（乾隆十六年）至1784年（乾隆四十九年）曾六次南巡江南。在这六次南巡中，乾隆都曾到过杭州西湖，但只是遍访西湖名胜和阅兵，未见在西湖船上微服私访的记载。

翻检乾隆在杭州期间的御膳档案，乾隆游水路在船上所进的早膳，有竹节卷小馒首、匙子饽饽、红糕。在西湖行宫的晚膳面点中，也只有白面丝糕、糜子米面糕、象眼棋饼小馒首、甑尔糕和打卤过水面，均未见有猫耳朵[①]。

另据1981年版《中国小吃（浙江风味）》，杭州老字号知味观的猫耳朵，当时已有70多年的历史，由此算下来，至今也就百余年，离乾隆时代相距甚远[②]。

① 中国第一历史档案馆编：《清宫御膳·乾隆三十年江南节次膳底档》，华宝斋书社2001年版，第1—443页。

② 浙江省饮食服务公司编：《中国小吃（浙江风味）》，中国财政经济出版社1981年版，第33页。

第三种说法认为，猫耳朵是由元代秃秃麻食演变而来。秃秃麻食是以手掌将面剂按作小薄饼儿，这与猫耳朵成形时所用手的部位及其用力方向都不同。从成形手法上来看，棋子面与猫耳朵的关系显然比秃秃麻食更近。

早在公元3世纪西晋时，束晳《饼赋》提到的11种小麦面食中就有形如乳猪耳朵的“豚耳”，清代《调鼎集》中记有状如猴耳朵的“猴耳”[①]，宋代孔传所引《河中记》中记有一种“状如枣核而中空”的面食[②]，说明这种以面团模拟动物耳朵的成形创意思维及其实现手法在黄河流域渊源久远。

在这方面，一份考古报告中提到的面食，引起了笔者的注意。

1965年冬天，新疆吐鲁番阿斯塔那墓地一座古墓中发现两块面食。其中一块卷曲如杏皮状，色微黄，似小蚕茧形，长2厘米、宽1厘米，表面还印有较规整的线条纹。考古专家推测，其表面的条纹，可能是在编织物上搓擀时留下的[③]。

这块面食，和我们现在见到的猫耳朵的形状、大小，真是高度相似，只不过上面还有条纹而已。

据该墓考古报告，墓主人为一黑头发中年女性，显系汉族。下

① 〔晋〕束晳：《饼赋》，〔清〕严可均辑：《全晋文》卷八十七，商务印书馆1999年版，第930页；〔清〕童岳荐编撰，张延年校注：《调鼎集》，第285页。

② 〔唐〕白居易撰，〔宋〕孔传续撰，匀利军点校：《白孔六帖（社会生活部分）》，第103页。

③ 新疆社会科学院考古研究所：《吐鲁番阿斯塔那墓区65TAM39墓》，《考古与文物》1983年第4期，第34—38页。

葬时间大致在北凉升平十四年、东晋太和五年（370）或稍后。

这块面食在墓主人头顶右侧，体现了以食为天的观念。更引人关注的是，墓主人所穿的一双锦鞋前端正中，分别有用红、蓝、黄三种颜色丝线绣的“富且昌”“宜侯王”和“夫延命长”10个字，均为隶书汉字铭文。

墓主人的木棺前档上半部正中，绘有象征北斗七星的7个黑色圆点。北斗文昌宫中，有掌治幽冥世界之事的司命和司禄二官，因而其昭示着生者为死者去到阴曹地府乞求解除咎祸灾殃。

综合来看，这块疑为猫耳朵的面食，与北斗七星和锦鞋铭文等随葬物品一起，从整体上构成了汉魏以来中原文化中的丧葬模式，反映出西迁吐鲁番地区的内地人，虽久居他乡，仍坚守中原文化传统。而其中疑似猫耳朵的面食，不仅是中原食文化的一个象征，而且也成为我们考究猫耳朵的史脉时一件难得的考古学实证。

最后简单谈一下，古人为何将小面丁推捻成猫耳朵状呢？在爱猫者看来，猫不仅仅可以捉老鼠，“狗来富猫来贵”的民间俚语表明，猫的最可爱之处在于可以显贵。同时，“猫”字与耄耋之年的“耄”字谐音，老年人宠猫有取长寿的意思。

特别是孔子“六十而耳顺”的哲言①，两千余年来早已深入人心。这就不难理解在古代画家的笔下，唐宋以来不乏画猫的名作。在这样的社会氛围中，为讨吉祥，富贵之家的家厨在面食中推出新花样

① 杨伯峻译注：《论语译注》为政篇第二，中华书局1980年版，第12页。

猫耳朵，也就是很自然的了。

需要说明的是，猫耳朵的直接源头，应是《齐民要术》记载的棋子面，而猫耳朵的成形创意思维，则应从公元3世纪时的“豚耳”而来。

筷子拨鱼

——麦食初始阶段的面糊之变

拨鱼又名剔尖、变尖、剔拨股，在山西有四大面食之一之称。据张洪光等主编的《传统面食》，拨鱼最早叫“拨股”，是由拨鱼的发明人“八姑”的同音异写而来。因拨股形似鱼肚，于是被人们称作“拨鱼”。又因为拨鱼两头尖，所以又有人把它叫作“剔尖”。

后来，山西介休、忻州、太谷一带把在特制的圆形带把木板或铁板上拨出的面条叫作“剔拨股”，榆次、祁县一带把从碗内拨出的叫“拨鱼”，而太原则把边转盘边从盘内拨出的叫“转盘剔尖”。再后来，山西还出现了用菠菜汁或番茄汁加水和面的翡翠拨鱼和金鱼拨鱼等。

历史上，拨鱼的明确记载见于《居家必用事类全集》，该书记有两种今天已鲜见的拨鱼，所用原料和制法的原文是：“山药拨鱼：白面一斤，豆粉四两，水，搅如稠煎饼面，入擂烂熟山药，同面一处搅匀。用匙拨入滚汤，候熟，燥子汁食之。”

“玲珑拨鱼：白面一斤，调和如稠糊。以肥牛肉或羊肉半斤，碎切如豆，入糊搅匀，用匙拨入滚汤。面见汤开，肉见汤缩，候熟，面浮肉沉，如玲珑状。下盐、酱、椒、醋调和，食之极有味。”①

不难看出，山药拨鱼是在调制面糊时加入了熟山药泥而得名，玲珑拨鱼则是因为煮熟的“鱼”白褐相间形似玲珑而得此称谓。山药拨鱼中“燥子汁”中的“燥”，应是“臊”字之误。

笔者注意到，这两种拨鱼都是“用匙拨”，但现在均是用筷子。从面食发展史的一般规律来看，这两种拨鱼关于“鱼”的主、配料说明，单纯以小麦面糊制作的拨鱼，其历史应该比这两种还要早，《居家必用事类全集》所记饮馔多为宋元甚至更早的时代，那么在此之前的拨鱼有记载吗？

唐杨晔《膳夫经手录》记有10种面食，其中一种是“有侧粥者”②。如果从字面上来看，“侧粥”的“侧”字有五义，其中一指旁边，一指向一边倾斜。

凡是亲手做过或见过做拨鱼场景的都知道，做拨鱼时，一般是左手拿着盛有稀面糊的碗，临锅时碗稍向锅内倾斜，右手则持一根筷子，在接近碗沿处一下一下将面糊拨入开水锅中，这在古人看来，不正是将碗内的“粥”“侧”着即倾斜着拨入锅中吗？

二是“侧粥”的“粥”，一是似指碗内的面糊，二是把面条类面食叫作“粥”，唐代以前已有先例，《齐民要术》记载的棋子面本名

① 〔元〕无名氏：《居家必用事类全集·庚集》“湿面食品”，第277页。
② 〔唐〕杨晔：《膳夫经手录》，《续修四库全书》本，第525页。

“切面粥”，棋子面应是贾思勰或其以后的学者所作的注释。总之，将煮制的小麦面食称作“粥”，在唐及唐以前应该不鲜见。

三是从山药拨鱼和玲珑拨鱼的原文中可以看出，古人的拨鱼创意，有可能是偶然从煎饼糊倾斜滴漏到开水锅中生发的灵感而来，最终用日日不离的筷子规范创制出每条都一般大的拨鱼。

而一般认为，中国最初的煎饼糊应该是小米面的，后来的小麦面糊则是借用小米面糊的工艺而调制，其出现的时间应该不会晚于唐代。

至于“侧粥”与拨鱼名称上的区别，笔者以为，唐人或唐代以前，人们是以熟悉的“粥”及其粥糊在碗内的位置来看这种面食临锅制作时的特点，而拨鱼则是以出“鱼”动作及其形状特征作比喻而称之。

同一种面食，在历史上出现不同名称，这在中国面食史上较常见。侧粥之外，至迟到明代万历年间，有的地方又将拨鱼称作“饦飩”。当时黄一正对这一名称的解释是：“音屹达。和面，筯拨入汤作。”①

“筯拨”，即用筷子拨，这不正是典型的拨鱼制作动作吗？黄一正为广陵即今扬州人，这至少说明明万历时扬州一带的拨鱼被称为“饦饳”。

① 〔明〕黄一正辑注：《事物绀珠》卷十四食部，《景印文渊阁四库全书·子部》第200册，第743页。

清袁枚在《随园食单》中记有一种用筷子将稀面直接往鸡汤锅中夹制成形的“面老鼠”，而且个头不论大小。夏曾传由此联想到“山药拨鱼”，在他家乡杭州，拨鱼“俗呼面疙瘩”。他认为，之所以会出现“北人呼面鱼、拨鱼之名”，是因为“治其所祖”[①]。

在面糊借助筷子成形的面条中，除了以拨法成“鱼”的之外，在山西还有一种与拨鱼相似但是不用筷子拨、而是让碗内的面糊直接顺着筷子往下流入开水锅中的面条。这种面条又分为两种，长长的一根被称作“长流尖”，常作为老人寿宴上的主打面食，一碗一根，取长寿之意，为长寿面；一尺左右长的则称“短流尖”，这种面捞出后一般是浇上小烧肉片食用[②]。

值得深思的是，无论是拨鱼还是长流尖、短流尖，均是以一根筷子使面糊成为“鱼”或“条”。而对“侧粥”的考证则使我们联想到本书粥和煎饼篇章中所谈的，粒食类的粥和粉食类的糊糊，都是新石器时代晚期及其后的典型谷食品式。

由此推想，在筷子尚未发明之前或发明后未大面积普及的时代，先民借助一根树枝、木棍或竹条，将面糊拨入或直接使其流入陶三足炊器的沸水中，当“鱼”或“条”熟时，即可连汤食用，这或许是流传至今的拨鱼、长流尖、短流尖中隐藏的上古谷食文明密码。

① 〔清〕夏曾传撰，张玉范、王淑珍注释：《随园食单补证》，第272页。

② 张洪光、郭起云主编：《传统面食》，第10页。

考古发现表明，小麦于3500—4500年前经中亚传入中国，而此时黄河流域早已有用于谷物加工的石磨盘、石磨棒和杵臼，以及烹煮谷物的各式陶炊器。

显然，起码在这一时空范围之内，从食材到器具，已经完全具备制作拨鱼和长流尖短流尖的物质条件。至于先民是在何时迸发出拨鱼和长流尖短流尖的发明之光，由于这类谷食不易保存，至今未见相关食物遗存的考古发现报道，因而尚难论定。

掌托刀削面

——拉面与切面口感兼具的美妙创造

刀削面是山西名面，早在清末便已享有盛誉。吃刀削面之前，看削面师傅用刀往锅里削面也是一种美的享受。

张洪光先生等在《传统面食》中说，有人曾这样歌赞山西削面师傅的手艺："一叶落锅一叶飘，一叶离面又出刀。银鱼落水翻白浪，柳叶乘风下树梢"，极言师傅削面动作之美之快。而早在1958年，太原的孟玉福师傅就曾创出每分钟削面128刀的纪录[①]。

据笔者目前所知，文献中关于刀削面的明确记载见于清末。薛宝辰《素食说略》："削面：面和硬，须多揉，愈揉愈佳，作长块置掌中，以快刀削细长薄片，入滚水煮出，用汤或卤浇食，甚有别趣。

① 张洪光、郭起云主编：《传统面食》，第2页。

平遥、介休等处，作法甚佳。”[1]

薛氏将他所知道的清末刀削面的面团和制要领、削面方法、食用方式以及山西哪个地方的削面最好讲得清清楚楚。那么清末以前是否有刀削面？

削面师傅临锅操作时的一个特点是左手掌托面团，《居家必用事类全集》所记面条中有“托掌面”，顾名思义，这应该是以掌托面团制作的面条，但我们在前面已经谈到，其原文却是在面案上将圆面剂擀成类似饺子皮的面片，从制作到食用方式与“托掌”毫无关联，疑为版本流传翻刻时文、题张冠李戴，但“托掌面”名称的出现却为刀削面在宋元时代的存在提供了可能。

在山西当地还有这样一种说法，刀削面是由刀砍面演变而来，并有一段元代一老者捡到破铁片情急之中用其砍面出条的民间传说。后来，人们为了使砍出的面条宽窄薄厚一致，将铁片弯成了瓦片形，并将刀口处磨锋利，于是刀砍面变成了刀削面。

这虽然是传说，但它给了我们一种启示：古人是在什么情况下将面团从“切”或“砍”改成“削”的呢？

芜菁和象牙白萝卜是古代中国人的两种常见时蔬，这两种根茎类的时蔬生熟皆可食用。而且其中的象牙白萝卜可以“制面毒”，因此还成为面条菜码中的一种必备的绝配。

明代李时珍引述宋代苏颂的话说：“芜菁南北皆有，北土尤多。

① 〔清〕薛宝辰撰，王子辉注释：《素食说略》，第52页。

山西大同花园大饭店的面点师正在往锅中削刀削面。餐桌上是与一碗刀削面相配的面码和浇头（刘海明供图）

四时常有，春食苗，夏食心，秋食茎，冬食根。”并指出：“削净为菹甚佳，今燕京人以瓶腌藏，谓之闭瓮菜。”①

特别是谈到萝卜的食疗功效时，苏颂指出，其功同芜菁，“尤能制面毒。昔有婆罗门僧东来，见食麦面者，惊云：此大热，何以食之？又见食中有芦菔（按即萝卜），乃云：赖有此以解其性。自此相传，食面必啖芦菔”。②

苏颂提到的菹，即古代的腌菜、泡菜或凉拌菜。特别引人注意的是，无论是芜菁还是萝卜，皆可“削净为菹”的“削”字。民俗

① 〔明〕李时珍：《本草纲目》菜部第二十六卷，人民卫生出版社1979年版，第1612页。
② 〔明〕李时珍：《本草纲目》菜部第二十六卷，人民卫生出版社1979年版，第1617页。

学调查表明，用于作菹的萝卜片或芜菁片，在河北保定一带农家，均是以长约20厘米、宽6厘米的小钢片削成。

考虑到苏颂所谈“食面必啖芦菔”和以小钢片削萝卜为菹，我们推想，古代农家或坊间面馆为了创出面食新花样，当秋季萝卜上市时，除了用小钢片削萝卜片之外，不排除偶尔也会用小钢片来削面。

这种偶尔用小钢片削出的面条与切面不一样的形状和口感，强化了古人以小钢片削面的意念。于是，流传至今的刀削面就在这不经意间产生了。

我们在做面食实验时发现，用切面的面团来削面条，片刀必须慢慢向前推，尽管速度很慢，削出的面条厚薄长短还是不一样。由此我们感悟出，刀削面的面团为何比切面的面团软但又比拉面的面团硬的道理。

推想古人应该就是这样，经过无数次的感悟与改进，最终形成了专属刀削面面团和制工艺和削面所用片刀的样式。

20世纪90年代，削面师傅将费力不出活、削出的条过宽过薄的瓦片形刀换成了上弯下直的企鹅式钢刀，从此削出的面条长短薄厚一致且速度飞快。如今，食品机械师又研发出了削面机，据说这种削面口感还不错。

在世界面食文化版图中，匈牙利也有刀削面。在匈牙利，刀削面和饸饹都被称作“格鲁斯卡”。削面所用的面团，是以面粉加鸡蛋、盐及水和制而成。制作时，左手托面板，右手持片刀，飞快地将面条削入开水锅中，其操作场景与中国刀削面十分相似。

不同的是，面条煮熟捞出控干后，要用黄油炒上色，出锅盛在盘内一边，另一边则放入用鸡块、洋葱、青椒丝、甜红椒粉、番茄、盐和奶油焖制而成的浇头[①]。

双手搓面

——今日尚存的元代宫廷面

2021年10月，友人侯玉瑞先生从新疆回到北京，在微信朋友圈发了《新疆手搓面》视频，引起了笔者的极大兴趣。

视频中，两位维吾尔族女士和一位男士坐在临街敞窗下，正用双手搓面条，餐厅里还有两位女士也在进行着同样的操作。仔细看她们的操作，面条在双手掌面上不全是搓，而是边搓、边拽、边让面条落入另一个不锈钢长方形盘内，实际上是一种搓与拉相结合的面条成形法。

在网上搜索，腾讯新闻报道过乌鲁木齐的这家面馆，原来开面馆的全家人来自阿克苏地区的拜城。从中得知，同拉条子相比，手搓面的面团虽然也是用水加盐和成，但是比拉条子的面团稍硬，这样才可以搓得既细而又不断，而且比拉条子咀嚼感更强。浇头则是以西红柿、白菜、辣椒和羊肉炒制而成。

看了侯玉瑞发的视频和腾讯新闻，笔者立刻联想到《饮膳正要》

① 马新编译：《匈牙利名菜》，第230页；北京友谊宾馆《国际菜谱》编写组：《国际菜谱》，第132页。

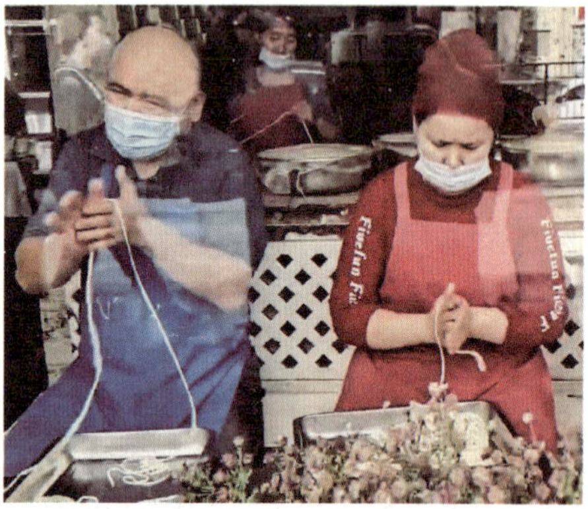
面馆师傅正在用双手搓面条（侯玉瑞摄）

中的相关记载。在该书中，手搓面被称作“马乞”，是将上等小麦面搓成面条，煮熟后浇上熟羊肉块、羊汤、盐、醋和葱香油食用，是元代宫廷中一种具有“补中益气”功效的羊肉汤面[①]。

根据该书提示，手搓面还可以用糯米粉或鸡头粉（即芡实粉）制作，书中本就有多种以糯米粉或鸡头粉制作的羊汤粉皮，这既反映出元代帝王的膳食好尚，又体现了元代宫廷手搓面所用食材南北兼具的特点。

令人遗憾的是，该书未有如何将面团搓成面条的记载，侯玉瑞发的这段视频，弥补了这一历史性的缺憾，同时也了却了笔者40余年来对手搓面成形方法的困惑。

余下的问题是，手搓面在《饮膳正要》中被称作“马乞”。“马乞”显然是非汉语的汉语音译，其可能是元代蒙古语亦或是波斯语

① 〔元〕忽思慧著，刘光华校注：《饮膳正要》卷第一“聚珍异馔·马乞”，第16页。

或其他语的音译？

前面谈及这家手搓面面馆的开办人全家均来自新疆阿克苏地区的拜城。拜城为汉代龟兹地，元代属别失八里辖境。经侯玉瑞与新疆朋友联系，新疆友人又直接通过微信语音与这家面馆主人沟通，得知在现代拜城维吾尔语中，手搓面的发音为“艾希坎木莱赫曼”。

稍加分析发现，其中“莱赫曼”又作“兰格曼”或“拉赫曼”，在新疆现代维吾尔语中，一般指“拉条子”；“艾希坎木”的语义似为“手搓”意。

同时，蒙古族友人胡日查先生经向中央民族大学阿老师请教，指出“马乞”应该是“牧骑”的变音，在古代蒙古语中，其义为“掐、削、修剪（枝叶）”之义，与“手搓”义相近但又不全同。

目前看来，元代宫廷的手搓面“马乞”一词，无论是在其现代流传地阿克苏拜城，还是在古代蒙古语中，均难以找到准确的对应语词，尚待古典民族语言学家的研究。

第七章　中国面条的浇头

——先秦羹齑与唐宋菜肴的分化

浇头，是面条的风味所在，也是千百年来随着面条产生的一种独特的赋味副品。

在文献记载中，中国面条最早的浇头，被称作“臛浇”和“熟齑”。其中，“臛浇”是荤浇头，“熟齑”是素浇头。

我们在本书有关饺子的篇章中已经谈到，“臛”本是先秦战国时期的一种浓汁肉羹，用其浇面条，在《齐民要术》中已有明确记载。

“须即汤煮，别作臛浇”，说的是棋子面煮好后，浇上另外专做的炖肉及其汁汤；“熟煮，臛浇”[1]，是说粉饼（小米面饸饹）煮熟捞出盛碗后，浇上肉块和肉汤。

显然，早期中国面条以动物类食材为主料的浇头，是从中国青铜时代贵族祭祀与宴享时的肉羹发展而来。

后来的历史表明，面条与臛相配的这类浇头，早已成为中国面条的一种经典浇头，至今盛行不衰的各种牛肉面应是其遗响。

“熟齑”中的“齑”，即细切的泡菜末或丝，同臛一样，也是中

---

① 〔北魏〕贾思勰著，缪启愉校释，缪桂龙参校：《齐民要术校释》卷第九饼法第八十二，第510、511页。

国青铜时代王室贵族享用的常备小菜。

用炒过的熟齑作为面条的浇头，在古代颇为流行，以至到了唐宋时，“熟齑”竟演变为后来“浇头”的同义词。为杜甫所歌咏的“槐叶冷淘”面，就是“以醯、酱为熟齑”[①]。

与“齑”相关的一种素浇头是“齑汁”，也就是现在俗称的泡菜汤或咸菜汤，这是一种古老而又颇具乡野风味的浇头。今日北方或南方农家，用泡菜坛或腌菜缸内的陈年老汤来浇面条，在元代已见记载。

《居家必用事类全集》“素食”篇记载的一种名为“炒鳝乳齑淘”的面条，其浇头就是用面筋、绿豆淀粉、牛奶和齑汁制成，颇具佛家色彩[②]。

历史的发展往往出人意料，齑在早期中国面条浇头中虽然是素浇头的代表，但是后来它与“汤”字相连，又成为以氽法制作的一类荤浇头的名称。

比如明代宋诩《竹屿山房杂部·养生部》中的四种“齑汤”，分别是以猪肉丝、鸭蛋、大蟹、鸡（鹅）肉丝为主料氽成的汤，但汤中均未放“齑”[③]。

日趋精细与精致，使浇头的名目不断随时代变迁而出新。

---

① 〔宋〕林洪：《山家清供》卷上，第6页。

② 〔元〕无名氏：《居家必用事类全集·庚集》，第282页。

③ 〔明〕宋诩：《竹屿山房杂部》卷五养生部，《景印文渊阁四库全书·子部》第871册，第129页。

在宋人笔记中，面条的荤浇头出现“精浇”和“臕浇”。邓之诚先生认为，所谓“精浇”，就是瘦肉浇头；“臕浇”，则是肥肉浇头[①]。

这两种浇头虽然主料都是肉类食材，但与臛不同的是，均以氽煮或烹炒制成，因此这类浇头在宋代以后的笔记或食书中又被写作“燥子”。邓之诚先生指出，这里的“燥”应作“臊”，音邵。

比如元末明初名医韩奕在《易牙遗意》中所记的“燥子肉面”，其“燥子”实际上是以氽煮加勾芡法制作的猪肉丁打卤[②]。

氽儿或称氽子，是北京、河北等地专指以氽煮或炒法做的浇头。

以氽煮法做的叫“喂氽儿”，是将羊肉片用酱油、姜末、葱花、胡椒粉、香菜和香油腌渍片刻，然后直接倒入煮面锅中，拨匀，熟后连汤食用，实际上是一种原汤面。

清乾隆御膳档案中有“羊肉撺子面”，“撺”与“氽”音同。据研究，撺子又名“水撺”，是有一个提手的小型铁质煮水器，其形制如现在的饮水杯，但直径稍大、桶稍长。这种铁器既可煮水喝，有时也会用来氽肉片浇面。

如果追溯其形制与功能，应与魏晋以来流行的铜鐎斗同类。

另一种氽儿则是以葱姜蒜煸炒肉丝（末），可加黄花，酱油要多放，因此又名“肉丝（末）炸酱油”。

总之，从浇头的历史演变可以看出，今天的臊子应是从宋元燥

① 〔宋〕孟元老撰，邓之诚注：《东京梦华录注》卷之四“食店”，第128页。
② 〔明〕韩奕撰，邱庞同注释：《易牙遗意》，中国商业出版社1984年版，第49页。

子而来，氽儿或汆子明显来自元明文献记载中的汁或齑汤，但是在总体上又都是从以往菜肴分化而来。

可以这样说，浇头是古代中国人将菜肴与面条完美结合的一种美食创造成果，它来自菜肴，但与宴席或佐米饭的菜肴又稍异。

如果与意大利等国面条的调味相比，中国面条的浇头又具有鲜明的东方文化特色。

汤臊南北

——中国古代面条浇头的三次巨变

值得注意的是，从目前所见传世与出土文献记载来看，中国古代面条浇头的形制曾发生过三次巨大变化，其后并延续至今。

第一次大变化，是以“臛浇”为标志，将先秦以来的臛、羹用于面条的调味。

目前“臛浇”的明确记载虽然见于6世纪前后的《齐民要术》，但是从“臛”和汤饼、索饼、煮饼的记载以及吐鲁番考古出土文书等来推断，这次大变化发生的时间不会晚于公元1世纪前后。

第二次大变化的结果，大致在10世纪北宋时已经非常明显地显露出来。这次大变化是以北食、南食和川食中多种菜肴进入浇头为标志，寺院斋食素浇头也在这次大变化中进入成熟阶段。

北宋东京北食店的软羊面、桐皮面、姜泼刀面和冷淘面，南食店的桐皮熟脍面，川食店的插肉面、大燠面，以及寺院斋食中的菜面和

新疆过油肉拌面（张九龙制作，刘宝树摄）

蝴蝶齑面[1]，等等，均体现出这次大变化发生后的整体状况与特点。

在这些名目的面条中，软羊、熟脍、插肉、菜面，本来分别是北食、南食或川食中的家常菜。它们被纳入浇头之后，便使这些面条变为各具地域特色的面食名品。

“鱼稻宜江淮，羊面宜京洛”[2]，说的虽是南北方物产的地理因素，但是也反映出面条及其浇头的地域性，除了厨师面点师的创造以外，

---

① 〔宋〕孟元老撰，邓之诚注：《东京梦华录注》卷之三、卷之四，第112、127、128页。
② 〔明〕李时珍：《本草纲目》谷部第二十二卷“小麦”，人民卫生出版社1979年版，第1453页。

天津非遗河蟹面（于德良制作并供图）

还与各地特产食材相关联。

第三次大变化发生在宋室南迁后以临安（今杭州）为中心的江南和东南等地区。这次大变化的突出特点是浇头食材与味道的南北融合。

宋吴自牧在谈到这一变化时指出：“向者汴京开南食面店、川饭分茶，以备江南往来士夫，谓其不便北食故耳。南渡以来，几二百余年，则水土既惯，饮食混淆，无南北之分矣。”[①]

这次大变化的具体表现是，除了羊肉类浇头之外，鱼、虾、鸡和笋等南方盛产的食材大量出现在浇头中，这些浇头大致可分为五类。

① 〔宋〕吴自牧：《梦粱录》卷十六“面食店”，第135页。

第一类是羊肉猪肉类，如猪羊生面、抹肉银丝冷淘、笋泼肉面等。第二类是鱼虾类的鱼桐皮面、炒鳝面、卷鱼面、耍鱼面、料浇虾面、子料浇虾臊面、大熬虾臊面等。第三类是鸡类，如丝鸡面、炒鸡面、丝鸡淘。第四类是荤素相配类，如三鲜面、熟齑笋肉淘面等。第五类是素食类，如素骨头面、笋菜淘面、笋辣面、素三鲜面等。

吴自牧所记以上南宋临安面食店的这些面条表明，随着鱼、虾和鸡出现在浇头中，大约到12世纪时，面条已不仅仅是北方的一种特色面食。一旦浇头发生了重要改变，面条就会受到越来越多的人喜爱。

明清时，相关记载说明，南宋时面条浇头的大变化并未从根本上撼动面条的地域特征，相反却促进了面条与浇头的精致化，从而使各地面条呈现出更加鲜明的地方特色。

对此，清代袁枚对杭州鳝面和扬州裙带面的各自特点评说后主张："大概作面总以汤多卤重、在碗中望不见面为妙。"受此影响，至今苏扬大面中的清汤面等仍以汤多为美[①]。

而清末夏曾传在《随园食单补证》中，则分别举出了扬州、杭州、苏州、徽州、襄阳和北京面条与浇头的地方风味特点，尤其指出徽州的面条"面类扬式"，而其浇头则倍之，反映了当时各地面条与浇头的细微之别。

① 〔清〕夏曾传撰，张玉范、王淑珍注释：《随园食单补证》点心单，第267—270页。

武汉热干面（王智制作，徐菲摄）

北京四川饭店的担担面（李东摄）

陕西油泼面（刘天斌制作，贺耀春摄）

热油泼面

——“沃之以膏”，黍饭改为面条

这是全国有名的陕西和山西风味面条。

虽然都是最后将滚热的油泼到面条上的辣椒面、青菜或辣椒面、姜末、蒜末上，但陕西西安的是先将用花椒大料熬制的酱油、醋倒入碗内，再放入面条；山西临汾、运城一带的则是泼完热花椒油以后再加入酱油、精盐和香醋。

对于陕西、山西油泼面所放辅料、调料及其在面碗内的位置、种类甚至口味等方面的区别，目前有多种说法，笔者这里引用的是当地行业元老吴国栋和张洪光等先生主编的《增编陕西风味小吃》和《传统面食》中的记载[①]。

油泼面应该和其他面食一样，既有自古以来形成的一套技术规范和色香味特点，又有师承、习俗和个人喜好等方面的差异。1000多年前宋太宗曾问著名文学家苏易简："食品称珍，何者为最？"苏则回答："食无定味，适口者珍。"看来油泼面也应该是这样。

关于油泼面的历史，目前有3000多年前西周"礼面"的说法，但笔者在记载周代饮食较多的《周礼》《仪礼》和《礼记》等文献中，均未发现"礼面"或面条的相关记载。

这并不奇怪，笔者在本书拉面和抻面的篇章中曾谈到，小麦大约在3500—4500年前传入中国，最初的吃法同米饭一样是粒食。

《礼记·内则》关于"麦食"的记载表明，在周代王室贵族的餐食组配中，无论是干肉羹、鸡羹还是烹雁肉，配的都是煮蒸麦仁，这煮蒸麦仁在当时的主食角色中类似于今天的大米饭，说明直到春秋时小麦的食用仍处在粒食为主要方式的阶段。

不过，《礼记·内则》记载的两种盖浇饭似应与油泼面有些历史渊源关系。这两种盖浇饭即"淳熬"和"淳毋（音模）"[②]，一般认为它们在名头很大的周代八珍之列。

① 吴国栋编著：《增编陕西风味小吃》，第16页。
② 〔清〕阮元校刻：《十三经注疏》，中华书局1980年版，第1468页。

尽管它们一种是稻米饭一种是黍米饭，但浇的都是“煎醢”也就是煎肉酱，最后都要“沃之以膏”，也就是都要泼上烧热的牛油。

这里要多说几句的是，“沃之以膏”的“沃”和“膏”，沃，按古今一般的解释是放或浇的意思，但从烹饪操作的角度来看，既然是将烧热的油往稻米饭或黍米饭上面的肉酱上浇，当以“泼”字更准确更形象；膏，古代学者多释为熟化的动物油脂。

既然这两种盖浇饭均为周代王室贵族的珍食，牛羊猪为当时周天子等所专享的太牢三牲，因此所泼的膏理当以牛油为最。显然，今天油泼面独特的油泼法，其源最早可以追溯到这两珍“沃之以膏”所形成的工艺传统。

但奇怪的是，这种油泼法在面条上的应用，在汉代以来的农书、食书、笔记和类书中却鲜见其历史信息。在梳理唐宋诗词有关饮食的篇章时，发现其中一首明显含有油泼面的诗句。

这就是北宋苏东坡的《和参寥见寄》：“黄楼南畔马台东，云月娟娟正点空。欲共幽人洗笔砚，要传流水入丝桐。且随侍者寻西谷，莫学山僧老祝融。待我西湖借君去，一杯汤饼泼油葱。”

“一杯汤饼泼油葱”中的“汤饼”，即面条，而“泼油葱”正是油泼面最后的一道赋味工艺。诗题中的“参寥”，即宋代著名诗僧参寥子，系浙江於潜浮村（今属浙江杭州市临安区）人，本姓何，名道潜，字参寥。其自幼即不茹荤腥，入寺为僧后更是如此。他久仰东坡文名与德行，终于在彭城（今江苏徐州）与东坡相识。回杭州不久，便给东坡寄诗，这首诗就是东坡对其诗的回应。

参寥子的诗是："埸来淮上卧萧宫，回首人间万事空。院静水沉消薄幔，睡余寒日耿修桐。南方访古思杯渡，北海谈经忆孔融。寂寞蒹葭霜雪后，何时重倚玉青葱。"①

从这两首诗中可以看出，二人在彭城相识甚欢，期间餐饭中的油泼面尤为参寥子所喜食。而苏诗中"待我西湖借君去，一杯汤饼泼油葱"，透露的正是东坡期盼参寥子再到彭城来请他再尝油泼面的历史信息。

显然这里的油泼面已远远超越了一碗葱油素面的食物范围，其中承载了苏东坡的待人真情，并升华为二人友谊的象征。同时我们也注意到，与今日闻名全国的山陕油泼面不同的是，苏诗中的油泼面是苏参二人在今江苏徐州所食。

油泼面所用的辣椒，是舶来品，清代美食家袁枚在《随园食单》中的相关记载说明，辣椒用于烹饪是在清乾隆年间，这是目前发现的辣椒入馔的较早记载。

如果我们从面条、油泼和辣椒这三点的出现年代来看，油泼面所用的刀削面大约出现于1000年前的宋代，油泼法最早见于2700多年前的东周，辣椒入馔是在距今200多年前。

如此看来，如果以颇受唐代贵族阶层青睐的胡椒等为辣味调料的油泼面，唐宋时可能已经出现。形成今天这样有辣椒的完美版油

① 〔宋〕苏轼：《和参寥见寄》，载〔清〕王文诰辑注，孔凡礼点校《苏轼诗集》卷18，中华书局1982年版，第三册第919—920页。

泼面的时间，大约在距今200年前后，但其深厚的历史文化底蕴和时代跨度，却从先秦、唐宋一直到明清。

炸酱拌面

——煎醢盖饭影响下的杰作

在首都北京的街头或商业区门面上，不时会见到“老北京炸酱面”的商招。留给人们的印象往往是，炸酱面以北京传统的为正宗。

如果来一次“炸酱面文化之旅”就会发现，以炸酱所用酱的品种及其最终呈现的形态来看，大致有黄酱型、面酱型和酱卤型。

这三种类型的炸酱，在空间分布上，表现出明显的地域特征。其中，黄酱型以北京为中心，面酱型以山东为中心，酱卤型则分布在山西、陕西和东北地区。

如果从这三种炸酱的主要原料在古代文献中检出的年代来看，最早的是黄酱，其次是面酱。

奇怪的是，在制作工艺及其最终出品的应用上，无论是黄酱还是面酱，这二者与“炸酱面”相连均比它们本身面世的年代要晚近得多。

也就是说，古代文献记载的黄酱和面酱，分别出现于先秦春秋时代和宋代，而炸酱特别是将其作为面条的浇头，则大致见于宋元时代，二者之间竟有近2000年之距。

为什么会这样？

囿于目前所见文献，这是留待他日继续进行探索的炸酱面之谜。

以下让我们先从炸酱面的空间分布谈起，然后逐一追索目前能够明确的中国炸酱面各个侧面之源。

酱分稀稠

——中国炸酱面地理

北京炸酱面的酱，属于三种类型中的黄酱型。但是在投料上，有单用干黄酱或黄酱的，也有以黄酱为主调入少许甜面酱的。在做法上大致可分为三种。

第一种叫小碗干炸，是面馆饭庄用肉丁或肉末将调好的黄酱和甜面酱用急火快炒的方式炒出，出勺后炸酱只有一小碗，只够拌一碗面的量。

因炸酱时不加汤或水，油量较大，又盛在小碗里，酱的味道干香，故称“小碗干炸”，是20世纪50年代以前北京面馆的一种精致型炸酱面。

应当指出的是，这种炸酱所拌的面不是手擀面而是抻面，有过水和锅挑两种，一般冬春多为锅挑，夏秋以过水居多。

面码则为掐菜（去尖须的绿豆芽）、黄瓜丝、芹菜末、香椿末、小萝卜丝或心里美萝卜丝、黄豆芽、青豆嘴等等，并有黄瓜、心里美萝卜切条随碟的款式，可随季节任意选配四种时鲜。此外，米醋、大蒜瓣不可少。

第二种是用猪五花肉丁和干黄酱，因干黄酱成坨，下锅前要先加水调稀，也有先将肉丁煸透，放入葱姜，稍煸后下酱，炒匀后再加水。

还有的是将肉丁煸好取出，待酱炸得差不多时再将肉丁放回锅里一块儿入味的。这种炸酱讲究大火煸肉小火煨酱，要用小火长时间将酱咕嘟透。待油从酱中溢出时，投入少许白糖和葱花，推搅均匀后，见色泽鲜亮酱香扑鼻时，这酱才算炸好了。

第三种炸法同第二种大致相同，只是酱中多了甜面酱。此外还有木樨（鸡蛋）、虾皮、虾仁等炸酱和素炸酱。无论是哪种炸酱，北京炸酱面的酱一般都较浓较咸，因而拌一碗面的用量都不大，顶多一小碟。

山西炸酱面依主料和做法有十余种，黄酱型与酱卤型兼而有之。其中猪肉丁炸酱大致分三种，即干炸酱、稀炸酱和炸黄酱。干炸酱的用料和做法与北京的小碗干炸类似，只是酱炸出香味时还要再加点酱油和料酒。

往干炸酱里面加上高汤、酱油和精盐，最后用水淀粉勾芡，就成了稀糊状的稀炸酱，这明显属于酱卤型。

将猪肉末和黄酱分别加调料单独炒制，待酱出香味时倒入炒好的肉末和高汤，用小火稍煒就是炸黄酱[①]。

---

① 张洪光、郭起云主编:《筵席与菜肴》，山西科学技术出版社1998年版，第173—178页。

老北京炸酱面（于善兴制作，刘宝树摄）

陕西和山东猪肉炸酱面的酱用的都是面酱，要放酱油和料酒，陕西的要加肉汤，最后的炸酱呈糊汤状。

山东的有肉泥干炸、肉丁干炸和肉泥炸酱三种，其中肉泥或肉丁干炸要放玉兰片和蘑菇末，肉泥炸酱则放玉兰片末或酱瓜丁，并且要用水淀粉勾芡淋花椒油[①]。

① 山东省饮食服务公司编：《中国小吃（山东风味）》，第11页；张廉明、牟恕海主编：《齐鲁烹饪大典》，山东科学技术出版社1992年版，第512页。

看得出，陕西和山东的基本上是面酱型加酱卤型。

总的来说，北京炸酱面的特点是酱少面多，其他地方的以酱多面少常见。

放眼世界，韩国也有炸酱面，和北京的也不一样。2001年9月20日中午，笔者和同事在韩国首都首尔海味香餐馆见识了这种炸酱面。

席间，侍应生给每位客人端来一碗拉面、一碗肉丁炸酱。盛拉面的碗像北京的深斗大海碗，碗里的面条也就三两，而盛炸酱的碗却跟北京喝馄饨的碗一般大。

大家学着韩国餐厅杂志社长朴亨熙先生的样子，一下子都将炸酱倒进面碗里，也没什么面码，拌匀后便吃起来。这种炸酱面由于酱多面少，因而刚一拌酱就把面条全部都裹上了。

聊起韩国的炸酱面，朴先生说，他小时候，韩国的经济还不像现在这样繁荣，老百姓吃得也很一般。那时，小伙伴们碰到一起，就会问放学回家吃了什么。如果有谁说吃了炸酱面，那大家准会认为他家有钱，生活富裕。

联系我们在前面谈的中国各地的炸酱面不难发现，首尔这家餐馆的炸酱面，与山西的稀炸酱、炸黄酱和陕西的大肉酱很相似，酱都是稀糊状，是典型的酱卤型。

这三种类型的炸酱面，为何在酱的品种选用以及酱与面的配比上的区别会如此明显？

就地理因素而言，面酱型和酱卤型均适合在寒冷的季节连面带卤热乎乎食用，其地域分布上也恰恰表明了这一食用温度上的特点，显然应是这些地区人民喜食热食香浓的饮食习惯使然。

从这三种类型炸酱的款式来看，面酱型特别是酱卤型的炸酱款式，与我们在面条浇头中谈到的“齑汤”，看来具有明显的渊源关系。

黄酱型中的小碗干炸和干炸酱之类，食用时具有的过水与锅挑随意、面码精致多碟等所蕴含的仪式感特点，表现出鲜明的皇家贵族阶层特征。

那么这些地区将炸酱浇在面条上的食用方式，是从何而来？炸酱面所用的黄酱、面酱及炸酱又起源于何时？

关于第一个问题，简单来说，往面条上浇炸酱的食用方式的历史渊源，我们在油泼面中提到的淳熬和淳毋两种盖烧饭，都是往米饭上浇煎肉酱。虽然当时这种酱是以动物性食材酿造的肉酱，不是后来的豆酱或面酱，但这种将煎过的酱往主食上浇的方式，应当是炸酱面食用方式的历史源头。

炸酱面所用的酱及其炸制法的历史渊源，是两个相对独立而又关系十分密切的问题，我们先来谈第一个问题。

酱之肇始

——马王堆汉墓出土帛书的新发现

在中国传世文献中，迄今所知明确出现“豆酱”也就是黄酱名称的最早记载是在王充的《论衡》中。

王充（27—97）是东汉前期著名思想家，在他用30年写就的这部中国思想史上的名著中，谈到人们说话做事的忌讳时，他说：“世讳作豆酱恶闻雷。”[①]

为什么呢？应劭在《风俗通义》中指出，这是因为如果人们吃了雷雨天做的豆酱，民间传说会“令人腹内雷鸣”[②]。

专业人士指出，遇到雷雨天，有益微生物不易繁殖，由于担心雨淋，人们便会盖上酱缸盖，这样又会使酱缸透气不好而造成厌氧菌过多，发酵不彻底，大豆没分解透，于是吃了这种豆酱便会因不易消化而发生腹鸣现象[③]。

看得出，做豆酱要选择晴朗的好天气，这应是古人从长期做豆酱中获得的真知，而且也颇合现代造酱的科学原理。

应当指出的是，这段记载虽然出现在东汉前期的文献中，但是豆酱的制作显然不应限于王充所处的时代。

相比之下，在传世文献中，面酱的记载要比豆酱晚近。

我们在本书相关篇章中已经谈到，吐鲁番唐墓出土的食账中已有甜酱即面酱的记载，说明面酱的出现不会晚于唐代。

元代《居家必用事类全集》则较早记载了面酱及其制法[④]。此后，面酱的记载渐多起来。但是从面酱所用食材的形态及其制作工艺等

---

① 〔东汉〕王充：《论衡》，上海人民出版社1974年版，第360页。

② 〔汉〕应劭撰，王利器校注：《风俗通义校注》，中华书局1981年版，第563页。

③ 谢韩、杨中梁：《酱和酱油的传承》，《中国酿造》2013年第3期，第169页。

④ 〔元〕无名氏：《居家必用事类全集》，书目文献出版社1988年版，第246页。

来看，《齐民要术》所引《食经》以小麦粒做的“麦酱”[①]，应是唐宋以来面酱的前体。

唐代名医孟诜在谈到各种酱的食疗功效时指出：“小麦酱，不如豆（酱）。”[②]说明到唐代初期，《齐民要术》记载的小麦酱仍在流行。至于麦酱面世的最早年代，我们将在下面谈到。

现在我们来谈出土文献中的相关记载。远早于《论衡》的湖北江陵凤凰山一六七号汉墓出土的遣策中，有“辦酱”简文的木简和竹简[③]。

从流传至今仍在使用的名称来看，这种酱应属豆酱类。但是由于缺少对这种酱具体描述的简文，特别是在“辦酱”的随葬竹简上，墨书的却是“醯”字，因此西汉时荆楚人称呼的“辦酱”到底是豆瓣酱还是醋，尚待新的考古发现来确认。

下面三条出土文献中的相关记载，则可以基本认定为豆酱。

20世纪70年代初和90年代末，在湖南长沙马王堆三号汉墓和沅陵虎溪山一号汉墓出土的众多文物中，与豆酱有关的是帛书《五十二病方》和竹书《养生方》《美食方》。其中前两部为古医书，后一部为古食书。

---

① 〔北魏〕贾思勰著，缪启愉校释，缪桂龙参校：《齐民要术校释》作酱等法第七十，第421页。

② 〔唐〕孟诜、张鼎撰，谢海洲等辑：《食疗本草》，人民卫生出版社1984年版，第126页。

③ 吉林大学历史系考古专业赴纪南城开门办学小分队：《凤凰山一六七号汉墓遣策考释》，《文物》1976年第10期，第39、41页。

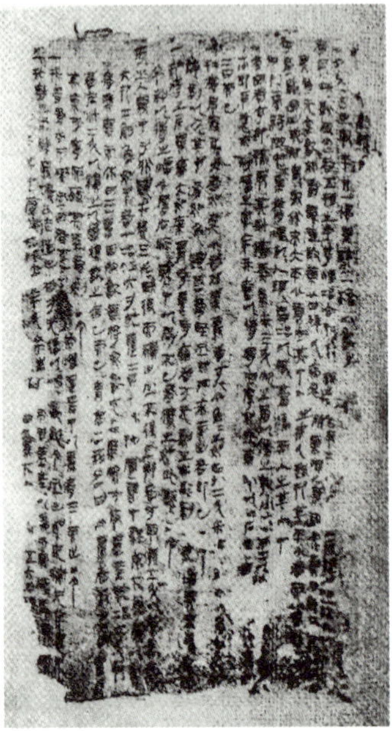

长沙马王堆三号汉墓出土的古医书《五十二病方》帛书图影。图中第N行中部为"菽酱之宰（滓）"，同墓出土的竹书《养生方》中也载有"菽酱"，这是目前发现的中国豆酱的最早记载（图片引自马继兴《马王堆古医书考释》，湖南科学技术出版社1992年版）

在这三部古书中，均载有"菽酱"，分别用于医疗或烹调。"菽酱"的"菽"，初指豆类，后为大豆的古称，因此"菽酱"即豆酱。

至今，在英、法、德和俄语中，仍留有"菽"的语音，系中国大豆古代外传的一个语言实证[①]。

在《五十二病方》现存的291条原文中，其中一条的菽酱被用于治疗痔疮[②]。而在《养生方》可以辨识的100条原文中，具有补肝益

① 王思明主编：《世界农业文明史》，中国农业出版社2019年版，第22页。

② 马王堆汉墓帛书整理小组：马王堆汉墓帛书《五十二病方》，文物出版社1979年版，第86页。

肾和壮阳功效的草药丸，服用前要放入菽酱中浸渍[①]。

作为目前发现的最早的食书《美食方》，专家们共整理出所记饭食与肴馔155条，在所用的盐、姜、木兰、茱萸和美酒等十种调料中，其中就有“菽酱”[②]。

这三部古书的年代，据古文字学和医史学等专家研究，其中《五十二病方》和《养生方》均为抄录于秦、汉之际或西汉初期的春秋残本或战国本。

《美食方》目前尚未见考古报告等谈及其年代的界定。不过从其语言风格和食物烹饪特点等来看，其年代应与上述两部医书相近。

这意味着根据考古出土文献的明确记载，中国豆酱早在先秦时期即已出现。那么是否可以进一步确认，中国人最早在何时就已经创造出豆酱了呢？

这大约可以从以下几点作答。从豆酱包括面酱的原料及其酿造工艺等来看，这两种酱都用到了大豆、小麦面粉、麦曲、盐和水。

其中的大豆，我们在前面已经谈到“菽酱”的“菽”，而菽或荏菽在史家用以考证周代社会生活的《诗经》中多次出现。

如“七月烹葵及菽”“中原有菽，庶民采之”“十月纳禾稼，……

① 马继兴：《马王堆古医书考释》，湖南科学技术出版社1992年版，第503、672页。
② 湖南省文物考古研究所、怀化市文物处、沅陵县博物馆：《沅陵虎溪山一号汉墓发掘简报》，《文物》2003年第1期，第36页。

禾、麻、菽、麦”[①]，等等。说明菽或荏菽在周代就已是黄河流域先民对大豆的普遍称谓。

但是大豆的历史远不止于周代，植物考古学成果显示，河南舞阳贾湖遗址和登封王城岗遗址、禹州市瓦店遗址，以及陕西扶风周原等遗址出土的炭化大豆经鉴定，分别为距今8000年前后种植大豆的代表和4000年前后具有现代栽培大豆明显特征的大豆遗存。

到距今3000年前后的多处商周遗址，出土的炭化大豆粒形态已基本为现今的栽培大豆[②]。

应当指出的是，在世界上，中国是大豆的起源地，中国先民将野生大豆驯化为栽培大豆，经历了漫长的历程，上述考古出土的炭化大豆粒即为实证。

同大豆相比，小麦在中国的历史相对晚近。我们在本书相关篇章中已经谈到，原产于西亚的小麦在3500—4500年前经中亚传入中国。尽管如此，在漫长的栽培与食用的历史进程中，中国先民对大豆和小麦的物性的认识也不断深化。

同时，随着谷物加工工具的不断进步，谷物也逐渐由粒食变为粉食。豆酱的主要原料是大豆粒和小麦面粉，面酱的前体麦酱则完全由小麦粒做主料。

这提示我们，如果从最终用以作酱的原料形态特征来看，豆酱

① 高亨注：《诗经今注》，第200、291、400页。

② 袁靖主编：《中国新石器时代至青铜时代生业研究》，第4页。

应产生于粒食时代后期与粉食时代初始阶段，麦酱和面酱则应分别是中国先民粒食时代和粉食时代的创造成果。

就具体的年代而言，如果参照本书馄饨篇章所引的小麦粉食考古实证，那么中国豆酱出现在先秦春秋时期是具备原料形态基础的。

其次，从《齐民要术》所载豆酱和麦酱法来看，这两种酱所用谷物类原料的前期加热制备，无论是大豆粒、小麦粒，还是黄衣、黄蒸和麦曲，均是以典型的中国谷物甑蒸法进行。

其中，做麦酱所用的麦粒，以麦粒或带麸皮的小麦面粉分别做的麦曲、黄衣和黄蒸这三种酱曲，均为蒸一次即进入下一个工艺节点；而豆酱所用的大豆，则要三蒸三曝才能进入瓮中酿造阶段。

就甑蒸的时代而言，考古学、民族学和民俗学说明，甑蒸是中国粒食时代兴起的最富神奇传承色彩的一种熟食法。陶甑从史前经夏商周一直流传至现代。

虽然东汉时出现了竹木蒸笼，但陶甑至今仍在一些偏远地区的农家使用。而这两种酱制作工艺中的甑蒸，均来自粒食时代的蒸食传统，并且是这一传统在豆酱和麦酱工艺中留下的历史印记。

至于麦曲等酱曲具体出现于粒食时代的哪个阶段，《左传》中一条关于麦曲的记载，对回答这一问题具有极高的史料价值。

据《左传·宣公十二年》，当年的冬天，楚国灭萧国的前夕，楚大夫申叔展问萧大夫还无社："你有麦曲吗？"还答："没有。"申又问："你有川芎吗？"还答："没有。"申说："那你得了河鱼腹疾怎么办？”[1]

据杨伯峻先生释，当时正值楚将灭萧之际，申与还素有交往，申担心还的安危，但是在这敏感时刻，申又不便明说，便以麦曲、川芎和河鱼腹疾为隐语，暗示还要有所准备。

申叔展以麦曲作隐语，可见麦曲是当时人们非常熟悉的名物。宣公十二年为公元前597年，说明麦曲在公元前6世纪时就已广为人知。那么麦曲的发明，当远远早于这个年代。

当然，麦曲既可用于酿酒，也可用来造酱。但是这条有明确纪年的麦曲史料，对我们推断《五十二病方》中菽酱的年代，具有重要的参考价值。

可以说，这条史料连同上述豆酱的原料形态及其熟制工艺所蕴含的时代特征，从整体上昭示了菽酱的出现不会晚于春秋中期即公元前6世纪，这与古文字和医史等专家对《五十二病方》和《养生方》版本及内容年代的推定真是不谋而合。

还应指出的是，《左传》中提及的麦曲，究竟是小麦曲还是大麦曲？

查李时珍《本草纲目》，小麦曲可“止河鱼之腹疾”，大麦曲可消食和中[2]。显然小麦曲的主治功效正与申叔展所说的麦曲一致，而《齐民要术》中作豆酱的麦曲，如果联系该书造曲的篇章，可知用的

---

① 杨伯峻编著：《春秋左传注》，第749页。
② 〔明〕李时珍：《本草纲目》，第1545页。

山东济宁玉堂酱园自清康熙五十三年（1714）创办以来，一直坚持传统工艺，享誉省内外，图为酱园晒酱场景（王光辉摄）

应是小麦曲。

在古代的酿酒史料中，曲曾被称为“酒母”。不过通观《齐民要术》中造曲、酒、醋和酱的记载可以看出，豆酱和麦酱的用料及其制作工艺均与造酒关系密切，这两种酱应是先民在酿酒的启示下借鉴其工艺发明而来。

直到后世，酒酱一家、前店后厂，仍是北京六必居、绍兴俞合兴等中华老字号酱园产品的生产传统。

可以说，这一传统也从一个侧面反映了酒特别是黄酒与豆酱等酱类产品之间工艺上的渊源关系。

以往关于对豆酱和麦酱的历史渊源的探讨，一般认为是从醢发展而来。

这有一定道理，因为在《左传》《周礼》等记载先秦史事的传世文献中，仅见醢和酱，而豆酱直至东汉时才在传世文献中始见其名。

但是现在发现在《五十二病方》等出土文献中均载有豆酱，说明豆酱和醢起码在先秦春秋战国时是并存的。既然是并存，为何不见于众多先秦传世文献？

载有菽酱的三部古书，均为简帛方技之书，流传范围有限，且极易损毁而失传。

有关饮食的记载，又多受肉食为尚观念的主导，因而详醢而他酱略，这在三礼等经书中反映尤甚。

加之先秦时豆酱多用于疗疾和养生，烹饪所用不多，直到魏晋南北朝时仍是如此。

比如在《齐民要术》有关烹调的八篇记载中，粗略统计，用豆酱的只有7条，而79 条全是以豉和豉汁为咸味赋色调料。综上可知，豆酱鲜见于传世先秦文献便是很自然的了。

最后简单谈一下“酱”字。在字源上，“酱”与其上部的“将”字均见于甲骨文和金文，东汉许慎认为，酱，“从肉从酉”[1]，许氏将“酱”字的构成指向肉酱。

---

[1] 〔汉〕许慎：《说文解字》，中华书局1963年版，第313页。

但是在马王堆三号汉墓出土的竹书《养生方》中，其中一方的“酱”却写作“将”。其原文是：“治阴，以将渍……其中。”[①]古文字和医史专家均将“将”隶定为“酱”字。

这使笔者联想到唐代颜师古对“酱”字的解释，颜氏指出：“酱之为言将也，食之有酱，如军之须将，取其率领进导之也。”[②]说明“酱”字最初的意思是引领食物让人喜食大快朵颐，因此先借用“将”字，后定为“酱”。《养生方》用“将”字，应是沿袭古义。

具体到单独一个“酱”字在古代文献特别是先秦至汉唐时是指肉酱还是豆酱，这要看时代和语境等。

一般而言，先秦时期单独一个“酱”字往往是酱类总称或泛指，但有的也专指豆酱。比如《周礼》“酱用百有二十瓮”[③]，这里的120瓮酱显然不会是同一种酱，而是与其前面的“羞用百二十品”相对应的120种荤素皆有的酱。

《论语》中“不得其酱，不食”的“酱”，汉唐以来学者多释为醯醢之类。笔者以为，“不得其酱”的“其”，所指应是众多美食要与对应的酱相配，强调的是礼制的坚守，因而这里的“酱”应与上述《周礼》中的“酱”字同义。

单独一个“酱”字往往也特指豆酱或者是豆酱的简称。比如马王堆一号汉墓出土的312枚竹简中，简文中见“酱”字的有5枚，即

---

① 马继兴：《马王堆古医书考释》，湖南科学技术出版社1992年版，第674页。

② 〔汉〕史游：《急就篇》，岳麓书社1989年版，第136页。

③ 〔清〕阮元校刻：《十三经注疏》，第659页。

肉酱、爵（雀）酱、马酱、醢酱和酱。

其中马酱，唐兰先生释为一种鱼酱；醢酱为何酱，待考[①]。除去醢酱的四种酱中，三种酱的主要原料取自地上、天上和水中的动物性食材，剩下的一种应是豆酱。

将豆酱简称为“酱”，在汉代传世和出土文献中并非鲜见。西汉史游将汉初16种调料编为歌诀，作为儿童启蒙的食生活常识。其中“芜荑盐豉醯酢酱”中的“酱”，颜师古释为豆酱。

颜氏虽为唐人，但从“酱”字前面的四种调料及其排序和释文来看，颜氏所释皆有所本。

我们在前面谈到“豆酱”一词最早见于《论衡》，而应劭在《风俗通义》中对王充所言作豆酱的现象进行解释时，即将豆酱简称为“酱”。

在历史上，普遍将豆酱简称为酱，大约从唐代开始。唐韩鄂在《四时纂要》中，将不同主料的酱均单独列目，造豆酱写作“造酱”，以鱼或兔为主料的则单列为“鱼酱”“兔酱”[②]。

而在东汉《四民月令》和北魏《齐民要术》相关篇章中，尚未出现《四时纂要》的上述现象，反映了“酱”从汉代至唐代概念的变化。

---

① 唐兰遗著：《长沙马王堆汉轪侯妻辛追墓出土随葬遣策考释》，《文史》第十辑，中华书局1980年版，第24—28页。

② 〔唐〕韩鄂撰，缪启愉校释：《四时纂要校释》，第244—245页。

炸酱寻踪

——宋元炸酱已多见

不难看出，中国豆酱和麦酱的历史是悠久的。但是令人困惑的是，截至目前我们尚未在宋代之前的文献中发现与炸酱相关的记载，也没有在宋以前的传世或考古出土的图像中寻到炸酱的画面。酱与炸酱的历史为何会出现这种悠久与晚近的巨大反差？笔者想到了三种解释。

首先是豆酱或麦酱在烹饪中使用的频率。前面已经谈到，在《齐民要术》记载的菜肴中，用豆豉、豉汁或酱的有86道，其中用酱的只有7道。

其次，见于文献记载的美味佳肴多为王室贵族、富商或士人所专享，炸酱的醇浓不太适合以上阶层的口味需求，自然鲜见记载。

最后，从民俗学资料来看，至今在北方广大乡间，农家自己做酱并炸酱的仍很常见，应是自古以来世代相传的食俗，而这因为属于习见的“野”，故难被历代执笔者所记。

尽管如此，正如我们在前面谈到的，林洪在《山家清供》中谈到槐叶冷淘的浇头时，有“乃以醯、酱为熟齑”。

《山家清供》所记饮食大部分是以清淡为尚，这里浇槐叶冷淘的酱不排除是口味浓香的炸酱的可能，但是以蒸或隔水炖盅方式制得熟酱的可能也有。

尽管如此，这条记载还是为我们留下了这样的历史信息：至迟在南宋时，中国人已用加热过的酱浇面条。

将牛羊猪肉三斤剁烂，用香油和葱、姜、花椒等炝锅，放入肉泥和虾米、杏仁，煸后倒入面酱一斤半，炒成后装入瓷器内，可随时食用，这就是《居家必用事类全集》中的“一了百当”[1]。

从配料上看，这种酱中肉与面酱的比例为2：1，正好与后世炸酱面炸酱的投料比例相反，说明是菜肴类中的肉炸酱。

引人关注的是，这条记载谈到如何食用时强调：“随食用之，亦以调和汤汁尤佳。”文后并注：“粘合平章常用。”

既是“随食用之”，面条当在“食”之列，因而不应排除用其拌面条的可能。至今不少北方家庭主妇常常一次炸出一瓷罐酱，随时取出食用，看来其源久远。

文末注中提到的粘合平章，其中“粘合”应即粘合重山；“平章”为实际任宰相者外加的衔称。粘合重山曾任元初左丞相，故称“粘合平章”。

这条注的史料价值在于标明了这种肉炸酱的流行年代和食用者的阶层。也可以这样讲，至迟在元代初期，中国不仅有了类似后世肉炸酱的工艺先例，并且也可能出现了炸酱面。

同今天炸酱面的酱在用料和做法上更为接近的例子，是清初朱彝尊在《食宪鸿秘》中所记的“一料酱方”。这种酱是将上好的陈酱用菜油、姜丝、椒末、砂仁、陈皮、糖再加上芝麻和杏仁炒干，然

① 〔元〕无名氏：《居家必用事类全集·庚集》，第271页。

后装入篓中。

从“暑月行千里不坏”可知，这种酱很咸，是古人旅行时随身携带的一种素炸酱[①]。

以上这些记载说明，虽然目前还未发现清代以前炸酱与面条相结合的明确记载，但这二者的制作技术在宋元明清时已相当完备，炸酱面的出现是有可能的。

南北酱香

——清末民初京鲁湘的炸酱面

清末民初时，炸酱面已是北京宅门富户的一种家常和待客面食。曾为清末两广总督张之洞所器重的林传甲，在其总编的《大中华京兆地理志》中说：“炸酱面，京兆各县富家多食之。旅行各乡镇，便饭中以此为最便。”[②]

《大中华京兆地理志》1918年成书，所记多为清末北京的地理风物。该书中的这段文字，是目前所知关于北京炸酱面的最早记载。

1960年10月，载涛将关于当年醇亲王府生活的回忆写成《清末贵族之生活》。在王府日常饮馔的忆述中，有“如吃面条，则以猪肉

① 〔清〕朱彝尊：《食宪鸿秘》，上海古籍出版社1990年版，第71页。

② 林传甲著，杨镰、张颐青整理：《大中华京兆地理志》，中国青年出版社2012年版，第121页。

丁炸酱”的记载[①]。

载涛是溥仪的七叔，其在爱新觉罗家族中的地位十分特殊。其祖父是道光帝，父亲是醇亲王，二伯父为咸丰帝，堂兄为同治帝，二哥是光绪帝，侄子为宣统帝。由此可知，载涛忆记的肉丁炸酱面，当为这个显赫的帝王之家的常食之品。

爱新觉罗·浩是溥仪的胞弟溥杰的夫人，她在1961年7月写就的《食在宫廷》一书中，根据清宫御厨常荣所讲，详细记述了清末宫廷猪肉丁炸酱面的用料、制法和食用方式[②]。

林传甲、载涛和爱新觉罗·浩的记述说明，至迟在清末时，炸酱面已为宫廷、王府和北京富家宅门的餐中常品，并且是民间待客时的一种著名便饭。

在清末民初的北京餐馆中，还有以炸酱面闻名的面馆。

当年地处阜成门外吊桥东边路北的虾米居，原名永兴居，本是专卖柳泉居北京黄酒的黄酒馆。至20世纪30年代，除了经营兔肉脯、牛肉干和黄酒以外，便是让知名文人邓云乡先生50多年后仍然念念不忘的炸酱面[③]。

关于山东炸酱面较早的明确记载，1927年出版的《济南快览》在谈到当时济南的面食时指出：“其次和面砌（应作切）条，或细如

① 中国人民政治协商会议全国委员会文史资料研究委员会编：《晚清宫廷生活见闻》，文史资料出版社1982年版，第345页。

② 爱新觉罗·浩著，马迟伯昌料理校订，王仁兴译：《食在宫廷（增补新版）》，生活·读书·新知三联书店2020年版，第207页。

③ 邓云乡：《燕京乡土记》，上海文化出版社1986年版，第427页。

线，或宽似韭，其干面和以甜酱肉食者，曰‘炸酱面’。”[①]

《济南快览》是由湖南湘阴人周传铭所著的包罗济南万象的书，炸酱面能够出现在这样一部书中，说明其在当时的济南很常见。

而在离周传铭家乡不足80公里的长沙，在民国初年时，炸酱面竟是长沙城里官宦世家的一种面食。

李辅耀（1848—1916）系清代两江总督李星沅之孙，他的《日记》说明，在李家的生日宴面食中，属于表示长寿寓意的面条，除了卤面、菌面、炒面和芝麻酱面之外，还有炸酱面。

同汉唐以来官宦世家的厨艺传承一样，李家的炸酱面制作技艺也来自女主人的亲授。1914年9月3日，李氏在《日记》中写道：“五侄归，能为炸酱，盖犹得姑母之递传遗法也。”

待炸酱面制得时，其侄儿先奉李辅耀一碗。举箸食之，颇觉味美无比，顿时感动不已。于是在《日记》中又写道：“以一器饷予，食而甘至，其敬老之诚殊可嘉矣。”[②]

一碗融孝亲与家味于一体的炸酱面，就这样瞬间超越食物本体而成为晚辈真心敬老的象征。

前面谈到笔者2002年在韩国食用炸酱面，这里简单讲一下中国炸酱面传入韩国的史况。据宋永心先生研究，1882年李朝时代发生“壬午军乱”时，随清朝提督吴长庆进入李朝军舰的还有40多名清朝

① 周传铭：《济南快览》，济南世界书局1927年版，第17页。

② 秦少油：《1913—1916长沙的厨师与日常食物——〈李辅耀日记〉解读（下）》，《湘菜》2020年第10期。

商人。这些来自山东半岛的中国人在韩国最早的西方现代公园打造了“中国城”。

他们按照中国本土口味制作炸酱面，除了自己食用之外，其中也有人制售炸酱面。口耳相传之下，到这里打牙祭的四面八方的中国人越来越多。1908年，山东人于希光创办了专营炸酱面的“山东会馆”。不久，在国内辛亥革命的感召下，将店名改为“共和春”，其被公认为韩国第一家推出炸酱面的餐厅。

1948年，华侨厨师王松山在共和春将所用炸酱配方进行了调整，在甜面酱中又加入了炒制的“糖色”，从而使炸出来的酱更适合韩国人的口味。就这样，很快炸酱面便成为韩国家喻户晓的美食。特别是韩国政府在20世纪60至70年代推行面食奖励运动之后，炸酱面更成为最受韩国人欢迎的食品之一。

但是进入20世纪80年代以后，在韩国政府限制华侨经济过度发展政策的影响下，共和春的生意开始走下坡路，最终于1983年倒闭。但这家中国炸酱面馆2006年被指定为“近代建筑文化遗产”，2012年被打造成韩国首座“炸酱面博物馆”，每年前来参观的游客多达20万人次。

如今在韩国，炸酱面已经成为每天可以销售700万碗的全民面食[①]。

① ［韩］宋永心著，陈晓菁译：《饮食中的朝鲜历史》，浙江大学出版社2023年版，第161—171页。

共和春原址的韩国“炸酱面博物馆”（图片来源见注①）

浆水面

——由古代寒食浆和菹演变而来的浆水

将浆水舀入碗内的面条上，再浇上一勺辣椒油，放上焯过的韭菜，一碗酸辣开胃的兰州浆水面就可以食用了。在中国面条中，浆水是一种古老而又独特的浇头。一般认为浆水面是西北地区的一种传统风味小吃，而在河南洛阳和湖北十堰市郧阳，也有与甘肃和陕西关中相似的浆水面。

这些地方的浆水面所用浆水的食材及其制作工艺分为两种：一种是将洗净的芹菜和热热的面糊汤倒入瓦坛内，封严坛口，一般三四天浆水就做成了。每天用的时候可以随取随加入芹菜和面糊汤。

浆水面（赵春喜制作，刘宝树摄）

其中，湖北郧阳浆水所用食材中，除了芹菜，还有白菜、香椿、大茴香和桂皮等。第二种是洛阳浆水，仅以水磨绿豆浆加水发酵制成[①]。

浆水面不仅风味独特，其浆水还有营养保健功效。据新华社记者张文静2021年3月29日报道，兰州大学环境微生物课题组的专家们从浆水中分离出发酵乳酸杆菌，发现浆水可通过降解动物体内的尿酸来控制尿酸的积累，这一研究成果已发表在国际知名期刊《肠道微生物》上。

此前，兰州大学课题组曾从兰州市多家面馆采集了浆水样品，经检验发现90%的样品中均含有可降解尿酸的乳酸杆菌，说明普通浆水基本上具有营养保健价值。

① 王文福主编：《中国名特小吃辞典》，陕西旅游出版社1990年版，第356、450页。

浆水的历史渊源久远，从古代文献记载来看，其制作工艺应是从古代寒食浆和菹的酿造演变而来。其中，洛阳浆水应与寒食浆具有直接的工艺渊源关系，区别仅仅在于寒食浆是以稻米或小米发酵，洛阳浆水则是绿豆浆加水发酵。而甘陕等西北地区和湖北郧阳 浆水，其源可溯至魏晋南北朝时期“汤菹”和“胡芹小蒜菹”[1]。

浆水面可以说是黄河流域的一种特色面条，为何在长江流域的郧阳也有呢？原来郧阳地处鄂豫陕三省边沿，历史上郧阳府治曾东起河南漯河、西至甘陕交界、北至陕西洛南。地域上的接壤与社会交往以及饮食口味等因素，使浆水面在郧阳得以从古代一直流传到今天。

① 〔北魏〕贾思勰著，缪启愉校释，缪桂龙参校：《齐民要术校释》，第525、534—535页。

第八章　汤圆元宵

——过大年尾声满载团圆之乐的象征

汤圆和元宵是中国农历正月十五的标志性应节传统食品。这一食俗的形成，与汉代以来上元习俗的演变密不可分。其中，从南北朝至南宋的7个多世纪中，农历正月十五的应节食品，大致出现了三次重大的变化。

南北朝时，正月十五是以膏粥祭蚕神；隋唐五代时，转而以油馆（䭔，duī）祭火神；南宋时，始以汤圆祭星神。显然，今天我们熟悉的正月十五食汤圆或元宵的历史，其俗延续了不过千年左右。

正月十五应节食品的变化为何如此大？汤圆和元宵为何最终成为正月十五的主要应节食品？相关文献记载、考古发现和民俗学资料等显示，这主要是由于朝代更迭南北人口的大迁徙、亚欧大陆东西文化的交流及其影响以及中国本土节庆文化的回归。

膏粥祠门

——远古先蚕圣母祭典的遗风

公元6世纪，荆楚人“正月十五日，作豆糜，加油膏其上，以祠门户”。“其夕，迎紫姑，以卜将来蚕桑，并占众事[1]”。这是南朝梁时宗懔所记荆楚地区正月十五日的食俗。

很明显，一个节日，白天“作豆糜”，是为了“祠门户”；夜晚“迎紫姑”，是为了“卜将来蚕桑”。为何这一天既“祠门户”又“卜将来蚕桑”呢？

隋杜公瞻首先引述《齐谐记》对此解释说，正月十五之所以要“祠门户”，是因为这天“有神降陈氏之宅”，如果“能见祭，当令蚕桑百倍”。

接着又引《续齐谐记》称，“吴县张成夜起，忽见一妇人立于宅东南角”，对张成说：“此地是君家蚕室，我即此地之神。明年正月半，宜作白粥，泛膏于上以祭我，当令君蚕桑百倍。”张成照办后，从此果真“年年大得蚕”。

《齐谐记》和《续齐谐记》虽为魏晋小说，其史料价值本书已在粽子等篇章中谈到，连同后面杜公瞻提到的《洞览》和《杂五行书》，综合来看，无论正月十五白天“祠门户”，还是夜晚“迎紫姑”，均是为了“年年大得蚕”。而其中的“紫姑”，实为蚕神的化身。

最新的考古发现表明，距今5300多年前，中原地区已经形成了较为完备的农桑文明形态。河南巩义河洛镇双槐树遗址曾出土牙雕家蚕，同附近青台等地出土的丝绸实物相呼应，证明养蚕在中国历

① 〔梁〕宗懔撰，宋金龙校注：《荆楚岁时记》，第23—25页。

史久远。

对双槐树遗址出土的牙雕家蚕，有学者指出，《史记·五帝本纪》载："黄帝居轩辕之丘，而娶于西陵之女，是为嫘祖。"作为黄帝的妻子，嫘祖被尊为中国历史上第一位养蚕缫丝者，更有"先蚕"圣母之誉。《路史·后纪五》言："(嫘祖)以其始蚕，故又祀先蚕。"[①]显然，后世所祭的蚕神，应即黄帝之妻嫘祖。

值得注意的是，祭蚕神的供品"膏糜"，又作"膏粥"。本书有关粥的篇章中已经谈到，粥是人类发明陶器之后最早的水煮类谷物粒食品，并有"黄帝始烹谷为粥"的古史传说，说明粥与黄帝、嫘祖同在一个时代。

膏粥应即将烧热的牛油或羊油、猪油泼在粥上，犹如今日陕西的油泼面。这种做法在《礼记》周代"八珍"中已见记载，其中的两珍盖浇饭，就是将膏油泼在黍米饭或稻米饭上[②]。

综上可以看出，正月十五以膏粥祠门户的记载虽然出自南北朝时期，但其俗却远有所承，应是从远古流传而来的先民祭蚕神祈蚕大典的遗风。至于膏粥与后来汤圆元宵的关系，如果从中国热食传统的角度来看，这二者所制出品一为粒食一为粉食，但是在带汤热食上却是相同的。当然，这与正月十五特别是北方和南方部分地区仍是寒冬时节不无关系。

---

① 袁广阔：《定鼎河洛：郑州双槐树考古新发现》，《中国社会科学报》2022年8月4日第6版。

② 〔清〕阮元校刻：《十三经注疏》，第1468页。

油画明珠

——公元10世纪油䭔已为正月十五日应节食品

油䭔的来源、形制及其在历代的流传，本书䭔子篇章已经详谈。下面仅就油䭔为正月十五日应节食品进行讨论。

在南北朝至隋唐的相关文献中，尽管提到油䭔的记载有多条，但目前尚未发现油䭔涉及正月十五日的记载。只是在北宋初陶穀所记五代后晋都城张手美制售的应节食品中，有上元日供应“油画明珠”的记载，其后面注：“上元油饭。”①

这是一条非常重要的史料。因为从字面上分析，张手美在上元日即正月十五日供应的“油画明珠”，就是注中所言的“上元油饭”的雅称。

但问题是“油饭”即由蒸熟或煮熟的米粒构成的“饭”，加上油之后的“油饭”，是难以被团成“明珠”状的，如果团成“球”倒是可能的。因此，“油饭”的“饭”，显系与“饭”形体相近的“䭔”字之误。

如果我们联系本书䭔子篇章中谈到的唐代宫廷圆圆的䭔子形状，那么将油炸过的䭔子称作“油画明珠”，真是一个充满诗意的美食名称，其语言风格堪与初唐“火焰盏口䭔”相媲美。如此我们可以讲，至迟在公元10世纪初至60年代即五代时，油䭔已为后晋都城（今河

---

① 〔宋〕陶穀撰，孔一校点：《清异录》卷下，上海古籍出版社2012年版，第109页。

南开封）正月十五日的应节食品。

入宋以后，同是在开封，这一习俗仍在流行。《岁时杂记》载："京师上元节，食焦䭔，最盛且久，又大者名柏头焦䭔。"不仅如此，当时售卖者还有一套热闹的仪式。"凡卖䭔，必鸣鼓，谓之'䭔鼓'……罗列街巷，处处有之。"①

与文天祥同为南宋理宗宝祐进士的胡三省，在为司马光《资治通鉴》所作的注释中指出："䭔，……盖北食也。今城市间元宵所卖焦䭔即其物，但较小耳。"②说明随着宋室南迁，北风南渐，作为北食的焦䭔，正月十五又风行江南。

在元大都（今北京），每年"元会圣节及元宵三夕，于树身悬挂诸色花灯于上，高低照耀，远望若火龙下降。……十六日名烧灯节，市人以柳条挂焦䭔于上叫卖之"③，看来元大都正月十六烧灯节仍流行焦䭔。

清顾禄记嘉庆道光年间苏州岁时风俗时称："上元，市人簸米粉为丸，曰圆子。用粉下酵裹馅，制如饼式，油煎，曰油䭔，为居民祀神享先节物。"并引《皇明通纪》等指出，此俗"盖始于永乐十年元夕"④。

---

①〔宋〕陈元靓撰，许逸民点校：《岁时广记》，第225—226页。

②〔宋〕司马光编著，〔元〕胡三省音注：《资治通鉴》，中华书局1982年版，第11册，第5204页。

③〔元〕熊梦祥著，北京图书馆善本组辑：《析津志辑佚》，北京古籍出版社1983年版，第213页。

④〔清〕顾禄撰，来新夏点校：《清嘉录》，中华书局1984年版，第56—57页。

顾禄的这条记载信息量很大，至少有三点值得关注：其一，苏州人正月十五食油馅的习俗始于明朝永乐十年元宵节。其二，当时苏州的油馅主要食材已经由小麦面粉改为糯米粉，从而使苏州油馅具有了江南特色。其三，沿袭了宋代遗风，油馅与圆子并举，同为苏州元宵节应节食品。

综上可知，至迟自五代起，历经宋元明清，油馅一直是历代元宵节的一种应节食品。那么油馅为何能成为这一食俗的美食主角之一呢?

一般认为，正月十五元宵节的张灯之俗，兴于隋唐。其起源有先秦庭燎祀天说、汉代太一神祭祀说、道教起源和佛教起源说等多种说法。但张同胜先生提出，其俗固然是多种因素合力的结果，但其中最主要也往往被忽视的是波斯琐罗亚斯德教的影响。

张先生指出，既然佛教至晚在东汉永平十年（67年）已传入洛阳，为何迟至隋唐时期放灯才成为元夕的传统？因此他认为，隋唐时期形成的上元放灯传统，主要是受琐罗亚斯德教的影响[1]。

张先生的研究使我们对上元放灯传统的形成有了新认识，至于在上元放灯传统的生成中，究竟是哪种因素起了主要作用，这里暂且不论。下面重点要探讨的是油馅何以能成为上元应节食品。

首先，从琐罗亚斯德教的传播特点来看，正如张先生所言，祆

① 张同胜:《元宵节放灯的由来及其传统建构》,《中原文化研究》2021年第2期，第101—108页。

教在中国的传播和流行，主要是在粟特人、波斯人聚居地，一般不主动向族外人传教。因此，倘若油馇是随波斯琐罗亚斯德教传入中国，那么它也只是流行在粟特人、波斯人中间。

其次，汉语文献记载显示的油馇，从南北朝至隋唐时期，主要出现在王室等上层社会和佛教徒层面。敦煌文书的相关记载说明，至唐五代时，油馇仍在寺院中出现。显然，油馇随波斯琐罗亚斯德教传入中国尚缺乏文献记载的支持。

再次，波斯琐罗亚斯德教和佛教虽然均有燃灯之举，但由于佛教与道教的特殊关系，一般认为，道教的教义、仪式多参考、借鉴甚至是直接袭用佛教，因此，拥有中国本土广大信徒的佛教，对上元张灯习俗特别是食俗的影响，要远远大于粟特人波斯人聚居地流行的袄教。

正因为如此，随着时间的推移，随佛教徒或印度其他人士而来的油馇（见本书馇子篇章），逐渐从上层社会和寺院流传到中国本土佛教信众云集的民间。

在众多食品中，油馇的独特形制，使其在元宵节应节食品的选择中最终上榜，这可以从油馇最初的雅称“油画明珠”看出来。这一雅称的出现，反映出当时人们看到锅中油光如珠的油馇，恰与上元夜明珠般的万千灯火交相辉映的场景体验相合。当然，这一充满唐诗意韵的油馇雅称，当出自王维那样的诗人之笔。

《红楼梦》第五十三回《荣国府元宵开夜宴》图（旅顺博物馆藏）

意同制异

——汤圆与元宵制作工艺的渊源

宋代以来，正月十五元宵节的主要应节食品，在全国范围内逐渐由油䭔变为汤圆与元宵，并且被明确赋予了阖家团圆的寓意，成为新的一年第一个月圆之夜的标志性食品。

农历除夕和正月初一，全家人已经聚在一起过团圆年，为何到正月十五时又讲团圆？

《红楼梦》第十八、十九回中，贵妃贾元春被准予在“上元之日”归省，袭人直到正月十五才可以回娘家“吃年茶”，说明在古代中国，已经出嫁的女儿必须在婆家过大年，只有到了正月十五才能回娘家与父母兄弟姐妹同享天伦之乐，显然这是正月十五又讲团圆的一种古老习俗。

同是在月圆之夜，为何正月十五要食汤圆或元宵而不食月饼呢？“八月十五云遮月，正月十五雪打灯”的民谚说明，上元夜有时是一片银白色的世界。南宋末年，四水潜夫指出：“元夕节物，……而衣多尚白，盖月下所宜也。”而“节食所尚，则乳糖圆子”等[①]。从衣着到所食，皆以“尚白”为宜。

“今夕知何夕，团圆事事同。汤官寻旧味，灶婢诧新功。星灿乌云里，珠浮浊水中。岁时编杂咏，附此说家风。”[②]

南宋周必大的这首歌咏元宵节煮浮圆子的诗，更在形状上为我们留下了为何将白色圆形的汤圆或元宵作为上元之夜应节食品的历史信息。

我国地域辽阔，风俗不一，汤圆与元宵虽然一般为白色圆形带汤食用，但历经宋元明清民国至今，已经有了明显的南北之别。南方多为汤圆，北方多为元宵。这两种食品虽均为圆形，但所用食材的形态、成形方法及其历史渊源则明显不同。

汤圆所用的食材、形制及其渊源

“汤圆”在明万历黄一正辑注的《事物绀珠》中已见记载，黄氏

---

① 〔宋〕四水潜夫：《武林旧事》卷第二，第37页。

② 〔宋〕周必大：《元宵煮浮圆子前辈似未尝赋此坐间成四韵》，见傅璇琮主编《全宋诗》卷537，北京大学出版社1998年版。

并注“周公制”[①]，但其未言此说出自何处。不过这还不是汤圆最初的名称，北宋东京汴梁（今河南开封）十二月至正月十六日，街市上所卖的各种年食中，已有“科头圆子”[②]。

对“科头圆子”，南宋陈元靓引《岁时杂记》指出：“京人以绿豆粉为科斗羹，煮糯为丸，糖为臛，谓之‘圆子’……皆上元节食也。”[③]说明“科头”应即“科斗羹”，而“圆子”则是“煮糯为丸，糖为臛”制作而成，显然北宋圆子已经具备了后世甜味汤圆的基本形制。

在南宋都城临安（今杭州），已有专门制售汤圆的“粉食店”。这些店所卖的汤圆，有山药元子、真珠元子、金桔水团、澄沙水团和乳糖馇等。沿街巷陌流动的小贩，售卖的汤圆有元子、汤团和水团等[④]。

除了这些平日的汤圆之外，每逢除夕，则有澄沙团上市。正月十五当天和前后，“节食所尚，则乳糖圆子、馇拍、科斗粉、澄沙团子”。其中，引人关注的是新出现的“乳糖圆子”。所谓“乳糖”，其技术来自域外，下面我们将详谈。

汤圆经过两宋的发展与传播，至元明清时，有关其所用食材以

---

① 〔明〕黄一正辑注：《事物绀珠》，《景印文渊阁四库全书·子部》第200册，第742页。

② 〔宋〕孟元老撰，邓之诚注：《东京梦华录注》，第173页。

③ 〔宋〕陈元靓撰，许逸民点校：《岁时广记》，第227页。

④ 〔宋〕吴自牧：《梦粱录》卷十六，第137页。

及形制的记载渐多起来，这使我们得以理出其工艺发展的脉络及其深蕴的文化内涵。

古代汤圆皮所用的食材主要有糯米或山药。其中，糯米由米粒变成米粉的方法很独特。元末明初韩奕记下了这种糯米成粉法，即将“绝好糯米淘净，浸半日”。然后“带水磨，下置布袋中沥干”，制得的米粉被称为“澄粉”[①]。

明代宋诩更详细地记载了这种糯米成粉法。首先，米要选用“精御糯米”，据明黄一正在《事物绀珠》中所注，此米即香珠稻米。其次，加工时，先要“湛洁之，水渍之”。然后才能“同水磨细”，并以“绢囊取其渣滓”，再用“囊括其绝细粉，沥微干”。

宋氏还记载了以糯米粉加芋头粉为皮的皮料制取方法，即先将“白糯米湛洁、渍柔”，再将芋头去皮，在“粗器中研糜烂”，最后将米、芋各半相掺，同水磨细，用“绢囊取渣滓”，并“复括囊，沥其绝细粉”[②]。

这种以带水将糯米磨成的湿米粉，在清代《随园食单》中又被称为“水粉”，袁枚十分赞赏，称“用水粉和作汤团，滑腻异常”。清末杭州名士夏曾传指出其地域分布特点：“水粉即挂粉也。南方所在有之，山西则无。”[③]

① 〔明〕韩奕编次：《易牙遗意》，中华书局1991年版，第65—66页。
② 〔明〕宋诩：《竹屿山房杂部》卷五养生部，《景印文渊阁四库全书·子部》第871册，第136—137页。
③ 〔清〕夏曾传撰，张玉范、王淑珍注释：《随园食单补证》，第278页。

这种将糯米磨成“水粉”的工艺从何而来？在《调鼎集》中，“水粉”又作“水米粉”，并称其制粉方法“如磨豆腐法，带水磨细，为元宵”[①]。这启示我们，“水粉”的制取方法可能借鉴了磨豆浆的工艺。

从时间上来看，豆腐与汤圆的记载均出现在宋代。有学者指出，考古发现的汉画像中已有做豆腐的图像，但此说目前仍在讨论中。可以肯定的是，《齐民要术》中已有将杏仁磨成浆进而做成杏仁酪的记载[②]。这种磨杏仁的方法同“水粉”一样，均是水磨法。

在水粉的使用上，现在南方不少汤圆用烫面型水粉的工艺至迟在明代弘治十七年（1504）已见记载。宋诩的记载表明，以这种烫面型水粉为皮的汤圆，下锅煮后可以很快熟且浮在汤面。这对于人口较多的大家庭来说，在元旦举办上寿宴、喜庆宴时可快速满足需求，届时汤圆碗中还可以放上写有吉祥语的小竹签。

再谈汤圆馅料的年代及其来源。先谈澄沙馅，本书馒头篇章已经谈到，澄沙馅的初型可能为西汉《急就章》中的“甘豆羹”，唐宋时澄沙馅已广泛应用于面食点心中。汤圆以澄沙为馅，应是直接取自面食豆包馅。

下面谈乳糖圆子中的馅料乳糖。宋代的乳糖并不是现在人们熟悉的奶油糖果，而是在蔗汁煎炼时经牛乳提纯后得到的细白的蔗糖。

---

① 〔清〕童岳荐编撰，张延年校注：《调鼎集》，第304—305页。

② 〔北魏〕贾思勰著，缪启愉校释，缪桂龙参校：《齐民要术校释》卷第九，第522页。

乳糖的制取技术来自域外，唐代名医孟诜等指出，石蜜（即乳糖）出“波斯者良……蜀川者为次，今东吴亦有，并不如波斯”①。

对这段记载中提到的波斯，美国汉学家薛爱华指出：“这里说的‘波斯人’必定是指东波斯人，因为在八世纪时安国和火寻国都曾经向唐朝贡献过石蜜。康国也出产石蜜……”另据李治寰先生研究，乳糖是宋代人对石蜜的称谓②。

在汤圆馅料的构成上，现在南方汤圆馅心荤素与甜咸兼具的特点，同烫面型水粉皮汤圆一样，至迟在明代弘治初年已见记载。上述受到袁枚赞赏的水粉汤团，其馅心也有荤、素两种。素馅为松仁、核桃、猪油和糖，荤的则以纯嫩肉捶烂加葱末和酱油为馅。宋诩的前辈和其本人虽久居北京，但他和袁枚的家乡均在江浙，说明明清时汤圆与元宵南咸北甜、南荤北素的分野就已非常明显。

在谈汤圆的成形方法时，先看宋代《本心斋蔬食谱》中赞咏“水团”的诗，水团下面有原注：“秫粉包糖，香汤浴之。”其诗为：“团团秫粉，点点蔗霜。浴以沉水，清甘且香。”③

诗中的秫粉，即上等糯米粉；蔗霜，当指冰糖。既然是“秫粉包糖”，说明“包”是其成形方法。而以“包”法成形并且同为正月十五应节食品的是油䭔，显然汤圆的成形方法应是从油䭔而来。

① 〔唐〕孟诜、张鼎撰，谢海洲等辑：《食疗本草》卷上，第44—45页。

② 〔美〕薛爱华著，吴玉贵译：《撒马尔罕的金桃：唐代舶来品研究》，社会科学文献出版社2016年版，第385—387页。

③ 〔宋〕陈达叟：《本心斋蔬食谱》，商务印书馆1936年版，第2页。

清代外销画中北京元宵铺摇元宵场景图。图上原说明误为“卖元宵”（原图现藏法国国家图书馆，图片引自书格）

元宵的馅心和独特的成形方法

元宵是北方大部分地区正月十五的标志性应节食品，也是北方糯米点心中的一种特色甜食。20世纪60年代之前，北京市场上的元宵又有糕点铺和名家摊位之别，其馅料及馅料形态和成形方法，却都具有鲜明的北方地域特色。

同南方汤圆明显不同的是，元宵皮用的是干磨的糯米粉，采用将馅块蘸水、放入糯米粉中滚摇，如此反复多次，使糯米粉逐渐沾

传统的摇元宵场景（马红杰摄）

裹在馅块上，最终摇滚成馅块被包裹在中心的圆形元宵。

这种独特的成形方法是怎样来的？山东的金银元宵是以糯米粉和黄黏米粉制作而成，黄黏米粉的为金元宵，糯米粉的是银元宵。黄黏米一般为黍，粟黍均为北方特产，且在俗称的小米之内，二者一软一黏。

这让我们想到《齐民要术》中的一条记载：将半生不熟的小米浸水后放入小麦面粉中摇滚，反复多次之后，最终将小米粒摇滚成胡豆大，然后贮存起来，食用时或蒸或煮，浇上浇头即可[1]。很明显，后来摇元宵的方法应源于此。

借鉴这种方法的最早记载，目前所知是浦江吴氏《吴氏中馈录》。该书所记的"煮沙团方"是："沙糖入赤豆或绿豆煮成一团，

① 〔北魏〕贾思勰著，缪启愉校释，缪桂龙参校：《齐民要术校释》卷第九，第511页。

外以生糯米粉裹作大团。蒸，或滚汤内煮亦可。”①

尽管“外以生糯米粉裹作大团”这一句中，并未见“蘸水”和“摇滚”之类的词语，但文中显然已含有这类词语的意思。由此可以这样讲，南宋“煮沙团”应是后来澄沙馅元宵的初型。其后，明代宋诩《竹屿山房杂部·养生部》中，也有类似摇元宵的记载。

元宵的馅料，目前我们知道的是，早期的均为豆沙糖馅，《吴氏中馈录》和宋诩《竹屿山房杂部·养生部》对此记载颇详。大致从明代起，文献记载的元宵已经从馅料上显示出宫廷与民间的区别。

明万历至崇祯初年，太监刘若愚回忆宫中上元元宵时称：“自初九日之后，即有耍灯市买灯。吃元宵，其制法用糯米细面，内用核桃仁、白糖、玫瑰为馅，洒水滚成，如核桃大，即江南所称汤圆也。”②

不难看出，明代宫廷元宵的馅料，仅为核桃仁、白糖和玫瑰三种。而到了清代，清宫元宵的馅料已增加至八种。清初孔子64世孙孔尚任歌咏京城茶社的元宵时有这样的诗句：“紫云茶社斟甘露，八宝元宵效内做。”③说明清宫八宝元宵早在清初就已流传民间。

馅料中加入奶油也是清宫元宵的一大特色。据清末老太监信修明回忆，进奉慈禧的元宵是由膳房承办，糖馅是奶油杂以各种果仁

① 〔元〕浦江吴氏：《吴氏中馈录》，载〔元〕陶宗仪编《说郛》本一百二十卷。
② 〔明〕刘若愚：《明宫史》火集，第84页。
③ 〔清〕孔尚任：《燕九竹枝词》，载杨良志编《竹枝词：寻味老北京》，北京出版社2017年版，第71页。

山楂。奶油由御茶房所属牛圈回族喂牛人负责交牛奶，做元宵时将奶油炼好，贮于坛内，埋入地下，经一夏方用[①]。

中国末代皇帝溥仪的胞弟溥杰，其夫人爱新觉罗·浩是一位日中料理爱好者，她根据清宫老御厨的口述整理编撰了《食在宫廷》一书。书中详细记录了当年清宫澄沙馅元宵、山楂馅元宵和枣泥馅元宵的制法和食用方式[②]。

在北京民间，据清末民初著名文人庄荫堂的采访，制售元宵的"向以饽饽铺为正宗……大半都是现买现摇"。而且又有内城和外城的区别，"外城独缺奶油一项，故欲买奶油元宵，又非内城不行"[③]。这种情况的出现，与当初清军攻进北京后八旗人多定居内城相关。

马思远是清代北京的茶食名店，雍正时曾在皇宫供职的潘荣陛谈到皇都的各种美食时称赞："马思远，糯米滚元宵。"[④]乾隆元年举博学鸿词的符曾，更以竹枝词具体描述了这家元宵的特点："桂花香馅裹胡桃，江米如珠井水淘。见说马家滴粉好，试灯风里卖元宵。"[⑤]

---

① 信修明遗著，亚伦整理：《老太监的回忆》，北京燕山出版社1987年版，第67页。

② 爱新觉罗·浩著，马迟伯昌料理校订，王仁兴译：《食在宫廷（增补新版）》，生活·读书·新知三联书店2020年版，第217—218页。

③ 待余生等：《燕市积弊·都市丛谈》，北京古籍出版社1995年版，第161页。

④〔清〕潘荣陛：《帝京岁时纪胜》，第42页。

⑤〔清〕符曾：《上元竹枝词》，载杨良志编《竹枝词：寻味老北京》，北京出版社2017年版，第80页。

第九章　米黏叶香

——中国粽子形制的多样与统一

中国粽子的起源及其食用习俗的形成，是学术界特别是饮食文化界多年来关注的课题，并有不少研究成果为人们带来新的认知。

如果从粽子所用食材和辅料来看，黍或糯米均为富于黏性的软米，辅料枣等为天然的甜味剂，肉类、禽蛋等为醇香料，箬叶或菰叶、苇叶、荷叶等则为具有赋香功能的植物叶片。

这三种用料的有机组合，使得粽子具有不同于此前裸煮或裸蒸黍、糯米的品质，成为融黍香、糯米香、肉香和菰叶香等植物叶片香于一体的风味独特的黏食。

今天看来，粽子仅仅是端午节的一种应节食品。但是在粽子起源与生成的时代，它却是当时古人在特定时间避邪、禳灾、祭祖、祭神、祈年的祭品，并成为一种宫廷美食。

相关文献记载、考古发现和民俗学等资料说明，粽子的文化象征意义已经远远超出了其作为食品的食用价值，成为世界范围内华人端午节或春节的一种历史文化标志。

北京江米小枣粽子（贺耀春摄）

角黍包金

——源于北方粟黍文化区的祭祖祈年

“角黍包金”出自南宋陈元靓《岁时广记》所引的《古词》[①]。其中的“角黍”，指的是魏晋时北方的粽子，这应是长久以来北方人对粽子的一种传统称谓；“包金”，因为角黍的主要食材是黏小米，这种小米中的优质品种颜色特别黄，包在粽子里面，熟后打开，灿若黄金，故称“包金”。

目前所见的文献记载显示，角黍的历史信息最早出自《风土

---

① 〔宋〕陈元靓撰，许逸民点校：《岁时广记》，第419页。

记》。该书久已亡佚，作者为西晋义兴阳羡（今江苏宜兴南）人，在三国吴末和西晋初均为高官。

其中有关角黍的内容，先后被北魏贾思勰、隋杜台卿和杜公瞻、唐徐坚等和宋李昉等，在《齐民要术》《玉烛宝典》《荆楚岁时记》《初学记》《太平御览》中被直引或注引。

这五部书所引《风土记》有关角黍的信息多有重复，其中比较完整全面的是《齐民要术》和《玉烛宝典》。为节省篇幅，现将这两部书的相关内容照录如下。

《齐民要术》："《风土记》注云：俗先以二节一日，用菰叶裹黍米，以淳浓灰汁煮之，令烂熟。于五月五日、夏至啖之。黏黍一名粽，一曰角黍，盖取阴阳尚相裹未分散之时象也。"

《玉烛宝典》："《风土记》曰：仲夏端五，方伯协极，享用角黍。……先此二节一日，又以菰叶裹黏米，杂以粟，以淳浓灰汁煮之令熟，二节日所尚啖也。裹黏米一名粽，一名角黍，盖取阴阳尚相苞裹未分散之象也。"[①]

另外，《初学记》所引《风土记》关于角黍的内容虽不及上述两部书完整，但十分珍贵的是为我们留下了东晋范汪《祠制》关于"仲夏荐角黍"的历史信息。[②]

综合以上《风土记》和范汪《祠制》的相关记载，可知至迟在

---

① 〔北魏〕贾思勰著，缪启愉校释，缪桂龙参校：《齐民要术校释》，第516页；〔隋〕杜台卿：《玉烛宝典》卷五，商务印书馆1936年版，第1页。

② 〔唐〕徐坚等：《初学记》卷第四，第74页。

公元3世纪前后，在以中原为中心的北方地区，角黍的流行主要有以下几个特点：

1. 在时间上，角黍分别是在夏至和五月五日的前一天制作，而食用则是这两个节日的当天。

2. 当时的角黍是用菰叶来包裹黍米，以淳浓灰汁煮熟。为何要用这种汁来煮呢？古人指出，用这种汁煮出的角黍不仅黍米的颜色更黄亮，而且吃起来也更加黏软可口。

3. 值得注意的是，当时的角黍除了黍米之外，还“杂以粟”，粟即不黏的小米。粟的添加似乎透露了这样的历史信息：当角黍逐渐从王室贵族的庙堂祭品普及到寻常百姓家时，产量远低于粟的黍已经不能满足民间对角黍的海量需求。于是，粟便成为民间角黍主要食材的一部分。

4. 范汪《祠制》“仲夏荐角黍”的记载说明，到东晋时，以角黍行祭祖之礼的时间发生了重要变化。即由此前的夏至和五月五日变为仲夏一个时间。

无论是夏至、五月五日还是仲夏，古人为何要在此时包角黍呢？

《风土记》的答案是“盖取阴阳尚相裹未分散之时象也”，这显然是阴阳五行家的解释。如果我们从角黍初为祭品的角度来分析，其文化内涵远不止阴阳五行说一项。还是先从角黍的名称谈起。

在明李时珍看来，角黍之所以被称为“角黍”，是因为其为“尖角，棕榈叶心之形，故曰粽，曰角黍”[①]。但《说文解字》对“角”的诠释则是：“角：兽角也。”又称：“觵：兕牛角，可以饮者也。”[②]

以牛角为饮具，在《诗经》中已经出现。《诗经·豳风·七月》中有“称彼兕觥，万寿无疆”，意思是举起牛角杯，共祝万寿无疆。《诗经·周颂·良耜》又有“杀时犉牡，有捄其角。以似以续，续古之人”[③]，即杀头大公牛，牛角弯又长。年年如此来祭祀，继承先辈设宴飨。

这说明早在周代已盛行以牛角来祭祀谷神，同时牛角又是庆丰收时的畅饮之具。至今，在我国西南地区，牛角杯仍是苗族等兄弟民族的珍贵酒具。

再谈角黍的“黍”。植物考古学研究表明，河北武安磁山遗址、河南新郑裴李岗遗址和山东济南月庄遗址等华北、西北和东北地区的新石器时代遗址，均出土了距今8000年前后的粟黍遗存。其中，磁山出土的粟黍以黍为主[④]，说明黍自古以来就是我国北方的传统谷物。为了获得黍等谷物的丰收，古人非常关注天象观测与农时的选择。《氾胜之书》强调：“黍者，暑也，种者必待暑。先夏至二十日，此时有雨，强土可种黍。”东汉崔寔又指出：“夏至先后各二日，可

① 〔明〕李时珍：《本草纲目》谷部第二十五卷，第1541页。

② 〔汉〕许慎：《说文解字》，中华书局1963年版，第93—94页。

③ 高亨注：《诗经今注》，第203、489、503页。

④ 赵志军：《中国古代农业的形成过程：浮选出土植物遗存证据》，中国考古网，2015年11月6日。

古人以圭尺观测夏至图（引自张远山《玉器之道：解密中国文明的源代码》，中华书局2018年版，第468页）

种黍。”①

考古发现表明，中华先民对夏至的观测，至少已有8000年左右。何驽等学者用山西陶寺城址中期王级大墓出土的漆杆“圭尺”，于2009年6月21日中午12时36分进行的测影实验，证实了4000余年前古人对夏至的测定②。

为了在种黍之时祈祷丰年，古人还要举行祭黍的仪式。“与其黍稷，以享以祀，以介景福”③，《诗经》中的诗句表明，西周时祭黍的

① 〔北魏〕贾思勰著，缪启愉校释，缪桂龙参校：《齐民要术校释》卷第二，第75页。

② 何驽：《山西襄汾陶寺城址中期王级大墓ⅡM22出土漆杆“圭尺”功能试探》，《自然科学史研究》2009年第3期，第261—276页。

③ 高亨注：《诗经今注》，第331页。

陕西、内蒙古和武汉的蜂蜜粽、奶香粽和小角粽。颇具仪式感的长角形，昭示着它们应是古代北方粽子的代表——牛角形角黍的遗响（李建摄自浙江嘉兴粽子文化博物馆）

同时，还要祭祀祖先和神灵。

综合上述历史信息，可知角黍的起源远非目前传世文献记载的魏晋时期。它应该是远有所承，其中显然有周人祭祖祈年的历史背景。“夏至先后各二日，可种黍”的农训，也让我们明白了为何夏至要以角黍为祭品。

将黍用菰叶包成牛角形，应是角黍原初形制及其名称的由来。唐宋以来牛角形、长角形和长锥形等形状的角黍或粽子，应是其遗制。而角黍名称的本身，则仍留下了上古先民祭祖祈年的久远意蕴。

倘若从黏米熟制和食用的角度来看，粽叶的作用是双重的。首先是能确保将粽叶内的黏米煮成团而不是煮成粥，这是起定形作用。其次是食用时无须盘、碗盛装，剥开粽叶即可直接食用且不沾手，这是起到餐具作用。同时，粽子凉凉后也可以食用，甚至与热食相较更别有风味。由此可以推想，粽子最初可能源于远古中华先民对黏米熟制工艺的一项发明。

筒粽裹蒸

——从祭神演变为屈原之祭的楚粽

“粽香筒竹嫩，炙脆子鹅鲜。”“蒲叶吴刀绿，筠筒楚粽香。”[①]这诗句分别出自白居易和沈亚之的诗作中。不难看出，在唐代诗人看来，筒粽是楚粽的代表。

筒粽之名最早见于西晋周处《风土记》。南朝梁宗懔《荆楚岁时记》称：“夏至节日，食粽。”隋杜公瞻对此作注：“按周处《风土记》谓为角黍。人并以新竹为筒粽。楝叶插五彩系臂，谓为长命缕。”[②]

其中，“以新竹为筒粽”说明，筒粽的制作对竹筒有选择，是“以新竹”为上。民俗学资料显示，新竹一是直径不大，截出的竹筒

---

① 〔唐〕白居易：《和梦得夏至忆苏州呈卢宾客》；〔唐〕沈亚之：《五月六日发石头城步望前船示舍弟兼寄侯郎》，分别见《全唐诗》，中华书局1999年版，第七册第5289页、第八册第5620页。

② 〔梁〕宗懔撰，宋金龙校注：《荆楚岁时记》，第51—52页。

大小正合适。二是竹香味浓，能为筒内糯米赋香，正如白居易所歌咏的那样“粽香筒竹嫩”。

竹筒不仅可以做筒粽，亦能制筒鱼。《说文解字》对“鬻”字的解释是：“置鱼筒中炙也。”[①]说明以竹筒为加热食物的器具，在竹林成片的鱼米之乡很常见。

如此寻常的筒粽为何变成端午节的应节食品了呢？南朝梁时吴均的《续齐谐记》似乎为我们解开了这个谜。

该书有关筒粽的情节是：屈原于五月五日投汨罗江而死，楚国人得知后甚为悲痛。为了纪念这位伟大的爱国诗人，每年端午这天，人们便将米放入竹筒内投入江中，以祭屈原。

到了东汉建武年间，有一天白天，长沙人欧回忽然遇见一人自称是屈原，对他说：“你们每年对我的祭祀都是很好的，但遗憾的是筒粽常常被蛟龙所偷食。今后如果再祭的时候，可以将楝树叶塞在上面，捆上五彩丝线，因为蛟龙最怕这两样东西。”

就这样，欧回答应了他。从此，“世人作粽，并带五色丝及楝叶，皆汨罗之遗风也”[②]。

不言而喻，人死不能复生。一般认为，屈原逝于楚顷襄王二十二年（公元前277年），而以上故事称，东汉建武年间，欧回遇到一自称是屈原的人。建武是东汉光武帝刘秀的年号，起止时间为

① 〔汉〕许慎：《说文解字》，中华书局1963年版，第208页。
② 〔唐〕欧阳询：《艺文类聚》卷四，上海古籍出版社1965年版，第74—75页。

云南文山州竹筒粽（李建摄自浙江嘉兴粽子文化博物馆）

公元25—57年。显然，此时屈原作古已3个多世纪，而屈原又是这个故事中一位被活化的人物。

上述情节说明，这段故事明显出自小说家之笔。周楞伽先生在谈到这类小说的史料价值时，曾引述东汉班固的看法："小说家者流，盖出于稗官，街谈巷语，道听途说者之所造也。孔子曰：虽小道，必有可观者焉，致远恐泥。"[1]那么这段故事"可观"在何处呢？

其一，以"竹筒贮米，投水祭之"，"苦蛟龙所窃"，说的虽是祭屈原，却透露出楚地久有以筒粽祭龙的远古习俗。《楚辞》中不

① 〔南朝梁〕殷芸编纂，周楞伽辑注：《殷芸小说》，上海古籍出版社1984年版，第1—2页。

乏龙的叙述，如“为余驾飞龙兮，杂瑶象以为车”“应龙何画？河海何历？”①

考古发现表明，在荆楚地区均出土过距今7000—4000年的仰韶文化和龙山文化时期的河卵石塑龙、龙形玉环玉佩和龙纹器物。其中龙形玉环等明显可见鳄鱼的嘴和鼻眼特征，而其身则环形如蛇②。

这说明鳄鱼已在荆楚先民自然崇拜的过程中被神格化，进而成为地域文化的标志。《楚辞集注》中指出：“有鳞曰蛟龙，有翼曰应龙。”可知《续齐谐记》所言的“蛟龙”，显然是考古发现中的鳄龙。

如此看来，以“竹筒贮米，投水祭之”，祭的原本是水中被神化的鳄鱼。在从远古流传而来的过程中，又被演变为屈原之祭。而筒粽在这一历史性巨变中，则成为深蕴人们崇尚屈原爱国情怀的载体和象征。

其二，与祭龙和筒粽相关联的还有盛行于唐宋的九子粽。温庭筠有诗“盘斗九子粽，瓯擎五云浆”。唐玄宗端午宴群臣时更有“四时花竞巧，九子粽争新”之句，并在序中写道：“新筒裹练，香芦角黍。”③从中亦可见九子粽与筒粽的关系。

“九子”一词始见于《楚辞·天问》：“女歧无合，夫焉取九

① 〔宋〕朱熹集注，黄灵庚点校：《楚辞集注》，湖北人民出版社2017年版。

② 袁广阔：《龙图腾：考古学视野下中华龙的起源、认同与传承》，《光明日报》2020年12月2日第11版。

③ 〔唐〕温庭筠：《鸿胪寺有开元中锡宴堂楼台池沼雅为胜绝荒凉遗址仅有存者偶成四十韵》；〔唐〕明皇帝：《端午三殿宴群臣探得神字并序》，分别见《全唐诗》，中华书局1999年版，第九册第6812—6813页、第一册第28页。

子。”[①]说的是神女无夫，竟能生九子。《菽园杂记》等书中还记有“龙生九子”的传说[②]。如果依龙生九子之说，所谓“九子粽争新”的“新”，当新在九枚粽子的形状与内容物各异上。

值得注意的是，在荆楚地区，与筒粽文化内涵稍异的是“裹蒸”。将糯米淘净，蒸软熟，然后加糖拌匀，用箬叶裹成小角状，再蒸，这就是裹蒸[③]。裹蒸除了糯米的之外，在《楚辞·九歌》和《齐民要术》中，还记有裹蒸肉和裹蒸鱼等[④]。

在史书和唐诗中，裹蒸又写作“蒸裹”。“蒸裹”的“蒸”上面没有草字头，为“进”“献”之义。《岁时广记》引《南齐书·明帝纪》：“太官进御食，有蒸裹。”[⑤]杜甫的诗中，“裹蒸”也作“蒸裹”，如“蒸裹如千室，焦糟幸一柈”，并在“蒸裹”下面注“见《齐民要术》”[⑥]。

历经2000余年的流传，裹蒸之名至今尚存广东和广西。在当地，裹蒸又称“裹蒸粽”。与北方和江南粽子不同的是，这种粽子以绿豆、糯米和猪肉等为内容物，并且是春节年食之一，当然平日也可以常享用[⑦]。

---

① 〔宋〕朱熹集注，黄灵庚点校：《楚辞集注》卷第三，第46页。
② 〔明〕陆容：《菽园杂记》，中华书局1985年版，第17—18页。
③ 〔明〕韩奕编次：《易牙遗意》，中华书局1991年版，第67页。
④ 王仁兴：《国菜精华》，生活书店出版有限公司2018年版，第36—37、246页。
⑤ 〔宋〕陈元靓撰，许逸民点校：《岁时广记》，第　页。
⑥ 〔唐〕杜甫：《十月一日》，见《全唐诗》，中华书局1999年版，第四册第2535页。
⑦ 王文福主编：《中国名特小吃辞典》，第35、464页。

裹蒸所用的楝叶、五色线均为汉魏六朝时驱邪禳灾的物品，其源可追溯至春秋战国以来五月为恶月的辟恶之俗，这是裹蒸与筒粽初始意蕴的明显区别。当然这也不是绝对的，综合来看，筒粽除了为祭龙之品，也有辟恶之意。

至今，角黍的名称虽已鲜为人知，但是在河北、山西、山东以及西北和东北等地区，每逢端午节仍有以黄黏米和红枣包粽子的习俗。这些粽子多以麻绳包成四角形，食用时还可撒上白糖或淋上蜂蜜，而角黍的名称及其由来却久已湮没在历史的长河中。

粽包天下

——魏晋南北朝时期南北融合型的宫廷粽

每年端午节，福建闽北地区不少人家包粽子用的不是糯米粒，而是将糯米磨浆，取干浆包入豆沙馅，再用竹叶包成粽子煮熟[①]。这种将糯米磨浆后用干浆包粽子的方法，远有所承。

北魏贾思勰在《齐民要术》中引述了《食经》和《食次》中两种粽子谱，这两种粽子制作精细，应出自宫廷，即使在今天也属于精致型的高端粽皇。更为重要的是，它们所用的主要食材和辅料均具有南北物产相组合的特点，是这一时期南北饮食文化大交流大融合的生动例证。

① 鲁克才主编：《中华民族饮食风俗大观》，第305页。

厦门烧肉粽（李建摄自浙江嘉兴粽子文化博物馆）

广东潮汕双拼粽。所谓“双拼”，即一粽甜咸两种馅，甜的是豆沙等馅，咸的是蛋黄虾米等馅（李建摄自浙江嘉兴粽子文化博物馆）

其中的“糧”（音yá或yé），正像闽北端午粽那样以糯米末为主要食材。糯米末过绢罗后，加水和蜂蜜调成像面条硬面团状，用手推至一尺多长、二寸宽，然后分成四片，每片码上枣、栗，将四片摞在一起，用抹过油的竹叶包裹，蒸烂。上桌时，打开竹叶，一盘放两枚。

另一种粽子写作“粟黍”，但所用的主要食材中没有黍，只有稻和粟，因此“粟黍”显系“粟稻”之误。制作时，将二升泡过的糯米和一斗粟，按照一层糯米一层粟摊在竹叶上，包裹后用绳系紧，放入“釜中煮”熟[①]。

显然，这两种粽子在所用食材上，均有将北方角黍和南方筒粽与裹蒸合二为一的特点。同时，主要食材的使用又分别表现为粒食和粉食两种不同历史阶段的形态。

它们的名称中虽未有“粽”字，却均被人们视为粽子。《岁时广记》引《唐六典》称：“五月五日粽饐。”[②]而这两种粽子在宫廷食谱中的出现，表明至迟在公元6世纪，一枚小小的粽子，似乎也反映出南北统一的历史发展大趋势。

粽子考古

——20世纪以来考古发现的粽子

江西、安徽出土的宋代粽子

1988年9月24日，江西德安县南宋太平州通判吴畴妻周氏墓，出土了两只粽子。出土时粽子在墓主人右手拿着的一根树枝上吊着，粽子为棱形。

---

① 〔北魏〕贾思勰著，缪启愉校释，缪桂龙参校：《齐民要术校释》，第516页；〔隋〕杜台卿：《玉烛宝典》卷五，商务印书馆1936年版，第1页。

② 〔宋〕陈元靓撰，许逸民点校：《岁时广记》，第416页。

周氏墓为何要随葬粽子？孙家骅先生推测，墓主人死于四月初十，大殓时正值端午节前夕，其生前可能爱吃粽子，故随葬两只粽子以供其享用。其次还有以示哀悼和吉祥象征之意①。

德安南宋粽子出土26年之后，在安徽省芜湖市南陵县的一座宋墓中，考古工作者发现了更早的北宋粽子。据《大江晚报》记者吴安亚2022年6月8日报道，2014年6月，南陵县弋江镇铁拐村的刘老太平整土地时，发现泥土中有不少石灰，遂喊来儿子，随后挖出一个长方形墙壁，刘老太感到事情重大，就报了警。

不久，文物部门在其中一座墓中，发现了两只粽子和木质的藕节、核桃明器。这两只粽子，一只的粽叶已经脱落，另一只基本完好，均为三角形，形状与今日的粽子没有明显差异，现藏南陵县博物馆。

该县博物馆副馆长姚耘告诉记者，出土这两只粽子的古墓，在宋代当地望族徐氏家族墓地，墓主人可以推断为北宋神宗熙宁六年（1073）进士徐勣的母亲，其墓葬时间不晚于北宋政和三年（1113）。

那么这两只粽子里面都包了什么呢？2022年11月26日，在杭州召开的“江南古代植物与社会：植物考古国际学术对话”会议上，中国科技大学的杨玉璋教授为我们揭开了这两只粽子之谜。

杨玉璋介绍，经用植硅体分析和红外光谱等多种科技方法，发

① 孙家骅：《宋代的粽子》，《农业考古》1989年第2期，第294—295页。

安徽南陵出土的北宋粽子（引自南陵县博物馆《南陵铁拐村，因为这件稀世文物，专家：全国第一》，2017年6月21日）

江西德安出土的南宋粽子（引自周迪人、余庆华、邱文彬《看！古代出土粽子长这样！端午节不能说“快乐”的怪论是如何诞生传播的？》，2021年6月14日）

现南陵宋墓出土的为大米粽子，里面还添加了肉块。粽叶是现今南方地区常用的箬竹叶，捆扎的粽绳为箬竹叶条带。

这说明北宋时官宦之家以肉粽为贵，随葬肉粽表明其家人祈望先辈在极乐世界也尽享粽子之美。

值得注意的是，在形状上，安徽南陵的北宋粽子为三角形，江西德安的南宋粽子为棱形。这说明在两宋时，即使是官宦之家的粽子，其形状也已经有地域之别。同时，南陵的北宋粽子所包的为大米而非糯米，这与李时珍在《本草纲目》中指出的“近世多用糯米矣”正相吻合。

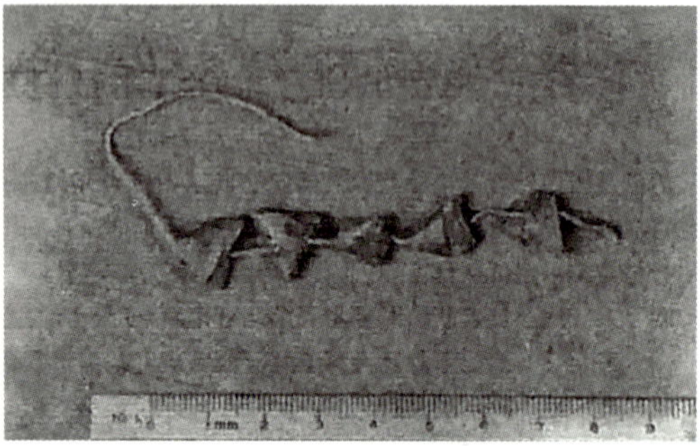

唐代吐鲁番草编粽子

这两枚粽子出土以来，至今无争议。但现藏旅顺博物馆的“草编粽子”，自1994年3月该馆人员在整理日本大谷探险队于20世纪初采集和发掘的吐鲁番文物时意外发现以来，对其是否为粽子，看法不一。

这“草编粽子”大小共有五枚，均为等腰三角形，与今日北方部分地区的粽子形状如出一辙。经测量，大者底长1.37厘米，高1.35厘米；小者底长1.1厘米，高1.01厘米，五枚粽子由一根手捻棉线穿挂在一起。

发现者经肉眼观察，发现这些粽子系将麦秸秆一类的植物从中剖开，用赶角叠压的方式编成，因此其表面仍留有秸秆的光泽。由于工艺精细，其形其状非常逼真。

发现者认为，这些草编粽子是悬挂在儿童身上的饰物，端午节时孩子们挂在胸前，以讨个欢欣和吉利。而该馆收藏的吐鲁番文物中，恰有一具儿童干尸，这或许可以从中得到印证，说明至迟在高昌时期端午粽子就已传入吐鲁番地区[①]。

对这件草编粽子，高启安指出：此物非粽子，其渊源应为香囊，是香囊文化在西州的传播。它只是农家所编的一件小饰品，或悬挂于家中，或佩饰于儿童，已经不具备养鼻容臭的功能，更不能当作“粽子”。[②]

高启安所言，有一定道理，这应该是一件小饰品。但其渊源是否为香囊，尚需探讨。仅就高先生文中提到的长沙马王堆汉墓出土的香囊，其形制均为单一近圆形，未见五个香囊用线穿起来的。

其次，正如高先生所引《金瓶梅词话》和《燕京岁时记》，这件草编粽子显然是端午节时，孩子们佩戴的“各色纱小粽子儿”，或者是“用绫罗织成小虎及粽子、壶卢、樱桃、桑葚之类，以彩线穿之，悬于钗头，或系于小儿之背”。

其应当是古代端午节专为儿童制备的粽形饰品。这种饰品的出现，反映了当人们不分长幼均食用端午粽子时，为防儿童食用过量而以这种粽形饰品来讨得孩子们的欢心。

值得注意的是，这件穿成一串的草编粽子在数字上的明显特点是为五枚，而且大小不一而不是个头均等。为何不穿四枚或六枚？为何要大小不一呢？

---

① 王珍仁、孙慧珍：《吐鲁番出土的草编粽子》，《文物》1994年第10期，第116—117页。

② 高启安：《吐鲁番出土“草编粽子”名实辨考》，《吐鲁番学研究》2014年第1期，第84—89页。

如果联系端午节时的辟邪禳灾习俗，这可能与过节时系在儿童臂上的“五色丝”“五毒符”等端午索相关联。所谓“五毒”，即蜈蚣、蛇、蝎子、壁虎和蟾蜍，这五种毒虫的个头正是大小不一。因而这穿成一串的五枚“粽子”，很可能是象征驱五毒的饰品。之所以做成粽形而不是毒虫，想来也是担心儿童害怕并让他们感到新奇喜欢而已。

在北京，《燕京岁时记》记载的清代以绫罗做的小粽子，到民国时普通人家已改为以硬纸折叠，一般为2厘米左右大，外面仍用五色丝线缠绕，最后穿成一串，端午节到来之前，家庭主妇既可以自己做，也能在街市上买到。

过节时，不仅孩子们争着佩戴，就连亲手制作这五彩粽子的家庭主妇和其他成员，也都愿意戴上一串，以图吉利，并成为当年北京端午节民俗画卷中的一个标志性画面。

河南战国楚墓出土的“中华第一粽”

据微信公众号“河南考古”2023年6月21日报道，河南发现了“中华第一粽”。

2015年，河南省文物考古研究院武志江等专家，在信阳城阳城遗址八号墓椁室中后室的木案上，发现了大量用植物叶子包裹的圆形包，该墓为战国中期楚国贵族墓。经统计，完整的包裹有40个，破损散落在椁室底部的不计其数。

这些由宽大的植物叶子层层包裹的包呈厚圆饼形，每包直径

厚圆饼状槲叶包（河南省文物考古研究院供图）

10—15厘米，厚3—5厘米。随包一同出土的还有少量树枝，推测当时应该是几个一组串或系在树枝上。经植物考古专家蓝万里博士鉴定，这40包中39包装的是没有脱壳没有煮过的稻谷，另一包是黍即黏性大黄米。包外面的是壳斗科植物槲树叶片。

现在豫西一带如卢氏、栾川以及驻马店周边地区，依旧流传着食用槲叶粽的习俗，当地将这种粽子称作“槲包”。因此，蓝先生认为，这些槲叶包很有可能是目前发现的最早的粽子早期形式。另外，2002年，该地七号楚墓也发现了大量由植物叶子包裹的圆形物品。

经检索卢氏和栾川等地的粽子，从图片上看，这些地区的槲包均为枕形。而陕西洛南、山阳等地区的槲包，形状与卢氏、栾川的相近，也是枕形。而且这些槲叶包内均只有稻谷或黍，没有枣或肉、蛋等辅料，其中39包内还是未脱壳未煮过的稻谷。比对之后，一个疑问产生了：这些出土的厚圆饼形槲叶包是粽子吗？

木案上的厚圆饼状槲叶包（河南省文物考古研究院供图）

从历史上来看，公元前278年，秦军攻破楚国郢都，楚顷襄王遂北迁城阳，于是城阳城成为楚国临时国都。该城始建于春秋时期，兴盛于战国时期，因此这一带久已受到楚文化的影响。

中国古代美食的形状素有模仿天象或自然界动植物形象的传统。张远山在《玉器之道：解密中国文明的源代码》一书中指出："夏商周的人间秩序仿照天文秩序而建构。"《吕氏春秋》等文献中记有"方属地，圆属天，天圆地方"的说法。由此推测，这些厚圆饼形的槲叶包，其形可能是仿照楚文化中的祭天玉璧而来，系在特定时间和空间具有祭天象征意义的谷物明品而非食用品，这就可以理解为何同样是槲叶包，同样是在当地，古今形状却大异。

当然，这仅仅是一种推测，应该还有其他可能，需要进一步研究探讨。

端午粽

——唐宋以来粽子的流传

北方角黍、南方筒粽裹蒸和南北融合型的糉，进入隋唐特别是唐宋以来，之所以能流传到今天并不断发展，大致有以下三点原因。

首先是官方的端午赐宴礼制及其影响。比如上述唐玄宗端午大宴群臣，向百官赐粽子并赋诗，使寻常的粽子成为皇恩浩荡的象征，无形中提高了粽子在食品中的地位。因此，韦巨源向唐中宗所献的“烧尾”宴中，便有了蜜淋的“赐绯含香粽子”[①]。

在皇家盛宴的影响之下，长安城里的衣冠之家名食，也有了“庾家粽子，白莹如玉”的口碑[②]。东北地区黑龙江一带的渤海国，自被唐玄宗于先天二年（713）册封以来，多次派人到京师太学学习唐文化。于是，又有了端午节时“渤海厨子进艾糕”之举[③]。渤海国御厨所献的艾糕，当为以艾叶包制的艾香粽子。

唐宋端午时皇帝赐宴赏粽子的礼制，被元明清所沿袭。元代，端午这天要出宣徽院“进香粽”。

明代，除了端午赐粽以外，四月八日皇帝还要赐百官“不落夹”。这种食品是“用苇叶方包糯米，长可三四寸，阔一寸，味与粽

① 〔宋〕陶榖撰，孔一校点：《清异录》“馔羞”，第105页。

② 〔唐〕段成式：《酉阳杂俎》前集卷之七，第71页。

③ 〔清〕于敏中等编纂：《日下旧闻考》，北京古籍出版社1983年版，第八册第2355页。

同也”。而在湖广的荣王府，则是在“端午赐食不落夹，云即今粽子”[①]。

清沿明制，宫中从五月初一到初五，养心殿东西佛堂、天穹宝殿和皇后宫内佛堂等19处神佛前，以及圆明园各处神佛前，均要供粽子。同时，清帝还赏军机大臣、翰林等40余人粽子[②]。

其次是街市饮食店铺的应节或常年制售，使粽子工艺得以世代传承。比如南宋临安（今杭州）的“荤素从食店”供应的粽子，就有裹蒸粽子、栗粽、金铤裹蒸茭粽、巧粽、粟粽等[③]。

《岁时广记》记当时的粽子还有角粽、锥粽、筒粽、秤槌粽和九子粽。这些店铺的制粽工艺，多为世代相传，成为专制粽子的名家。如浙江五芳斋等，由清代一直传承至今，为全国著名的中华老字号。

最后是民间家庭主妇的应节制作，也使得制粽技艺得以代有传承。高承记北宋民间家庭所制粽子时指出：“今市俗置米于新竹筒中蒸食之，谓之装筒。其遗事，亦曰筒粽。”[④]

明代宋诩记其母所授的制粽手艺，既有以糯米加豆沙馅的，又有以糯米加枣、核桃仁、松仁、白糖的，还有糯米加猪肉馅的。所

① 〔明〕李诩：《戒庵老人漫笔》，中华书局1982年版，第21页；〔明〕刘若愚：《明宫史》，第86页。

② 王子林：《宫中端午节》，见《中国宫廷生活》，上海文化出版社1996年版，第251—252页。

③ 〔宋〕吴自牧：《梦粱录》卷十六，第136—137页。

④ 〔宋〕高承：《事物纪原》，第470页。

用的植物叶片，则芦苇叶或茭叶均有，最后是用锅煮熟[①]。

清代，扬州洪府粽子颇受诗人、美食家袁枚的推崇。与众不同的是，洪府制粽，系“取顶高糯米，捡其完善长白者”，而且要“去其半颗散碎者，淘之极熟”，然后才“用大箬叶裹之，中放好火腿一大块，封锅闷煨，一日一夜，柴薪不断”，如此才能“食之滑腻、温柔，肉与米化”。

对其中的制粽关键节点，为《随园食单》补证的清末夏曾传则指出：“裹粽须肉肥，肥则米润，裹时手势尤须轻重得宜，重则尤劣。未煮时落地则煮不烂，此物理之奇也。”

对扬州之外的杭州和苏州的制粽特点，夏氏说：“杭俗又有以火腿丁、肉丁散米中，箬裹如筒，长尺许，煮熟切之，名曰膨粽。”而苏俗的则“以小布袋装而煮之，曰袋粽”。

此外，对魏晋以来文献记载的灰汁煮粽法，夏氏是完全否定的。他指出，“又有灰汤粽，以青箬裹之，形如芋头，灰汤煮之，红糖水涂之，见之作恶”。在夏氏看来，用这种方法煮出来的粽子，简直是“粽中之魔也。《风土记》所云灰煮之说，恰与此合”[②]。

在流传至今的各地粽子中，武汉卤藕肉粽以蔡甸特产九孔藕、孝感柳条糯米和粽叶包制而成，入口藕、肉、米与粽叶共放馨香，香辣中透着缕缕鲜浆。本来嘉兴粽子是以白米为本色，但自民国以

---

① 〔明〕宋诩：《竹屿山房杂部》养生部，《景印文渊阁四库全书·子部》第871册，第138页。

② 〔清〕夏曾传撰，张玉范、王淑珍注释：《随园食单补证》，第291—293页。

武汉卤藕肉粽

嘉兴粽子

贵州布依族粽子

（李建摄自浙江嘉兴粽子文化博物馆）

广西南宁水街的凉粽

广西南宁水街荷叶包的糯米鸡

广西南宁水街的肉粽

（黄傲摄）

来逐渐变为酱红色，并以香糯可口咸甜适中而名闻天下。

而杭州的乌饭豆沙粽则以乌饭树叶汁浸糯米，并配豆沙等包制而成。打开粽叶，乌黑发亮的糯米清香扑鼻，清甜鲜美的味道让人停不下来。在西南地区的粽子中，贵州布依族粽子四方精巧，独具能歌善舞的布依风情。

总的来看，中国粽子发展到今天，如果就形制的角度而言，明显呈现出四大系，即长江流域及其以南等区域的筒粽系、黄河流域及其以东以南等区域的角黍系、豫西陕南和珠江流域等区域的枕粽系和江浙湘鄂两广及西南少数民族区域的方粽系。

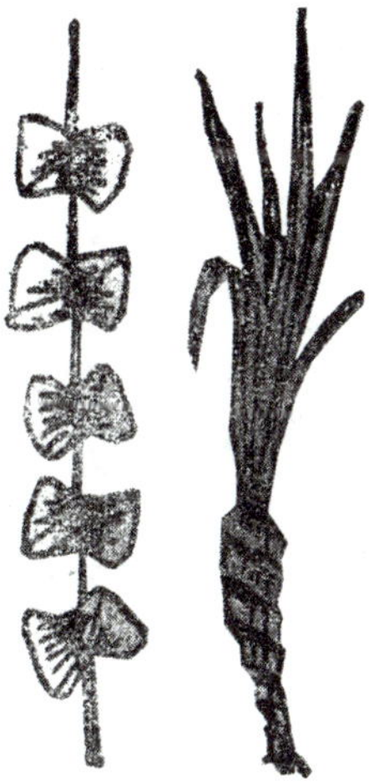

清代粽子（左）和日本菰粽（右）
（引自日本学者著作）

当然，这并不是绝对的，在上述四大系区域，每一个区域内既有筒粽又有角黍甚至枕粽并非个例，这是历代时代变迁人口迁徙的历史积淀使然。其中，使粽子最具当地特色的，除了糯米、大米、黄米和小米之外，是当地特产的箬叶、菰叶、竹叶、艾叶、荷叶、苇叶和槲叶等粽叶，以及枣、栗、核桃、榛仁和火腿等辅料。

而粽子的形状，则在一定程度上反映了历史上当地人民发明粽子时特有的审美与灵感表达。就这样，中国粽子作为古代族群信仰与祭祀通神的载体，在形制上逐渐演变为多样与统一的华粽大千世界，在世界谷食版图中成为中国端午节和春节文化美食的象征。

日本奈良的柿叶寿司，有学者认为属于粽子类（黄傲供图）

粽子外传

——中国粽子东传日本

在古代中外饮食文化交流中，中国粽子于唐宋时已传入日本。日本典籍《倭名类聚抄》（935年）中已有关于粽子的记载[①]。

古代日本粽子被称为“茅卷”，其制作是先将糯米或黏黄米放在灰汁中浸泡，然后用一种矮竹叶或菰叶包裹蒸成，这与《齐民要术》中关于粽子的制法颇为相近。至江户时代（1603—1867），日本的粽子已有御所粽、道喜粽和葛粽、饴粽、朝比奈粽等品种。

现代日本的粽子，是以糯米粉、大米粉和栗粉为主要食材，用

① ［日］田中静一：《中国料理传来史》，第118—120页。

沸水烫成粉团后，揉成一个个直径3厘米的小圆粉团，上笼用大火蒸30分钟左右。然后将蒸过的粉团加入白糖，放在铺有干粉的面案上，分成小份，撒上一层栗粉，逐个搓成圆锥形，放在沸水烫过的芭茅叶上，包好后再用马莲捆紧实，用大火蒸得芭茅叶变翠绿即好[①]。

① 高虹编译：《日本四季美食荟萃》，轻工业出版社1990年版，第69页。

第十章　豌豆黄

——豌豆从饲料到点心珍品的巨变

在中华小吃点心中，豌豆黄是以历史上传入的域外食材为主要原料的一个品种，而且是其中仅有的一个品种。对豌豆的得名，明李时珍指出，因“其苗柔弱宛宛，故得豌名”。并说：“豌豆种出西胡，今北土甚多。”[①]

但奇怪的是，正如美国已故著名汉学家劳费尔指出的那样，豌豆之名及其在古代汉语文献中的其他名称，均“不能当作伊朗字的译音”。而在波斯语、阿拉伯语和突厥语中，均有各语种对豌豆的称谓。其中，豌豆在波斯语中至少有三种以上称谓。谈到中国的豌豆是从哪里来的时，他赞同可能是从伊朗而来的说法[②]。

世界谷物起源地的相关资料显示，豌豆起源于数千年前的亚洲西部、地中海地区、埃塞俄比亚、小亚细亚西部和外高加索地区。其喜清凉湿润气候，耐寒而不耐高温，为豆科豌豆属春播一年生或秋播越年生攀缘性草本植物[③]，这也就是李时珍所言为何“今北土甚多”的原因。

① 〔明〕李时珍：《本草纲目》谷部第二十四卷“豌豆”，第1517—1518页。
② 〔美〕劳费尔著，林筠因译：《中国伊朗编》，商务印书馆1964年版，第130—133页。
③ 王思明主编：《世界农业文明史》，第246页。

北京仿膳饭庄的清宫豌豆黄和芸豆卷（李东摄）

豌豆何时传入中国？贾思勰在《齐民要术》中谈到豆类的种植时说，“豌豆、江豆”等，皆“小豆类也”[①]，说明公元6世纪时，豌豆已是北方地区普遍种植的一种豆类作物。《广雅》是公元3世纪张揖所撰，李时珍在该书中已见到豌豆之名。《太平御览》所引《本草经》有豌豆系张骞出使西域而带回来的记载，但劳费尔对此表示质疑。

尽管豌豆最早传入中国的时间目前还难以考定，但自6世纪以来已在我国北方地区种植却是可以认定的。令人深思的是，到公元8—9世纪初唐德宗（780—804）时代，豌豆在政府征收的谷物中，因“其用甚微，旧例所支，唯充畜料”，“盖昔时仅以秣马，而未尝供蔬”[②]，看来豌豆仅仅是作为喂马的饲料。

那么豌豆是何时从畜料变为食物呢？目前所见的史料说明，豌豆的这一巨大变化发生在两宋。

开始时是粥的食材中出现了豌豆。宋哲宗绍圣元年（1094），苏轼被谪英州。在赴任途中路过汤阴市时，因“得豌豆大麦粥”而作诗以“示三儿子”。

“朔野方赤地，河堧但黄尘。秋霖暗豆荚，夏旱臞麦人。逆旅唱晨粥，行庖得时珍。青斑照匕箸，脆响鸣牙龈。玉食谢故吏，风餐

① 〔北魏〕贾思勰著，缪启愉校释，缪桂龙参校：《齐民要术校释》卷第二大豆第五，第80页。

② 〔清〕吴其濬撰，栾保群校注：《植物名实图考校注》，中华书局2022年版，第58—59页。

便逐臣。漂零竟何适，浩荡寄此身。争劝加餐食，实无负吏民。何当万里客，归及三年新。”①

从诗中可知，豌豆大麦粥系苏轼在客店所食，为当时一种乡野平民餐食。这种粥的精减版“豌豆粥”，直到清末民初仍在北京可见。

当年北京制售这种粥最著名的是“豌豆粥赵”。摊主赵德保为回族人，1919年开始在西城绒线胡同（今天安门广场国家大剧院西侧）内经营，此后搬到西单商场内。他的粥一定要用口外的赤豌豆，挑选洗净后，用铜锅煮6小时以上。煮好时加红糖和糖桂花，粥呈深褐色，香甜味美。

紧随豌豆大麦粥之后的是“糖豌豆”，《武林旧事》所记的“果子”中有“糖豌豆”②。这条只有三个字的历史信息，同豌豆大麦粥一样，在豌豆从畜料到食物的巨变中具有划时代意义。

这是因为，与“糖豌豆”一起被列在“果子”之内的，还有澄沙团子、甘露饼、玉屑糕和诸色糖蜜煎等，可知南宋临安（今杭州）市场中的“果子”，相当于后世所言的点心、零食之类。由此推测，“糖豌豆”当为盛在小碗或小盘内的一粒粒糖煮豌豆。

《武林旧事》的作者为宋末四水潜夫，该书系其对宋室南迁后临安方方面面史况的记忆。从书前自序可知，该书所记史实最晚至南

①〔清〕王文诰辑注，孔凡礼点校：《苏轼诗集》，中华书局1982年版，第2025页。
②〔宋〕四水潜夫：《武林旧事》卷第五“果子”，第123页。

宋理宗景定年间（1260—1264），这也应是“糖豌豆”最晚出现的时间。

豌豆大麦粥和糖豌豆在两宋的出现表明，豌豆从畜料到点心食材的巨变，应该发生在8世纪唐德宗时代至13世纪宋理宗时代之间。数个世纪的时代变迁，终于使豌豆在告别畜料的道路上迈出了历史性的一步。

在这一步之后，豌豆成为顶级点心主要食材的标志，是至迟18世纪北京的红枣豌豆黄。清乾隆十九年（1754）皇后享用的“野意果桌”，有15种各式点心，其中就有豌豆黄。现藏中国第一历史档案馆的膳单显示，当时的豌豆黄是用碾碎的豌豆粒加白糖和红枣制成。

显而易见，就制作工艺的角度而言，这种豌豆黄正是在宋代豌豆大麦粥和糖豌豆的基础上发展而来。首先，它在继承豌豆大麦粥“粥”的工艺的同时，将整粒豌豆煮粥变为碾碎后煮粥。其次，又在糖豌豆加糖煮的工艺基础上增加了红枣，从而使红枣豌豆黄比糖豌豆更甜美。需要说明的是，18世纪北京皇宫中这种由红枣豌豆黄等组成的“野意果桌”，桌上的15种点心均来自北京民间，这就是“野意果桌”中的“野意”之意。说明早在乾隆初期，红枣豌豆黄就已为北京民间小吃点心中的名品。

过了一个多世纪，出自慈禧寿膳房的豌豆黄，红枣不见了，仅仅是黄澄澄的小方块。当年专门为慈禧做这道点心的御厨牛文质，1958年在北海仿膳饭庄时已79岁。他在回忆豌豆黄的制作特点时强

清代外销画中北京街头叫卖豌豆黄图。图中担前端下托盘内显然是嵌着红枣的豌豆黄（原图现藏法国国家图书馆，图片引自书格）

调，为了使豌豆黄更加细腻可口，必须要选用白豌豆。没有时，可以用口外花豌豆。但制品颜色会暗，须加中药黄栀子调色。

还有，豌豆煮好后，要增加两道工序，即擦豆泥和炒豆泥。只有这样，最终的成品才入口细腻绵滑①。显然，慈禧时代的豌豆黄，在制作工艺上比乾隆时代的红枣豌豆黄更精细。

① 第二商业部饮食业管理局编：《中国名菜谱（北京特殊风味）》，轻工业出版社1958年版，第48—49页。

这两种不同时代不同层面的豌豆黄，清末民初时已在北京民间同时流传。张次溪先生20世纪30年代在北京天桥进行田野调查后指出："豌豆黄分粗细两样，粗豌豆黄儿，把豌豆研为细面，加以红枣……晾凉切为斜方块卖。"[①]当时还流行一首竹枝词："从来食物属燕京，豌豆黄儿久著名。红枣都嵌金屑里，十文一块买黄琼。"[②]

细豌豆黄则是将"豌豆煮熟，过罗成沙，加白糖桂花，切成方块，上面搁几片蜜糕，吃起来入口即化"[③]。当年北京卖豌豆黄的除了沿街流动小贩之外，以前门外大栅栏门框胡同南口魁素斋最为著名。

《光绪顺天府志》载，豌豆为北京名产，"里人制成糕，谓之豌豆黄"[④]。民国初年，徐珂集清代稗闻之大成，谈到北京饮食时指出："京都点心之著名者……以豌豆研泥，间以枣肉，曰豌豆黄。"[⑤]这些记载说明，到清光绪年间，豌豆黄已成为北京民间小吃和清宫点心中的标志性美食。

豌豆从畜料到后来成为美食的主要食材，为何会发生这一历史性的巨变呢？

李时珍在《本草纲目》中所引的唐代医方似乎提示了我们。唐

---

① 张次溪：《人民首都的天桥》，中国曲艺出版社1988年版，第206页。

② 李家瑞编，李诚、董洁整理：《北平风俗类征》，第343页。

③ 中国人民政治协商会议北京市委员会文史资料研究委员会编：《北京往事谈》，北京出版社1988年版，第33页。

④〔清〕周家楣、缪荃孔等编纂：《光绪顺天府志》，北京古籍出版社2001年版，第1796页。

⑤ 徐珂编：《清稗类钞》，第203页。

陈藏器治“消渴方”，豌豆“淡煮食之，良”。唐孙思邈认为，豌豆可“治寒热热中”等。唐《外台秘要》载，“服石毒发”，可以“胡豆（即豌豆）半升捣研，以水八合绞汁饮之，即愈”。

显然，这些医方中的豌豆，均是以水煮或加水绞汁供人熟食或生饮，在医家那里已完全不受豌豆为畜料的局限。既然病人都能食用，何况正常人呢？历史巨变的发生往往就是这样，古代中医为动植物物性的认知开了先锋，犹如神农尝百草，为豌豆迈上食物层面开了先河，而豌豆经中亚传入中国后，从此揭开了美食的新篇章。

第十一章　北京豆汁

——远承酸浆传统的绿豆小吃奇品

绿豆是中国本土食药两用特点鲜明的谷物，中医认为其可以解百毒，而现代营养学指出其发酵后是难得的乳酸菌饮料。北京小吃中的豆汁，正是以绿豆为主要食材的奇品。

豆汁的奇，首先奇在它其貌不扬，灰绿色，没有耀眼的光泽。其次奇在气味和滋味上。对初次见到它的食用者来说，一股令人难以言说的气味会扑鼻而来，喝一小口便会有酸而令人作呕的感觉。但如果喝过数次之后，便会觉得它酸而微甜，回味悠长。

20世纪八九十年代，为探究豆汁的真谛，相关机构曾将北京三家老字号的豆汁采样检测，结果发现，这三种豆汁除含有蛋白质、18种氨基酸之外，还含有钾、钠、钙、镁、铁、铜、锌和锰等微量元素。其中，豆汁的酸味来自其所含的乳酸菌。

此外，科研人员还找到了豆汁酸味细微差别的原因。这三种豆汁样品，口味酸臭感突出的，是因为其含有11种醇；酸臭感不明显的，是因为其所含的醇只有7种；而带有苦杏仁味并且比较柔和的，是因为其除了含有7种醇之外，还含有4种醛[①]。

---

① 北京市卫生防疫站、中国预防医学科学院营养与食品卫生研究所等：《食物营养成分表》，轻工业出版社1990年版，第88—89页。

北京豆汁（刘宝树摄）

豆汁的颜色、气味和滋味与其所用的食材及水质相关联。传统的豆汁本来是粉坊制作淀粉的副产品，粉坊将绿豆和白玉米用水泡后，磨成浆过滤去渣，将浆倒入缸内沉淀一夜，沉到缸底的是白色的淀粉，中层就是灰绿色较浓的生豆汁，最上层的是清水。

豆汁铺或豆汁小贩从粉坊买来生豆汁，再经加工煮熟出售。北京过去卖豆汁的几乎遍布全城，其中以和平门外厂甸的豆汁张最为有名。据李继贤《北京的餐馆和食品商店介绍》，豆汁张于清光绪三十年（1904）开业，1949年改为门店经营。

豆汁张的豆汁当年之所以闻名全北京，是因为他家将买来的生豆汁再沉淀一次，这样煮熟后盛进碗内不会再沉淀。下锅煮之前，

清末民初北京沿街叫卖豆汁图（引自马芷庠编《北平旅行指南》，1935年版第246页）

锅内先放少许水烧开，再倒入豆汁。待豆汁将要煮开时，倒入搅匀的百合粉汁，搅匀后即成为豆汁张的豆汁[①]。

豆汁的标配是咸菜丝和窝头、贴饼子。有前辈回忆，当年天桥豆汁摊的咸菜丝不仅切得细如龙须面，而且有七八种之多，并且分辣椒油、花椒油和香油三种，均是当天制作当天浇在细细的咸菜丝上，这样才能品出豆汁又烫又辣又酸后味甜滋滋的独特风味来。

正因为豆汁是粉坊制作淀粉时的副产品，当未发现它的食用价值时，会完全弃之不用。因此20世纪30年代雪印轩主在《燕都小食品杂咏》中感叹道：“糟粕居然可作粥，老浆风味论稀稠。无分男女

① 第二商业部饮食业管理局编：《中国名菜谱（北京特殊风味）》，第81—82页。

齐来坐，适口酸咸各一瓯。”①

那么人们是何时发现豆汁可以饮用的呢？恒兰先生1927年在故宫文献馆南三所大库里，看到过清乾隆十八年（1753）十月发交内务府的一道谕帖，他对该帖的内容记得清清楚楚。

“近日京师新兴豆汁一物，已派伊立布（乾隆朝之大臣）检察，是否清洁可饮。如无不洁之物，着蕴布（当时内务府大臣）招募制造豆汁匠人二三名，派在膳房当差，所有应用器具，准照野意膳房成例办理，并赏给拜唐二缺以专责成。”②

这道谕帖中的“近日京师新兴豆汁一物”说明，北京豆汁是清乾隆十八年开始兴起的。至于豆汁是如何被人发现的，恒兰先生讲了一个传说。据说当时某粉坊做绿豆粉时，正值夏季，磨出来的豆汁当时未能用完，次日一闻发酵，弃之可惜，便取少许尝试，觉得酸甜可口，再经煮熟，更觉味美，于是豆汁应运而生。

恒兰先生讲，清宫御膳房的豆汁有三种制作方法。第一种称“勾面儿”，即在豆汁煮熟时，淋入绿豆淀粉勾芡。这种豆汁味道清甜，过去庙会豆汁摊卖的就是这种。第二种称“下米”，即煮豆汁时加入少许米，因而也称“豆汁粥”，这种豆汁甜而酸。第三种称“清熬”，就是只熬豆汁，这种豆汁只有酸味，过去沿街叫卖的就是这种。他还听寿膳房的御厨讲过，慈禧最喜欢喝豆汁。

① 李家瑞编，李诚、董洁整理：《北平风俗类征》，第344—345页。

② 中国人民政治协商会议北京市委员会文史资料研究委员会编：《北京往事谈》，第37—39页。

清代外销画中北京挑担沿街叫卖豆汁图。与豆汁摊不同的是，此图描绘的是专为买后自家熬制的待加热的豆汁（原图现藏法国国家图书馆，图片引自书格）

恒兰先生在故宫看到的谕帖，明确写着豆汁是乾隆十八年新兴，但乾隆十八年之前，北京已有制作绿豆淀粉包括其副产品豆汁的粉坊（亦作粉房）。比如前面谈到的豆汁张，其摊店往南附近，就是粉房琉璃街。这条街在明嘉靖年间（1522—1566）称“粉房刘李街”[①]，说明早在明代这里就有刘、李两家粉坊。

再从恒兰先生转述的传说来看，豆汁的发现纯属偶然。但这种

① 〔明〕张爵：《京师五城坊巷胡同集》，北京古籍出版社1983年版，第15页。

偶然为何发生在乾隆十八年而没有出现在明代甚至更早的年代呢？既然是“近日京师新兴”并为朝廷所知，也说明豆汁当时在北京已越过萌芽阶段的零星饮用或经营，正在全北京普及。

况且这种偶然不惟北京豆汁，山西朔州“粉浆”也是如此。粉浆是先将小米熬成稀粥，再加入浆水即北京人所言的豆汁，煮沸数分钟之后，稍凉即成酸酸的粉浆[①]。这种粉浆随山西移民还传播至内蒙古农区等地，成为夏季传统的消暑解渴饮料。

如果从中国谷物发酵史的大视野来追溯北京豆汁和山西粉浆的历史渊源，这种发酵型的饮品，应与中国本土谷物醋酿造传统相关联。北京豆汁或山西粉浆的发酵原理，同《齐民要术》记载的“醋浆”[②]相近，这应是北京豆汁或山西粉浆偶然发现中的必然性。

汪曾祺先生曾说：“没有喝过豆汁儿，不算到过北京。”而法国学者玛丽-克莱尔·弗雷德里克则指出：“发酵产品的象征意义甚至超过了它作为食品在营养和味道方面的价值。……它是团体的标志，是其文化的一部分。”[③]北京豆汁，正是灿烂的北京古都文化的一部分。

---

① 张洪光、郭起云主编：《传统小吃》，第162—163页。

② 〔北魏〕贾思勰著，缪启愉校释，缪桂龙参校：《齐民要术校释》，第429—432页。

③ ［法］玛丽-克莱尔·弗雷德里克著，冷碧莹译：《不生不熟：发酵食物的文明史》，第17页。

第十二章　豆腐脑

——极品南豆腐与面条浇头相合的小吃妙品

尽管宋代以来文献记载豆腐始于汉淮南王刘安系传说，但是将富含优质蛋白的大豆制作成容易消化吸收的豆腐，仍然难掩豆腐是世界谷物食品史上一项伟大发明的光芒。

历经汉唐宋元明清，在以豆腐为主角的美味中，不仅有诸如东坡豆腐、康熙八宝豆腐和文思豆腐等古典名菜，而且有豆腐脑、老豆腐和豆花等风味小吃。

从地理分布上来看，豆腐脑、老豆腐和豆花主要集中在华北、东北、西北、江淮以北和四川等西南地区。在制作工艺、风味特色和历史渊源上，这些地区的豆腐脑等明显显示出以下特点。

虽相距遥远，但各地“点脑”工艺惊人地相似

从北京、天津、河北、山西、山东，到东北、西北、安徽直至四川等地，各地均是将大豆浸泡、磨浆、煮沸，最后以石膏将豆浆点成白而嫩的“脑”或“花”或白而稍糙的老豆腐。在工艺上显示出高度的相似性，表明各地之间虽相距遥远，其工艺却出自同一个来源。

值得关注的是，在点豆腐的工艺上，历来有“南膏北卤”之别。但是在盛行盐卤点豆腐的北方地区，豆腐脑的“点脑”却以南方流行的石膏来进行。这意味着这些北方地区的豆腐脑工艺，在过去的岁月中曾受到南豆腐匠人的影响并留下了历史痕迹。

各地豆腐脑等“点脑”工艺惊人的相似性，应与历史上移民中的豆腐匠人相关联。无论是古代还是现代，豆腐的制作均是豆腐坊匠人的专门技艺。在技艺的传承上，家族世代相传而又不传外人，是豆腐匠人恪守的祖训。在这种相对封闭的背景下，豆腐技艺虽经时代变迁却一以贯之。就这样，各地豆腐脑等“点脑”工艺的高度同一，也就不言而喻了。

豆腐脑等所浇卤、汤及调料，地方特色鲜明

与豆腐脑等“点脑”工艺高度同一形成明显反差的是，各地对豆腐的调味方式，特别是卤和汤，却各具地方特色。

同样是以水淀粉勾芡制作的豆腐脑，北京的是以羊肉片、口蘑、口蘑汤和酱油制成[①]；天津的卤中则有羊肉末、口蘑再加上水面筋、吊好切细的蛋皮丝、酱油和甜面酱[②]；山西榆次的卤中只有粉条和黄

① 北京市第二服务局编：《中国小吃（北京风味）》，中国财政经济出版社1981年版，第95—97页。

② 王文福主编：《中国名特小吃辞典》，第26页。

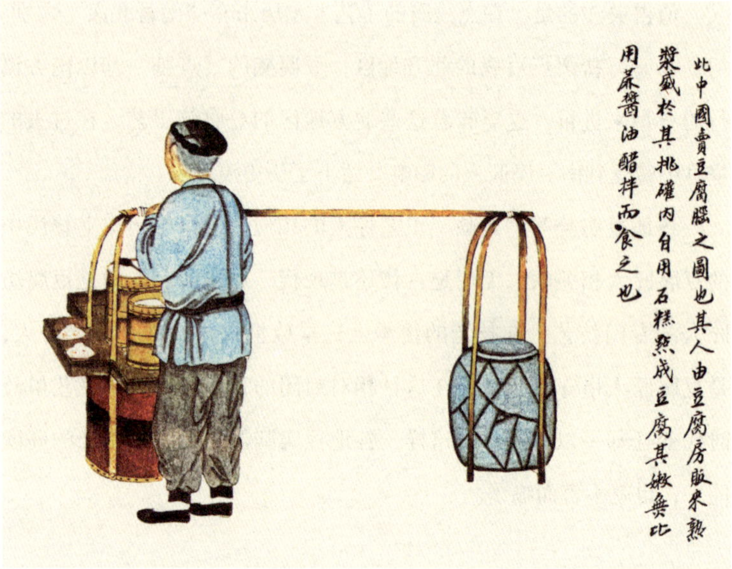

清代同治光绪年间北京街头卖豆腐脑的（引自《北京民间风俗百图》，书目文献出版社1983年版）

清代光绪年间北京街头卖老豆腐的（引自北京市正阳门管理处编《旧京史照》，北京出版社1996年版）

北京羊肉片口蘑卤豆腐脑（于善兴制作，刘宝树摄）

豆瓣，但浇卤后还要放猪肉丸子、猪肉片和炸豆腐片[1]；陕西乾州的则是素卤，卤中仅有胡萝卜丝、粉丝和黄花，浇上之后再放蒜汁、精盐、酱油、香醋、辣椒油和香油[2]。

只用鲜汤不勾芡的豆腐脑也别有风味，安徽八公山豆腐脑的汤是牛肉汤中加入牛肉片、粉丝和葱、姜，浇上后再放酱油、香油和辣椒油；东北豆腐脑的汤是用木耳末、蘑菇末、粉丝制成的蛋花汤；而四川乐山的则是先将鸡汤加猪骨熬成鲜汤，再放入豆腐脑煮，最后才将豆腐脑舀入预先放有酱油、芽菜末、姜末、葱花、红油和花

① 张洪光、郭起云主编:《传统小吃》，第164—165页。

② 吴国栋编著:《增编陕西风味小吃》，第134—137页。

清代四川等地挑担沿街卖豆花的场景图，原图系现藏海外的清代外销画（图片引自罗海燕主编《海外藏清代外销画集》，北京工艺美术出版社2022年版）

椒面的碗内[①]。

老豆腐和豆花的调味一般不用卤、汤，比如山东的豆腐脑，大致同北京的老豆腐相近，老豆腐盛入碗内之后，浇上辣椒油、韭菜花、芝麻酱、酱油和蒜泥等[②]。

浙江杭州的菜卤豆腐，是先将老豆腐切成一寸见方的小块，在砂锅内加入适量盐煮至豆腐出现蜂窝时，捞出沥干水。另将雪菜卤

① 王文福主编：《中国名特小吃辞典》，第208—209页。
② 山东省饮食服务公司编：《中国小吃（山东风味）》，第72—73页。

用纱布滤净煮沸，撇去浮沫后放入煮过的老豆腐，再煮约30分钟，盛入小碗内，可加蒜泥或辣酱，风味独特[①]。

豆腐脑等的卤、汤系从打卤面汤面借鉴而来

各地豆腐脑等所用的卤或汤及其最后与豆腐的结合方式，很明显是从打卤面或汤面借鉴而来，只不过碗内的面条变成了豆腐，而卤或汤又具有了与豆腐相配的特点。

打卤面所用的鸡丝蘑菇卤，在《随园食单》中已见记载。袁枚指出，温面是“将细面下汤沥干，放碗中，用鸡肉、香蕈浓卤。临吃各自取瓢加上”[②]，这是清乾隆年间的鸡肉香蕈卤。

到清光绪二十年（1894），时值慈禧六十大寿，孔子76世孙孔令贻偕妻、母进京为慈禧祝寿，所献的寿席中均有鸡丝卤面。其中，孔令贻母和妻还亲自向慈禧献卤面，可见鸡丝卤面为皇家寿席中最重要的象征性美食[③]。

而在清代民间，卤面又称“卤子面”，以“鸡肉、猪肉、香蕈、笋等”制成浓卤，最后浇在面条上[④]。而且要多浇，因而素有“半碗面半碗卤”的讲究。

---

① 浙江省饮食服务公司编：《中国小吃（浙江风味）》，中国财政经济出版社1981年版，第103—104页。

② 〔清〕夏曾传撰，张玉范、王淑珍注释：《随园食单补证》，第268页。

③ 张廉明编著：《孔府名馔》，山东科学技术出版社1985年版，第25—27页。

④ 徐珂编：《清稗类钞》，第198—199页。

第十三章　凉粉扒糕

——渊源久远的淀粉糊化类夏季小吃

凉粉和扒糕是世界谷物美食中独具中国民间特色的夏季清凉小吃。凉粉是由绿豆淀粉或蚕豆、豌豆淀粉和水加热糊化后立即下入水中冷却制成，扒糕则是用荞麦粉加水蒸成。这两种冷食在旧时多由沿街小贩放在一起叫卖，一白一褐、一滑一绵，各领炎夏当季小吃风骚而又口感不一。

走遍中国，各地凉粉所用食材不尽相同。一般而言，北方多以绿豆淀粉或土豆淀粉做凉粉，南方比如四川或湖南多见豌豆凉粉或蚕豆凉粉，有的地方还以当地特产的木瓜（南昌）、土笋（厦门）、凉粉果（湖南常宁）做凉粉，甚至还有米粉凉粉，等等。

各地凉粉的食材虽然如此不一，加热工艺却大致相同，而成形方法又各异。总的来看，各地凉粉的成形方法不外以下三种。

以铜旋子为炊具的成形法

传统的铜旋子形如圆盘，直径一般35厘米左右，高沿稍向内敛，盘内微向中心凹。用铜旋子做凉粉多见于北京、西安和山西襄垣等地。

凉粉（刘天斌制作，贺耀春摄）

制作时，将绿豆淀粉或小麦面粉加水调成稀糊，舀一勺倒入铜旋子内，在微沸的热水锅中旋转，使糊流遍旋子内，再将旋子浸入热水中，当糊呈透明状时立刻取出旋子，下入凉水中，用手轻轻揭起粉皮，一张北京、西安和襄垣人分别称为“旋粉儿”“绿豆粉皮”“凉皮”的美食就做成了[1]。

追溯这种成形方法的源头，在公元6世纪《齐民要术》中已见记载。当时用的是小麦面粉，工艺流程同上述完全一样，只不过铜旋子当时被称作“铜钵”，粉皮则被称为“豚皮饼”或“拨饼”。食用

① 北京市第二服务局编：《中国小吃（北京风味）》，第145—147页。

时，可以浇浓香肉汤或胡麻羹、乳酪，入口“滑而且美”[①]。

显然，从所用食材的角度来看，山西襄垣凉皮应是沿袭了“豚皮饼”的做法，北京和西安的旋粉儿和绿豆粉皮，则是借用“豚皮饼”的成形方法，而将小麦面粉变成了绿豆淀粉。

另外，以这种方法制作的粉皮，还被应用到宴席酒菜中，北京菜中的“肉丝拉皮”就是其中一例。绿豆粉皮之所以还能佐酒，明李时珍在《本草纲目》中指出，绿豆可“解烧酒毒”，“绿豆粉荡皮，多食之即解”[②]。其中的“荡皮”，即指旋粉儿或粉皮。

以漏瓢为炊具的成形法

将一个葫芦一剖两半，即成两个瓢。在其中的一个瓢中间凸起部钻15个左右的小孔，就成了专门做凉粉或粉条的“漏瓢”。

将绿豆淀粉放入盆内，逐渐加入温水搅匀，倒入烧沸后改为小火的开水锅内，用木棍顺着一个方向将淀粉浆与水融合成青白色的稠糊，趁热舀入漏瓢内，滴入冷开水中的粉糊瞬间会变成无数两头尖的小长条。因其酷似小鱼，被老北京人称为“漏鱼凉粉”。

同样是用漏瓢做凉粉，山西应县人用的是玉米粉。先将玉米粉逐渐撒入开水锅内，用木棍将玉米粉和开水搅成稍稠的糊。再将糊

① 〔北魏〕贾思勰著，缪启愉校释，缪桂龙参校：《齐民要术校释》，第511页。
② 〔明〕李时珍：《本草纲目》，人民卫生出版社1979年版，第1513—1516页。

倒入漏瓢内，让糊滴入冷开水中，捞出，浇上用精盐、陈醋、香油、辣椒油和蒜泥调好的汁，即成应县人所说的“滴溜儿”[①]。

其中，北京的漏鱼凉粉，清末民初时又被旅京的骚人墨客称为“拨鱼”，《燕都小食品杂咏·凉粉》云：“粉有拨鱼与刮条，沽明历历水中漂。凭君选择凭君饱，只管酸凉不管消。”并注：“以极稠之绿豆粉做成，不易消化，此物大概各处皆有，特不如京中名物之多耳。”[②]

漏鱼的历史渊源，目前可追溯至宋代的“科斗羹”和“细索凉粉”。南宋陈元靓《岁时广记》引《岁时杂记》：“京人以绿豆粉为科斗羹。”[③]“科斗”应即青蛙的幼体，俗称“蝌蚪”，其形与北京的漏鱼形状相近。

“细索凉粉”不仅是北宋东京汴梁六月街头的一种应时小吃，而且是宫廷御宴中的一道佐酒冷菜。在九盏宫廷御酒宴中，第四盏下酒菜中就有“索粉”[④]，“索粉”应即“细索凉粉”的简称。

以铜锅和粉刮子为炊具的成形法

以这种方法成形的凉粉南北皆有，但在主要食材上，北方多为

---

① 张洪光、郭起云主编：《传统小吃》，第195页。
② 李家瑞编，李诚、董洁整理：《北平风俗类征》，第340—341页。
③〔宋〕陈元靓撰，许逸民点校：《岁时广记》，第227页。
④〔宋〕孟元老撰，邓之诚注：《东京梦华录注》，第221页。

清代同治光绪年间北京街头的凉粉摊（引自《北京民间风俗百图》，书目文献出版社1983年版）

清代张家口蔚州漏粉壁画（引自蔚县博物馆编著《蔚州寺庙壁画》，科学出版社2013年版）

绿豆粉或马铃薯粉等，南方一般为蚕豆粉等。与铜旋子和漏瓢做凉粉不同的是，铜锅是将淀粉糊化的炊具，粉刮子则是将糊化冷却后的凉粉团刮出条的成形工具。也有的地方不用粉刮子，而用刀将凉粉团划切成条块。

比如湖南长沙的刮凉粉，是将湿蚕豆粉加水搅匀，再边搅边冲入开水，搅拌至粉浆变色出现推纹时，将粉糊舀入蒸钵内，放凉爽通风处。待其完全凝固后，放上一块木板，双手拿紧木板和蒸钵，将粉团扣在木板上，即可用粉刮子将粉团刮出细条，盛入小碗内，浇上调味汁①。

在这类以粉刮子或刀成形的凉粉中，最独特的是以荞麦面为主要食材的“凉糕”类。因为是用刀或粉刮子将煮或蒸好的荞麦团成形，所以在北京这种凉粉称“扒糕”，而在山西和陕西等地则称“荞麦凉粉”。

陕西有名的三原荞麦凉粉，是将荞麦糁用清水浸泡2至3个小时之后，再用石磨磨成浆，用罗除去粗粒，倒入大锅内，用大火烧开，再用小火煮。当煮至黏糊恰好在锅铲上既能滴下又不容易滴时即可舀出。凉透后用刀或粉刮子切、刮成条，浇上酱油、香醋和辣椒油，就是三原荞麦凉粉②。

荞麦在元代北方农家还用来摊煎饼或做“河漏”，《王祯农书》

---

① 王文福主编：《中国名特小吃辞典》，第221页。

② 吴国栋编著：《增编陕西风味小吃》，第129—131页。

记载，将荞麦“磨而为面，摊作煎饼，配蒜而食。或作汤饼，谓之‘河漏’，滑细如粉，亚于麦面，风俗所尚，供为常食”[1]。至于元代是否已有荞麦凉粉，目前在文献中尚未发现相关记载。

① 王毓瑚校：《王祯农书》，第90页。

第十四章　手抓饭

——稻米西传的特色美食

今天，手抓饭已是我国新疆和中亚、西南亚、西亚地区常见的一种特色稻米美食。大米之外，由于其所用辅料的不同，又分为咸味和甜味等30余种各族手抓饭。这些手抓饭有的是家常餐品，有的则是款待宾客、欢度佳节或婚丧嫁娶时颇具仪式感的民族特色美食。

新疆维吾尔族手抓饭的制作一般分为两大步骤。首先是将锅烧热，倒入少许清油，再加入炼过的羊油，放洋葱，稍煸后下入带骨羊肉。炒至羊肉变色时加入胡萝卜块，半熟时放精盐和孜然粉，炒匀，倒入清水，焖煮30分钟左右。

其次是将泡好的大米倒进锅内，推平，盖上锅盖，焖煮数分钟。之后，将上面的米翻倒一遍，盖严，直至水尽时用炉内余热焖半小时左右。出锅时先拣出肉块，将胡萝卜和米饭翻匀，盛入盘内，放上肉块即成。如果不用羊肉，改用葡萄干和杏干等，就是甜抓饭[①]。

在中亚和西南亚地区，阿富汗的手抓饭加有莳萝和藏红花，分“查拉奥”和“帕拉奥”两种。前一种即黄油炒饭，上面浇焖煮好的

① 新疆维吾尔自治区蔬菜饮服公司编：《新疆风味食谱》，新疆人民出版社1983年版，第13—14页。

新疆手抓饭（张九龙制作，刘宝树摄）

肉和菜；后一种是以肉、蔬菜、水果和果仁等为原料，用油和香料焖煮而成。而在印度北部，同样是以羊肉和大米做的手抓饭，却被称作“普拉奥”[①]。

在古代维吾尔族手抓饭的文献记载中，18世纪时乾隆宫廷中曾有手抓饭，但鲜为人知。根据清宫膳底档记载，从乾隆二十五年（1760）二月初四至乾隆五十三年（1788）四月十九日，乾隆特别为来自新疆喀什的香妃设“回回灶”，由努倪马特专为香妃制作手抓饭等家乡饭菜，努倪马特也因此多次受到乾隆的赏赐[②]。

在汉语文献中，有关手抓饭更早的记载见于宋代。张星烺先生

① ［日］中山时子主编，徐建新译：《中国饮食文化》，第308、322—323页。
② 于善浦：《乾隆皇帝的香妃》，中国人民大学出版社2012年版，第78—81页。

辑录的《岭外代答》和《宋史·诸藩志》，均有宋人所记波斯人“食饼肉饭，盛以瓷器，掬而啗之”的记载[①]。这里的“肉饭”因是“掬而啗之”，显然是手抓饭。张先生指出，这里的波斯人系在东非的波斯移民。但从当时的中西交往来看，这里的波斯人泛指中亚、西亚伊斯兰诸族亦有可能。

那么手抓饭最早是何时出现的呢？三位美国学者的研究表明，手抓饭大致在公元8至9世纪开始出现，到13世纪时已遍布中亚、西南亚和西亚地区。杰弗里·M. 皮尔彻在谈到阿拔斯王朝（750—1258）的饮食特点时指出：“在意大利，用硬粒小麦制成的通心粉出现于13世纪，两百年后，水稻的栽培传播到北方时，那里的厨师仍在做一种像粥一样的调味饭。”[②]很明显，这种“像粥一样的调味饭”，应该是手抓饭。

蕾切尔·劳丹在论及13世纪蒙古帝国衰落之后留下的饮食文化痕迹时指出，“在中亚，乌兹别克人依然保持蒙古风格的饮食”，他们“尤其钟爱烩饭（又叫坡罗，即手抓饭）”[③]。

作为植物考古学家，罗伯特·N.斯宾格勒三世从稻米西传与手抓饭关系的角度进行了研究。他首先引述了安德鲁·沃森最新的研究成果：“7世纪初的穆斯林势力扩张带来了灌溉系统的发展，在整

① 张星烺编注，朱杰勤校订：《中西交通史料汇编》第三册，中华书局1978年版，第202—203页。

② ［美］杰弗里·M. 皮尔彻：《世界历史上的食物》，第16页。

③ ［美］蕾切尔·劳丹：《美食与文明：帝国塑造烹饪习俗的全球史》，第173页。

个伊斯兰世界，几乎任何有水灌溉的地方都种上了稻米。”

尤其引人关注的是，“13世纪的食谱集《宴会钟爱的食色至味》明确收录了9道以稻米为食材的菜肴，其中大部分属于手抓饭”。

他接着谈及，“自阿拔斯王朝以降，水稻种植随着灌溉系统的改进和饮食习惯的变化而逐渐增多。在水稻西传过程中，稻米在各地特色饮食中扮演的角色有所改变。在土耳其和阿拉伯特色饮食中，手抓饭的地方特色或许体现了近期才发生的文化变迁”。

最后，他提出：“虽然今天大米已成为中亚饮食不可或缺的组成部分，但在公元7世纪伊斯兰势力扩张之前，大米在印度河流域以西很可能并不是十分重要的农作物。由此可见，以大米为主料、现已成为中亚和西南亚多地特色饮食之代表的手抓饭，其诞生不过是过去1000年里的事。”①

值得注意的是，罗伯特的看法与前面提到的中国《宋史·诸蕃志》和《岭外代答》的记载，在手抓饭出现的历史年代上正好相同。

① ［美］罗伯特·N. 斯宾格勒三世：《沙漠与餐桌：食物在丝绸之路上的起源》，第111—122页。

第十五章　中国米粉

——汉唐以来南方稻米制品的北方面条化

米粉，又名米线、米缆等，在世界稻作区是独具中国特色的线条形稻米制品。梳理遍布长江流域和南方地区以及东南亚的米粉，我们会发现，各地米粉虽然名目繁多，但制作大同小异，其浇头使米粉呈现出地方风味特色。

总的来看，同为线条形而又浇头不一的食品，南方米粉与北方面条自汉唐以来特别是唐宋以后，二者各美其美、美美与共，从整

加拿大温哥华的鱼汤米线餐馆（谢宇雄摄）

南方米粉（李鹏制作，贺耀春摄）

体上构成了中国南北线条形小吃的宏大版图。

不言而喻，米粉所用的稻米与面条所用的小麦不同，稻米不像小麦那样能够形成面筋网络，因而不具有成为线条形制品的可塑性。为了使稻米也像小麦面团那样能够切成条或做成条，古代中国人便发明了“生熟米粉法”和“蒸浆法”，然后借助相应的工具将其制成线条形制品。通观现在南方各地米粉的制作，仍是在沿用这两种古老的制作工艺。

第一种是“生熟米粉法”。广东、广西和重庆等地的米粉，传统上是先将大米去掉杂质洗净，用清水浸泡大约三小时，然后倒入竹筛内沥尽水。再将米用石臼舂成粉，过罗入盆内。

然后将沸水冲进米粉中，边冲边搅成半熟的浆糊时，加入生粉浆，搅拌均匀。凉凉后，再用力搅拌至起胶并有韧性，装入放在沸水锅上的漏粉器内，用力压浆糊，即可将线条形米粉挤入锅中。当米粉浮出水面时捞出，先后投入两个冷水盆内，分别过冷水半分钟、20分钟。最后再放入沸水中过一下，浇上各种调料即成。

第二种是“蒸浆法”。以广西玉林蒲塘镇和重庆的米粉为例，先将优质白籼米淘净，浸泡半天。捞出后磨浆，然后再回磨一遍，磨成细浆。接着将10%的米浆用沸水冲熟，加入90%的生米浆，搅拌均匀后，放入盘形圆竹器内，上蒸锅内蒸熟。出锅后将蒸熟的米粉揭下搭挂在竹竿上，凉凉即可改刀切成条，浇上调料或卷上叉烧虾仁等食用[①]。

将米捣成粉，再做成线条形制品，这种工艺在先秦时期已经出现。《诗经·郑风·缁衣》中有“适子之馆兮，还，予授子之粲兮”。宋代朱熹将“粲”释为上等白米，高亨先生则认为系“餐食”[②]。

那么粲到底是什么呢？早于《齐民要术》的《食次》中已有其制法。将糯米粉团放入底下有若干孔的竹筒内，让粉团从筒孔流入热猪油锅中，这样粉团就变成了蓬松的一条条[③]。因为是油炸而成，看来应该是当时的一种点心。

从粲所用米粉的特点来看，显然其是以单一米粉制作的油炸食

① 王文福主编：《中国名特小吃辞典》，第163、434、438、449、450、480页。

② 高亨注：《诗经今注》十五国风·郑《缁衣》，上海古籍出版社1980年版，第107页。

③〔北魏〕贾思勰著，缪启愉校释，缪桂龙参校：《齐民要术校释》卷第九，第511页。

品，其成形前的粉团，还不是二合一的生熟粉，但是它却开了后世米粉制作工艺的先河。唐《北户录》所记的广州“米饼”，已是“合生熟粉为之”，其成品“规白可爱，薄而复明”，为当时的“食品中珍物”[①]。

“饼”本是汉唐时小麦面粉制品的通称，这里将稻米制品也称作“饼”，明显是受当时小麦面粉制品称谓的影响。《齐民要术》中有以米粉为食材、用钻有孔的牛角挤压成线条形的“粉饼”，《北户录》中“米饼”的“饼”，应与“粉饼”中的“饼”同义，均指线条形稻米制品。

《北户录》的这条重要史料说明，现在以生熟粉团制作的饸饹型米粉，至迟在唐代岭南地区已经流行。尤应注意的是，在以生熟粉团制作的米粉中，元代宫廷还有将糯米粉和豆粉合在一起制作的米粉，但《饮膳正要》中未见这种米粉的具体制法[②]。

明代宋诩在所记米粉的制作方法中，恰恰有“二粉片”。即“每白糯米粉一升，黄大豆粉二升，汤溲之，揉实，切为厚片，入肥肉汁中煮，加椒、酱、酸齑调和”[③]。看来《饮膳正要》中用糯米粉加豆粉制作的米粉，其制法也与此相近。

现在，南方不少地方将米粉称作米线或米缆，这在宋诩所记的

① 〔唐〕段公路纂，崔龟图注：《北户录》卷第二，商务印书馆1936年版，第27页。
② 〔元〕忽思慧著，刘光华校注：《饮膳正要》，第9页。
③ 〔明〕宋诩：《竹屿山房杂部》养生部，《景印文渊阁四库全书·子部》第871册，第139—140页。

柳州螺蛳粉（李鹏制作，贺耀春摄）

两种米粉中已见记载，说明米粉的这两个名称在16世纪初已为人知。

宋诩记载的两种米粉，一种是将上好稻米淘净捣粉，过罗成为细粉，用沸水冲成稍硬的粉团，再加入一少半生米粉，和匀。接着擀薄折起，切为细条，然后晒干。食用时放入沸汤中煮，最后用胡椒、酱油和葱等调味。

另一种米粉的制作则是在烫过的米粉中加入生米浆，和成稠糊，然后像做绿豆凉粉那样直接下入沸水锅中取出。显然，这两种米粉的制作现在在南方已经非常鲜见。

在广西米粉中，柳州的螺蛳粉全国闻名，其所用汤料为螺蛳肉再加上当地的特产酸笋熬成，从而使其具有闻着臭而一吃就上瘾的魅力。探其渊源，在明代黄一正从先秦至明万历年间的文献记载中辑录的历代米粉食品中，有一种“蚶饼”，其原注为“蚶壳渍水，和米粉作”[①]。

这段原注虽然仅仅8个字，再加上其名称共10个字，却让我们得以推测，“蚶饼”应与前面谈到的《齐民要术》中的“粉饼”和《北户录》中的“米饼”一样，也是魏晋南北朝至唐代虽名为“饼”而实为线条形米粉的一种。同时，“蚶饼”的“蚶”和螺蛳均属水生壳类生物，因此可以讲“蚶饼”应是螺蛳粉的最早记载。

关于米粉制作工艺的源头，从以上所谈古今米粉的制法中均可以明显看出，在一万年前后开始出现的南稻北粟大背景下，其早期应是受北方粟黍饸饹工艺的影响，其后是借鉴北方面条中的手擀切面工艺。

粟黍同稻米一样，均不具有小麦面粉的延伸性。将粟黍做成线条形制品，只有采用生、熟粟粉合一并且以压饸饹的方式才能实现。至今山东济南米粉仍是以生、熟小米粉浆做出饸饹[②]，而这项独特的工艺目前可以追溯至4000年前青海喇家遗址出土的面条（饸饹）。

如果将南方各地米粉的第一种传统制作工艺与山东济南米粉相对照便会发现，米粉的这种传统工艺无论是在稻米的浸泡与磨浆，还是对生、熟米浆的料理以及用漏器出条等一系列工艺节点上，显

① 〔明〕黄一正辑注：《事物绀珠》卷十四，《景印文渊阁四库全书·子部》第200册，第742页。

② 山东省饮食服务公司编：《中国小吃（山东风味）》，第60—61页。

然均留下了北方久远的粟黍饸饹工艺的历史痕迹。以蒸浆法制作的米粉，在出条工艺上更是酷似北方手擀切面的操作。

可以这样讲，南方米粉工艺的最终确立，是在南稻北粟和南米北面两大历史背景下文化传播的成果，这其中当然与时代变迁和历代移民等因素相关联。桂林《灵川县志》的记载显示，14世纪时，秦姓先民从江西迁到灵川，设店制售米粉，后来该村就被称为“米粉店村”[①]。

① 王珊:《奔向那碗桂林米粉》,《三联生活周刊》2021年年货刊。

第十六章　糊浆升华

——中华小吃中以“茶”为名的历史渊源

茶汤、面茶、油茶、擂茶和杏仁茶，是我国南北不少地方风味小吃中的传统名品。这些名称中均有“茶”字的流质小吃，除了擂茶之外，其他品种所用食材均没有茶叶。那么它们为何却以“茶”为名呢?

茶汤面茶

——宋元“提壶点茶”与宫廷“茶”和“汤”的流变

茶汤主要流行在北方，并有北京、天津、山东和河南等地之别。北京的茶汤是将浸泡过的糜子粒用手推磨磨成面，再过罗为细面，然后在一小浅碗内舀入几勺，稍加温水调匀，最后冲入用特制的大铜壶烧开的水，搅成杏黄色的面糊，撒上红糖、白糖和糖桂花，即成甜润香滑的茶汤[①]。

而天津的茶汤，除了糜子面，还用到了高粱面。山东和河南开封的茶汤，用的则是小米面，而且小米磨成面后还要干炒。用开水

---

① 北京市第二服务局编:《中国小吃（北京风味）》，第139—141页。

面茶（刘宝树摄）

北京茶汤李传人正在冲茶汤（刘宝树摄）

北京茶汤李的茶汤
（刘宝树摄）

清代北京卖茶汤图（引自《北京民间风俗百图》，书目文献出版社1983年版）

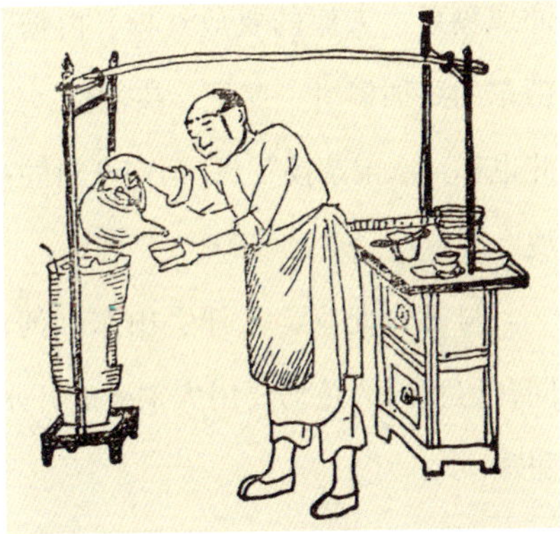

清末成都街头的卖茶汤图（引自傅崇矩编《成都通览》，巴蜀书社1987年版）

天津冲茶汤的大铜壶

天津茶汤

冲成糊后，天津的要放红糖、白糖、青红丝和松子仁等多种果料；山东的要加橘饼、莲子、核桃仁、红枣肉、蜜饯瓜条和白糖等，因此也称“八宝茶汤”①；河南开封的冲成糊后则撒上桂圆肉丁和糖玫瑰②。

显然，北京、天津、山东和河南开封的茶汤，主料辅料均不同，但相同的是均要用大铜壶的开水将茶汤面冲成糊，且最终均为甜味。

“茶汤”作为一种独立的饮食品名称，在明代已经出现。在明万历年间北京民间的“京城俗对”中，有“光禄寺茶汤，太医院药方”联语③。光禄寺是宫廷饮宴事宜管理机构，那么这联中的“光禄寺茶汤”是指前面所谈的茶汤吗？

限于文献记载的缺失，目前还难以对此明确肯定，但从其出自光禄寺并且同“太医院药方”相对应来看，其为唐宋以来茶饮意义上的茶汤可能性小，而是我们此处所谈茶汤的可能性较大。

这可以从以下两点看出来。

首先，冲茶汤的大铜壶是北京和天津等地茶汤的标志性炊具。其构造比一般烧水的壶复杂，多为高65厘米、直径60厘米，壶嘴弓形细长，壶内中间为椭圆形炉膛，从壶顶一直通到壶底，下为洞形炉门。大铜壶的这种形状，与唐宋以来用于烧水点茶的“汤

① 山东省饮食服务公司编：《中国小吃（山东风味）》，第65页。
② 开封饮食研究所：《汴梁风味小吃》，河南科学技术出版社1981年版，第78页。
③〔明〕沈德符：《万历野获编》卷二十四，中华书局1959年版，第613页。

瓶”相近。

汤瓶的图形一是见于南宋《茶具图赞》，二是见于金代墓室壁画。《茶具图赞》是南宋咸淳四年（1268）审安老人以文人游戏方式，对流行的12种茶具，分别以拟人化手法，一一赐予姓氏、官称与名、字、号，并赋诗歌赞。

其中，涉及汤瓶的内容是：“汤瓶，汤提点，名发新，字一鸣，号温谷遗老。”姓“汤”，即热水。“提点”，为官名，含“提举点检”之意，即汤瓶可提而点茶。“发新”，指茶味。“一鸣”，指沸水之声。

审安老人对汤瓶的“赞”是：“养浩然之气，发沸腾之声。以执中之能，辅成汤之德。斟酌宾主间，功迈仲叔圉。然未免外烁之忧，复有内热之患。奈何？”以上系林乾良先生对“百度百科”相关内容所作的校正[1]。

北京石景山金墓壁画因为是彩色的，较之《茶具图赞》中的黑白线条图更清晰生动。画中左方一仆人正提壶点茶，其右手提壶、左手持一浅碗的点茶场景，与今日北京等地冲茶汤的动作颇为相似。这使我们对《茶具图赞》中审安老人对汤瓶的歌咏，有了更深的认识。

从形状可以看出，宋代汤瓶明显是今日北京等地茶汤大铜壶的祖型，而北京等地以大铜壶冲茶汤的动作，又颇似金墓壁画中的提壶点茶。只是在宋代这个动作被称为“提壶点茶”，今日卖茶汤者则

① 林乾良：《南宋〈茶具图赞〉简介》，《茶叶》2019年第2期，第114—115页。

宋代点茶汤瓶

金代点茶壁画（引自北京市文物研究所《北京文物》，北京燕山出版社2003年版）

名“用壶冲面”。一名“点茶”，一名“冲面”，宋代的“点”被后来的“冲”所取代。

其次，如今的茶汤面是否在宋代已经出现尚需文献记载证明，但宋元时类似今日的茶汤面已明确地被称为“茶”。《饮膳正要》所记的“玉磨茶”，是将上等紫笋和炒米分别净治后，再“一同拌和匀，入玉磨内磨之成茶”[①]。

其中，“入玉磨内磨之成茶”，让我们得知，在宋元人的概念中，用沸水冲后即可食用的粉面，也为“茶”。再联系审安老人对汤瓶的“赞”，可知今日茶汤的“茶”指的是茶汤面，而“汤”则指的是大铜壶所烧的开水。

《饮膳正要》和《居家必用事类全集》辑录了唐宋以来宫廷与民间不少名为“茶”和“汤”的饮品。其中一些“茶”和“汤”的用料，除了茶叶之外，还有绿豆或稻米、小麦面粉等，如“玉磨茶”“蒙顶新茶”“法煎香茶”和“仙术汤”“杏霜汤”“四和汤”等[②]。

这些“茶”和“汤”中的绿豆、稻米，均需蒸、煮后晒干研成面，小麦面粉则经焙炒之后过罗。总之，均为开水一“点”即可饮用的熟料。从这点来看，后来的茶汤面应是继承了宋元“茶”和“汤”的文化基因。

还应指出的是，宋元“茶”和“汤”，特别是“汤”，均注明其功效。如《饮膳正要》中的“仙术汤”，可“去一切不正之气，温脾胃，进饮食，辟瘟疫，除寒湿”。“四和汤”，“治腹内冷痛，脾胃不和”。

这些“茶”和“汤”的方剂，既然注明功效，当出自宫廷太医之手。这也就可以理解，前面谈到的“京城俗对”中为何将“光禄

① 〔元〕忽思慧著，刘光华校注：《饮膳正要》，第32页。

② 〔元〕无名氏：《居家必用事类全集·已集》，书目文献出版社1988年版，第222—228页。

大铜壶（刘宝树摄）

寺茶汤”与“太医院药方”相对应。

综上可知，如今京、津、鲁、豫等地的茶汤，应是由唐宋以来的“茶”和“汤”演变而来。与当年的“茶”和“汤”不同的是，现在的茶汤已经从宫廷走向民间，成为大众喜食的美味小吃。

油茶擂茶

——同为冬季茶品却各据南北

油茶和擂茶现今主要分别流行在北方和南方。其中，油茶在北京、天津、山西、陕西、山东和河南等地又称“炒面”等，是将牛骨髓油或羊油、植物油炒过的小麦面粉，加上糖或盐以及果料用开水冲成，多流行于北方秋冬季节。

擂茶在湖南、江西、福建、广东、台湾等地又称“五味汤”。其

油炒面（刘宝树摄）

中，湖南桃源、益阳地区的擂茶，是将茶叶、芝麻、鲜姜、花生和绿豆等盛入钵中，捣成泥后调入白糖或盐，再用开水冲成色如牛奶、浓似豆浆状即可[①]。在文化渊源上可以看出，这两种“茶”均与前面所谈的茶汤同源，均系从宋元“提壶点茶”与“茶”和“汤”脱胎而来。其中，油茶的主料为油炒小麦面粉，在《饮膳正要》辑录的“食疗诸病”和“诸品汤”中，计有三种与干炒小麦面粉相关。

其一，炒黄面，仅为干炒小麦面粉一种食材，用温水调好后，有“治泄痢，肠胃不固”的功效。

① 王文福主编:《中国名特小吃辞典》，第478页。

清代外销画中北京挑担沿街叫卖面茶图（原图现藏法国国家图书馆，图片引自书格）

其二，仙术汤，将苍术、茴香、甘草、干炒过的小麦面粉和盐放到一起和匀，每天用开水冲好，可“去一切不正之气”。

其三，四和汤，将干炒过的小麦面粉加炒芝麻、炒茴香和盐，用开水冲匀，可“治腹内冷痛，脾胃不和”。

从这三例可以看出，如今北京等地的油炒面或油茶，其前体在宋元时已为宫廷食疗佳品。

北京、天津、山东和河南等地的面茶与茶汤所用的主要食材一样，均为糜子面或小米面。但与茶汤不同的是，面茶是将糜子面或小米面加姜用水在锅内熬成不稀不稠的糊，盛在小浅碗内，先淋入芝麻酱，再撒上芝麻盐即可，而不是用开水冲成。

在口味上，它与茶汤的主要食材相同，且为一甜一咸，因而常常被业内人士称为“配对茶食”。这正如一首清代竹枝词所歌咏的那样：“清晨一碗甜浆粥，才吃茶汤又面茶。”[①]看来这种说法和食用方式，至迟从清代就已相沿成俗。

面茶从清乾隆年间起不仅出现在北京街头，而且进入了官宦之家。《红楼梦》第七十七回写道，一年中秋节后，贾政携宝玉、贾环、贾兰叔侄三人到友人家去“赏桂花”，临行前贾政专门食用了面茶，并叫那叔侄三人也用了面茶，以防赏花时想吃东西。

追溯擂茶的源流，其在南宋时本为临安（今杭州）茶肆茶坊制售的茶品，多在冬季上市，并有“擂茶”和“七宝擂茶”之别。其中，“七宝擂茶”应是除了茶叶之外，并有六种全素辅料与茶叶相配，说明擂茶还是信佛者看重的茶品[②]。

当时的擂茶都用哪些食材制作呢？据元代《居家必用事类全集》记载，选芽茶用开水浸软，再和去皮炒熟的芝麻一起放入钵中捣极细，加入川椒末、盐、酥油饼，如无酥油饼可用小麦面粉代替，倒入锅内干炒，可随意添加生栗子片、松子仁和核桃仁，用开水冲起搅匀即可。

显然，同油茶和茶汤相比，宋元时擂茶的用料中确实有茶叶，在所用食材上均反映出鲜明的北方色彩。如果将现在湖南桃源等地

① 〔清〕杨米人：《都门竹枝词》，载《清代北京竹枝词》，第22页。

② 〔宋〕耐得翁：《都城纪胜》“茶坊”，中国商业出版社1982年版，第7页；〔宋〕吴自牧：《梦粱录》卷十六“茶肆”，第130页。

的擂茶与《居家必用事类全集》的记载相比对，便会发现如今南方擂茶在保留了茶叶和芝麻之外，又加入了鲜姜、花生和绿豆等。

在这三种食材中，花生原产于南美洲，小粒花生和大粒花生分别于16世纪初和清末传入中国，说明南方擂茶直到16世纪初或清末仍在不断吸收新的辅料。而宋元擂茶中的小麦面粉、酥油饼、栗子和松子仁等，均未在南方擂茶中出现，说明擂茶南传后，在所用食材等方面又表现出南方特点。

杏仁茶

——中国杏仁为饮的三部曲

美国医学家研究发现，杏仁具有防癌功效。这一发现是从世界上一个无癌区得到启示的，这个地区就是巴基斯坦的罕萨。罕萨人是全球唯一以杏仁为日常饮食成分的族群，从杏仁中榨出的油是罕萨人的主要食用油[①]。

这一研究结果使我们对中国杏仁茶除了好喝之外，又有了新认识。杏仁茶在北京、天津、山西、山东和河南等地的传统做法差不多，均是将杏仁去皮和糯米一同浸泡之后，再磨成浆，加水熬成“茶”，加入白糖和糖桂花等即可[②]。

① 王三虎：《中医抗癌临床新识》，人民卫生出版社2009年版，第140页。

② 北京南来顺饭庄编：《北京小吃》，北京市宣武区科技资料编委会1980年印本，第69页。

清末民初北京街头卖杏仁茶的图（引自［美］萨莫尔·维克多·康斯坦著，陶立译，陶尚义绘图《京都叫卖图》，书目文献出版社1994年版）

在世界上，关于杏仁的食用方式有多种。中亚西亚人多将杏仁捣成泥，然后作为羊肉的一种调料。因杏泥色白如乳酪，故名“杏酪”。《齐民要术》记载的“杏酪粥”，是将杏泥放入青稞粒熬的粥中同煮。这种粥熬成后，杏泥“色白如凝脂”，而青稞粒则“有类青玉”[①]。

杏酪在古代中国不仅用于熬粥，还被用来食疗。明李时珍引唐陈藏器《本草拾遗》指出：“杏酪服之，润五脏，去痰嗽。”[②]这是杏仁为饮的第一部曲。

前面谈到的元代宫廷“杏霜汤”，是将杏仁去皮干炒后研成细

① 〔北魏〕贾思勰著，缪启愉校释，缪桂龙参校：《齐民要术校释》卷第九，第522页。
② 〔明〕李时珍：《本草纲目》果部第二十九卷，第1731—1732页。

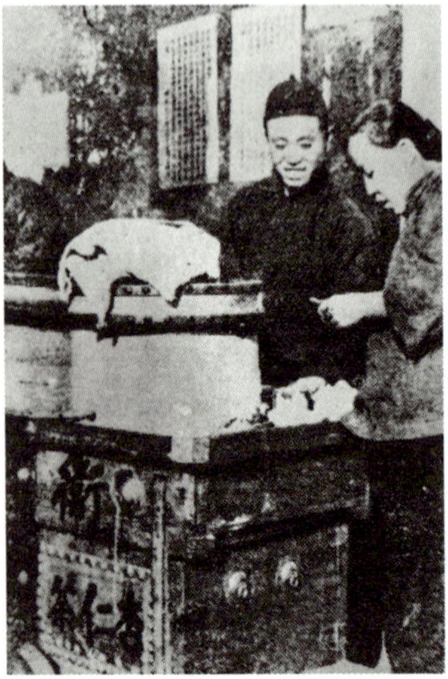

20世纪30年代北京街头的杏仁茶摊（李乾供图）

粉。因这种杏仁粉白如霜雪，故名“杏霜”。再同干炒过的小米研成的面混合，食用时用开水冲匀，这是杏仁为饮的第二部曲。

现在北京等地的杏仁茶，有的像前面所谈的那样，将杏仁与糯米磨浆加水熬制；有的则直接将杏仁粉用开水冲成，这是杏仁为饮的第三部曲。

从杏酪粥到杏霜汤，再到杏仁茶，1500余年来中国杏仁为饮的历史发展脉络清晰，而最终的杏仁茶，则成为杏仁为饮的中国小吃佳品。

第十七章　谷食初祖

——中国粥历史演进中的三个亮点

在世界谷物食品中，粥是独具东方文化色彩的中华小吃佳品，也是中国食品史上流传至今的粒食时代的精华，是中国谷食初祖。清代袁枚指出：“见水不见米，非粥也；见米不见水，非粥也。必使水米融洽，柔腻如一，而后谓之粥。”[1]

袁枚的这段话，从米与水关系的层面上，一下便将粥的特点揭示出来。而粥的这一特点的形成，除了当时煮粥者的个人技术经验之外，还应与其入门时师傅传授的历代粥艺传统相关联。

黄帝烹粥

——中国粥的起源传说与考古

中国粥艺传统的形成，渊源久远。唐人所引的《周书》载：“黄帝始烹谷为粥。”[2]这是古代文献记载的粥的创造者及其年代。关于古史传说人物黄帝的时代，有多种说法，目前一般认为，相当于考古

① 〔清〕夏曾传撰，张玉范、王淑珍注释：《随园食单补证》，第302页。

② 〔唐〕徐坚等：《初学记》，第638页。

河南陕县庙底沟出土的约公元前5000—前3000年仰韶文化时期陶灶（贺耀春摄于中国国家博物馆）

河南陕县庙底沟出土的仰韶文化时期（约公元前5000年—前3000年）陶斝，其内底水垢表明当时系用于烧水煮粥（贺耀春摄于中国国家博物馆）

距今约5300—4300年的良渚文化陶器（引自浙江省文物考古研究所编著《良渚王国》，文物出版社2019年版）

学文化揭示的公元前3500—前3000年。

不过一系列考古发现表明，距今一万年前后，中国南北已出现陶器，这些陶器中主要是炊煮器[①]。同时，生活在中国南方和北方的古代先民，也已开始分别种植稻和粟黍[②]。这种陶质炊煮器与谷物种植在年代上的共生，说明粥也理应诞生在当时的炊煮器中。

---

① 曹兵武：《中国早期陶器与陶器起源》，《中国文物报》2001年12月7日第7版。

② 赵志军：《中国古代农业的形成过程：浮选出土植物遗存证据》，中国考古网，2015年11月6日。

良渚文化遗址出土的炭化稻米标本

良渚文化先民用于饮用和煮粥等食物的水井

在早期粥的面貌上，推测首先应该是一种杂料粥，即粥中除了小米或大米之外，还有猎获或饲养的动物肉、骨、水产和蔬菜等。

早期的粥之所以将多种食材放在一起煮，首先是当时先民还未产生谷食与菜肴分别制作的烹饪意识，其次是在陶器发明的初期，用于烹饪的炊具器型单一，这已为考古发现所证实。于是，杂料粥的出现是很自然的了。

应当指出的是，随着历史的发展，陶器的器型也逐渐由单一变成多样，随之单一食材的谷物粥如小米粥大米粥也应运而生，但是这并不意味着早期杂料粥的消失。现在湖北和广东等地的洞庭鱼片粥、艇仔粥、坠火粥等，应是早期杂料粥流传至今的历史遗迹。

随着早期粥的出现，先民发明的陶器种类渐多。在各种陶器中，哪种陶器是较多用于煮粥的呢？甲骨文中的“粥”字启示了我们：“粥”字由上下两部分构成，上部是“粥”字，下部是“鬲”字，这形象地揭示了鬲是煮粥的炊具。

目前考古发现最早的陶鬲，出土于河南西部三里桥龙山文化遗址一带，并逐渐传播至陕西、晋南、豫东和鲁西诸地龙山文化之中。陶鬲的口径一般为方形或圆形，下面为三个空心足[①]。

前面谈到，“黄帝始烹谷为粥”，那么陶鬲是黄帝发明的吗？古史传说表明，有鬲氏是陶鬲的发明者。有鬲氏是大汶口文化后期由

① 王树明：《禹城县大禹治水传说与考古发现》，见《禹城与大禹文化文集》，中国文联出版社2007年版，第232—238页。

北京昌平区张营遗址出土的商中期陶鬲（引自北京文物研究所《北京出土文物》，北京燕山出版社2005年版）

鲁东南、晋东北和豫西南散落的氏族组成，曾在黄帝长子少昊时期被封为一大方国，也称“鬲国”。但至战国时期，陶鬲逐渐退出历史舞台，被青铜鬲所取代[①]。

需要指出的是，鬲是一个多音多义字，读lì（力）时，指炊具；读gé（革）时，为“隔”之义；读è（厄）时，为“轭”的假借字。轭是两根车辕前端驾在牲口颈上的横木[②]。

以鬲烹煮的小米粥，在周代不仅为贵族所享用，而且也是平民

① 张学海：《虞夏时期禹城历史探索》，见《禹城与大禹文化文集》，中国文联出版社2007年版，第21—30页。

② 左民安：《细说汉字》，第551—552页。

的一种食品。山东滕州薛国故城春秋墓曾出土两件铜簋，其中一件“内盛粟米类食物，已炭化”[①]。显然，这件铜簋内盛的“粟米类食物”，可能是小米粥，也可能是小米饭。不过无论是粥还是饭，说明至迟到春秋时期，先民已具有谷食单独制作的烹饪意识。

芮国是西周至春秋时期的一个小诸侯国，地处中国北方农牧交错地带南缘的今陕西澄城县一带。2021年11月7日，渭南广播电视台报道，中国科学院大学、陕西省考古研究院和中科院古脊椎动物与古人类研究所的科学家、考古学家，对刘家洼遗址平民区陶炊饮器中的残留物进行了科学研究。

结果显示，刘家洼遗址平民的食谱中包括小米和猪、牛、羊体脂及奶。其中，陶片上的黍素表明，芮国先民曾食用蒸煮小米。而在刘家洼遗址出土的陶炊具中，陶鬲赫然在目，这说明芮国先民可能曾以陶鬲煮小米粥。

春秋时期，贵族所享用的粥，已有稀稠之别。稀粥名“酏（yǐ）”，稠粥称“饘（zhān）”，这两种粥均同时出现在父母公婆的早餐桌上。随粥上桌的还有枣、栗、饴糖和蜂蜜，以备加入粥中或其他谷物食品中调味[②]。

值得注意的是，粥在春秋贵族早餐桌上的出现，说明至迟到春秋时期，粥已经成为侍奉老人必备的早餐品种。这一早餐食粥的膳

① 山东省济宁市文物管理局：《薛国故城勘查和墓葬发掘报告》，第460页。

② 杨天宇：《礼记译注》，上海古籍出版社2004年版，第331页。

清代北京上午挑担沿街叫卖甜浆粥图。"清晨一碗甜浆粥，才吃茶汤又面茶"，《清代北京竹枝词》中的诗句说明，甜浆粥是清代北京著名小吃（图片引自书格）

食传统，历经战国、秦汉至明清，近3000年来延续至今。

粥祭诸神

——特定粥品的文化象征意蕴

不言而喻，粥最初是先民果腹的流质美食。但随着岁月的流逝，历史的演进，有些粥也开始登上庙堂供案，成为祭祀祖先或诸神的供品。

如今红小豆粥是北京等地小吃店早餐中的一种传统粥品，但是在古代，红小豆粥却至少是两个日子的祭神之品。南宋陈元靓引《荆楚岁时记》载："共工氏有不才之子，以冬至死，为疫鬼。畏赤小豆，故冬至日作赤豆粥以禳之。"[①]共工氏为古史传说中尧的臣子，后来转变为怒撞不周山的天神，可见冬至赤豆粥所祭的是天神。

同是赤豆粥，宋代人用来祭祀的却是食神。《梦粱录》载："十二月二十五日，士庶家煮赤豆粥，祀食神，名曰人口粥。"[②]这赤豆粥又与确保人丁兴旺的美食发明相关联。这两条史料说明，赤豆粥祭祀的均为远古创世神话中的诸神。

冬至食赤豆粥的习俗还传入韩国。在韩国，每到冬至，家家户户都会做红豆粥。粥熬成后，人们首先会将粥端到祠堂供桌上，然后再将粥一碗一碗地放在家中各个角落，甚至有人还会将粥洒在墙壁上，因为古人认为这样可以把想进家门的恶鬼赶出去。

宋永心先生指出："用红豆粥驱赶鬼怪的风俗源自中国。"[③]宋先生接着引《荆楚岁时记》的相关记载，认为由于冬至这天死去的疫鬼害怕带有鲜红色泽的红豆，因而后来才演变成了在冬至熬红豆粥

① 〔宋〕陈元靓撰，许逸民点校：《岁时广记》，第705页。
② 〔宋〕吴自牧：《梦粱录》，第45页。
③ 〔韩〕宋永心：《饮食中的朝鲜历史》，第227—232页。

桂花红糖红小豆粥（吕先云制作，贺耀春摄）

来驱魔辟邪的风俗，这一风俗也被《东国岁时记》所记载。

比中国古代文献记载更详细的是，韩国的冬至有3种称谓。倘若冬至出现在上旬，叫作“儿冬至”，出现在中旬是“中冬至”，下旬的则称为“老冬至”。其中，古人在中冬至和老冬至会熬红豆粥，而儿冬至则不熬红豆粥。这是因为儿冬至熬红豆粥的话，会给孩子带来不好的影响。

与中国红豆粥的记载不同的是，人们还会往红豆粥中加入与自己年龄相应数量的鸟蛋。不过据《林园经济志·鼎俎志》记载，所加的“鸟蛋”是以糯米粉制成。粥熬好之后，加入蜂蜜就可以享用了。

如今，每到冬至，韩国人总是会想到红豆粥，它寄托着人们对故乡的思念之情。而早在14至20世纪初的李朝时代，不少文臣还多有吟咏红豆粥的诗篇面世，这使我们对古代韩国红豆粥的流传及其象征意义有了更丰富的认知。

隋唐以前，寒食节一般要以饴糖杏仁麦粥来祭祀介子推。介子的故事众所周知，这里就不谈了。只是应该明确的是，饴糖杏仁麦粥既然是寒食节断火期间的粥，因此此粥与绝大多数粥不同的是，它是冷食的凉粥。这在中国粥史上具有重要意义，它应该是华夏先民伴随断火而创造的“寒食”遗迹。

北魏贾思勰在《齐民要术》中详细记载了这种粥的用料及制作方法，并指出，此粥可由寒食节一直放到“四月八日”也不会变质[①]，言外之意就是到了四月八日就会有新的节日食品。四月八日是何节日呢？《荆楚岁时记》载：“四月八日，诸寺设斋，以五色香水浴佛，共作龙华会。”

原来四月八日为释迦牟尼佛诞生日，龙华会本指弥勒菩萨在龙华树下开法会，济度世人[②]。但宋代浴佛节是十二月八日，此日东京汴梁“诸大寺作浴佛会，并送七宝五味粥与门徒，谓之腊八粥。都人是日各家亦以果子杂料煮粥而食也”[③]。与寒食节饴糖杏仁粥在温度上不同的是，腊八粥从出现起就是刚出锅的热食粥。

此俗一直流传至明清，并由寺院扩大到朝廷，直到明代仍有皇

① 〔北魏〕贾思勰著，缪启愉校释，缪桂龙参校：《齐民要术校释》，第522页。
② 〔梁〕宗懔撰，宋金龙校注：《荆楚岁时记》，第43—44页。
③ 〔宋〕孟元老撰，邓之诚注：《东京梦华录注》，第249页。

清代广州海幢寺著名的“千僧锅”图。图中大锅“围二丈，高一丈，以梯下之，穴地为灶，以置火，其饭铲大可三尺长”。原图系清代外销画，现藏大英图书馆（图片引自王次澄等编著《大英图书馆特藏中国清代外销画精华》，广东人民出版社2011年版）

帝赐百官腊八粥之举。清末富察敦崇引明代《燕都游览志》并指出：“十二月八日，赐百官粥。民间亦作腊八粥，以果米杂成之，品多者为胜。今虽无百官之赐，而朱门馈赠，竞巧争奇，较之古人有过之无不及矣。”

在腊八粥的食材选择上，富察氏认为：“用黄米、白米、江米、小米、菱角米、栗子、红江豆、去皮枣泥等，合水煮熟，外用染红桃仁、杏仁、瓜子、花生、榛穰、松子，及白糖、红糖、琐琐葡萄，以作点染。”

并强调：“切不可用莲子、扁豆、薏米、桂元，用则伤味……除祀先供佛外，分馈亲友，不得过午。并用红枣、桃仁等制成狮子、小儿等类，以见巧思。”[1]看来自宋代以来，腊八粥的粥料、装饰及食用方式，也多了不少讲究。

食粥延年

——传世与出土文献所见的养生食疗粥

“世人个个学长年，不悟长年在目前。我得宛丘平易法，只将食粥致神仙。”这是南宋诗人陆游的《食粥》诗，其题后注：“张文潜有食粥说，谓食粥可以延年，予窃爱之。”[2]显然，“食粥可以延年”是张文潜长期食粥的感悟，这说明粥的功能从早期果腹扩展至祭祀的同时，又成为延年益寿的常膳之品。

不仅仅是张文潜，汉唐以来特别是唐宋以后，医药典籍中多有养生与食疗粥的记载。诸如唐孙思邈《千金要方》、唐孟诜《食疗本草》、宋代官修的《太平圣惠方》、元忽思慧《饮膳正要》、明李时珍《本草纲目》和清曹庭栋《老老恒言》等等，均记载了大量养生与食疗粥方。

其中，《老老恒言》所记的100例粥方，均针对老年人养生和疗疾之需，更为重要的是多为曹氏自身经验的结晶[3]。曹氏撰写是书时

① 〔清〕富察敦崇：《燕京岁时记》，第92页。
② 〔宋〕陆游：《食粥》，载陆游著、钱仲联校注《剑南诗稿校注》，上海古籍出版社2005年版，第五册第2462页。
③ 〔清〕曹庭栋：《养生随笔》（《老老恒言》），上海书店1981年版，第99—118页。

中国国家博物馆展出的战国工史秦勺，可能是取粥或羹汤之用（贺耀春摄）

已75岁高龄，因此这100例粥方对老年人养生和食疗弥足珍贵。

食疗粥的记载更为久远，长沙马王堆汉墓出土的古医书《五十二病方》和《养生方》，分别载有青粱米粥、阿胶粥、大米粥和药粥四例食疗粥方，是迄今考古发现的中国最早的食疗粥方。

青粱米粥是按米与水1：15的比例投料煮制，最终成粥五斗。然后将粥倒入一个新陶瓮内，用三层布盖严，涂上用蚁穴土和成的泥，放到火上，直到将泥烧干。放凉后即可饮用，可治蜥蜴咬伤。据《本草纲目》记载，青粱米即“粟中有大而青黑色者是也。其谷芒多而米少，禀受金水之气。其性最凉，而宜病人”。

阿胶粥是用一斗水煮三分之一斗阿胶和米煮粥，粥成之后注意要在晚上食用。马继兴先生指出，这是一种食疗粥，阿胶和大米均有补虚益气的功效，在增强食者体质方面有一定作用。

与以上两种粥不同的是，烧石大米粥的制作颇具史前原始意味。

将拳头大的14块石头用大火烧，同时将三分之二升大米捣碎后加入八倍的水，盛在容器内，再投入烧红的石块，就这样过一会儿粥就煮成了。病人喝下去，病就会好了。

《养生方》记载的一种药粥，是治“不起者”的。所谓“不起者”，即男性阳痿性功能障碍者。但该方出土时因残破缺字较多，所用药物已不可知。马继兴先生认为，这是一种食物疗法的药粥[①]。

总之，上述四种粥的用料、制作及其功用说明，粥的食疗功效远在春秋战国时期甚至更为久远的时代就已被医家所发现，并加以规范用于疾病的治疗，从整体上反映了粥从果腹、祭祀到食疗的历史演进。

尤为引人注目的是，上述粥方，即使是《养生方》所载药粥方已难以释读，但从现存的文字来看，仍与《五十二病方》中的三例食疗粥方一样，米与水的比例、甚至石块的大小及其数量，均已精确量化，并在2000年前就已成为传抄的典籍，反映了先秦医家对寻常煮粥经验的升华，实开后世食疗粥量化投料制作工艺的先河，这在世界上也是非常了不起的自然医学贡献。

① 马继兴：《马王堆古医书考释》，第411、463、531、660—661页。

第十八章　鸳鸯奶卷

——汉唐以来乳类点心的精致化发展

牛奶、羊奶、马奶和驼奶及其制品，初为游牧民族的特色饮食品，这已广为人知。最新的科学考察研究结果显示，西藏日喀则共塘遗址出土的三块陶片发现奶类残留，经科学检测，证明3000年前青藏高原先民已食用奶制品[①]。

目前的动物考古学研究成果表明，作为畜奶主要来源的牛羊，分别起源于西亚、非洲东北部和伊朗西南部及其周边地区，并且均在距今约5600—5000年前突然出现在甘肃、青海一带，而后向东部传播，距今4500年前后进入中原地区[②]。

历经史前及夏商周农、牧地域先民活动的积淀，至汉唐以来随着长城南北文化与文明的交往、交流、交融，奶及其制品逐渐从草原进入中原宫廷与民间，并发展为饮品、点心和餐品三大类制品。

在这三大类制品中，《齐民要术》记载的奶酪、干酪（酪干）和

---

① 杜倩、尕玛多吉、石永程：《3000年前青藏高原奶制品消费证据被发现》，《光明日报》2023年2月13日第8版。

② 袁靖主编：《中国新石器时代至青铜时代生业研究》，第9—15页。

酥油等，显系牧业原生态奶制品的中原化制作品种[①]。宋元以来《嘉祐本草》《居家必用事类全集》和《本草纲目》所引《臞仙神隐》等书中所记的乳饼、乳团和乳线[②]，应是在奶酪和干酪的基础上细化制作并冠以中原化名称。

奶卷究竟始于何时

在上述乳类点心中，卷有馅心的奶卷是其中的顶级品，也是汉唐以来乳制品精致化发展的代表性品种。但关于奶卷出现的年代，目前多有因慈禧喜食而始于清末的说法。不过在慈禧太监信修明口述的《老太监的回忆》和清宫寿茶膳房档案等相关文献中，目前均未见可以支持这一说法的记载。

在目前所见的宋元明相关文献中，虽未见奶卷制作方法的明确记载，但是在明刘若愚《明宫史》中，不仅出现了乳饼、冰水酪，而且有奶皮、乳窝卷和鲍螺[③]。"乳窝卷"应即后世所言的奶皮卷、奶卷，这应是迄今所知宫廷奶卷的最早记载，说明奶卷在明代已为元宵节、四月和冬雪时节的宫廷御膳珍味。

奶卷是用牛奶、芝麻、白糖、糖桂花和山楂糕制成。奶皮的制

① 〔北魏〕贾思勰原著，缪启愉校释，缪桂龙参校：《齐民要术校释》，第315—318页。
② 〔元〕无名氏：《居家必用事类全集·庚集》，第284—285页；〔明〕李时珍：《本草纲目》，第2788—2793页。
③ 〔明〕刘若愚：《明宫史》，第84—86页。

鸳鸯奶卷（刘宝树摄自北京奶酪魏）

取一般有两种方法：一种是牛奶煮至八成熟时改为小火，待温度下降后上面即出现一层奶皮，用专门器具取出奶皮放在滤纸上冷却；另一种是牛奶煮沸至水分蒸发差不多时，舀入瓦盆内盖好凉凉，之后即可取出奶皮。

奶皮卷馅的放入也有两种方式，一种是一皮一馅一卷，一种是一皮两馅卷成相对连卷。这两种无论哪一种，所用的芝麻均须先以小火焙至金黄色，冷却后一半研碎，再和另一半掺到一起，加入白糖、糖桂花，滴入少许牛奶，拌匀即成芝麻白糖桂花馅。山楂糕也要捣成泥状为馅[①]。

不难看出，奶皮卷的关键工艺是奶皮的制取，而奶皮在奶酪、

① 北京市第二服务局编：《中国小吃（北京风味）》，第123—125页。

奶饼和奶团的制作中均曾出现，但只是在《臞仙神隐》“造乳线法”中才变为有意识的制取。该书内容不少与《居家必用事类全集》雷同，只有“造乳线法”等为《居家》所未见。撰者为明太祖朱元璋第十七子朱权，曾封宁王，看来明代宫廷御膳中出现奶皮卷绝非偶然。

如今鲜见的几种乳类点心

与奶皮卷一起出现在明宫御膳中的鲍螺，至清代亦为宫廷御膳珍品，并屡见于乾隆至光绪朝膳单档案中。追溯其源，发现南宋时鲍螺已为临安（今杭州）夜市的一味点心[①]。

那么鲍螺是什么？徐珂在《清稗类钞》中指出：“乾隆时，有以牛乳煮令百沸，点以青盐卤，使凝结成饼。佐以香杭米粥食之，绝佳。复有以蔗饧（糖）法制如螺形，甘洁异常。始于鲍氏，故名鲍螺，亦名鲍酪。”说明鲍螺是一种螺形奶制品。

但明代张岱对鲍螺来历则另有一说。他说：“余自豢一牛，夜取乳置盆盎。比晓，乳花簇起尺许。用铜铛煮之，瀹兰雪汁，乳斤和汁四瓯。百沸之，玉液珠胶，雪腴霜腻。吹风胜兰，沁入肺腑，自是天供。……而苏州过小拙和以蔗浆霜，熬之，滤之，钻之，掇之，印之，为带骨鲍螺，天下称至味。其制法秘甚，锁密房，以纸封固，

① 〔宋〕吴自牧：《梦粱录》，第109页。

清末民初北京沿街叫卖奶酪图（引自［美］萨莫尔·维克多·康斯坦著，陶立译，陶尚义绘图《京都叫卖图》，书目文献出版社1994年版，第142—143页）

虽父子不轻传之。”①

在宋元以来的奶制品中，还有数种现已鲜见但值得高度关注的品种。首先是奶饽饽，这是用做奶皮卷余下的边角料碎奶皮为主的一种奶制品。将碎奶皮放在碗内用筷子搅成稠糊，在玻璃纸上摊成约8厘米见方的奶皮，放上奶皮卷所卷的芝麻白糖桂花馅，兜起奶皮周边，然后收口朝下，隔着玻璃纸摁扁，即成乳黄色小圆饼形的奶饽饽。入口软嫩绵润，甜香爽滑。

奶棋子和水乌他是与奶饽饽同为小圆饼形的奶制品，不同的是这两种均以木模具成形。将牛奶发酵后倒入锅内，用大火烧沸时离

① 徐珂编：《清稗类钞》，第176页；〔明〕张岱：《陶庵梦忆》，上海书店1982年版，第31—32页。

火，过罗滤掉水分，加入白糖揉搓均匀，放入刻有棋子图案的木模具里，压实成形搕出，凉透即可食用。

水乌他，乌他为满语，又译作“乌塔”，清贵旗称其为软奶子饽饽①。其制作有水乌他和奶乌他之别，用冷水即为水乌他，将水换成奶则为奶乌他，据说奶乌他味稍逊于水乌他。将奶油熬至上面浮出清油，取出过罗去渣，凝结后即为黄油。再将黄油放入适量沸水中，加入白糖，待其溶化时离火，用铜勺搅匀后加入水果香精继续搅成稠糊，逐勺舀入木模里，刮平浸入凉开水中，凝固后即成水乌他。其色白如雪，冷若冰奶香浓郁②。

奶油镯子也是用奶油制作的一种点心，但其是将奶油、白糖加面粉和成硬面团，揉搓成长条，两端相捏为手镯大的圆圈，放炉中烘烤至熟。

数十年之后，刘叶秋先生对此食仍难以忘怀。刘叶秋说，此食“虽是硬面，但吃在嘴中不硬，香甜可口。据说是后门鼓楼一位很有名的师傅做的。他每年都要在荷花市场上摆摊出售，到这里逛的人，差不多都要买些奶油镯子带回家去尝尝”③。

与奶油镯子用料相近但形状不同的是奶油烘饼。这是一种用奶油加入发酵乳品、白糖、面粉和成硬面团做成的小烧饼，因为是现

① 中国人民政治协商会议全国委员会文史资料研究委员会编：《晚清宫廷生活见闻》，第344页。

② 北京市第二服务局编：《中国小吃（北京风味）》，第127页。

③ 刘叶秋：《京华琐话》，载《回忆旧北京》，北京燕山出版社1996年版，第31页。

做现烤现卖，所以每当奶油烘饼出炉时满街都能闻到扑鼻的奶香和饼香。

20世纪80年代，金云臻先生在《燕居梦忆》中写道：“我十四五岁时，它已难得一做。偶然一做，常被捷足者先得。我大约吃过三四次，每食都为它那质朴而甜美的奶香所吸引，甚至大饽饽铺的奶油细点都比不上它。”①

令金云臻如此难忘的奶油烘饼，在北京应该是远有所承。元代饮膳太医忽思慧在《饮膳正要》中记载了“牛奶子烧饼”，其用料和制法是：“白面五斤，牛奶子二斤，酥油一斤，茴香一两微炒。上件用盐、减（碱）少许，同和面，作烧饼。”②两相对照，奶油烘饼显然是元大都宫廷牛奶子烧饼流传民间后的遗响。

上述奶类点心所用均为牛奶及其衍生品，而陕西榆林传统的炸奶链则以羊奶为主制作。鲜羊奶加白糖煮沸，倒入鲜羊奶加鸡蛋清、绿豆淀粉和水搅成的奶浆，煮成稠糊时舀入瓷盘内。冷却后将糊饼翻扣在撒了干淀粉的案上，再撒上一层干淀粉，逐刀切菱形块，拍匀干淀粉，投入八成热的猪油中炸至金黄色捞出，放入盘内撒白糖即成③。

榆林靖边一带古为“朔方”“上郡”，秦汉以来一直为中原与塞

① 金云臻：《燕居梦忆》，载《回忆旧北京》，北京燕山出版社1996年版，第115—116页。

② 〔元〕忽思慧：《饮膳正要》，第24页。

③ 王文福主编：《中国名特小吃辞典》，第307页。

外交流交往之地。明洪武六年（1373），太祖朱元璋下令设“靖边卫”，一个世纪后榆林又置“榆林卫”。靖边海则滩湿地水草丰茂牛羊成群，为炸奶链所需羊奶提供了大量奶源。而炸奶链的制作工艺，又明显与朱元璋第十七子朱权《臞仙神隐》所载炸乳线具有渊源关系。其贵族式的用料及其制作方式，当为由明清朝廷派驻榆林官员府厨所授而流传至今。

不断出新的北京奶酪魏

汉唐以来，随着宫廷乳制品工艺流传民间和乳制品在中原广大地区的普及，都市中出现了专以制售乳制品为业的名家。这些名家为保持市场优势，制作工艺多为家族世代相传。比如北宋时东京汴梁（今河南开封）的“乳酪张家”[①]，就是当时口碑甚佳的一家乳酪名店。

“闲向街头啖一瓯，琼浆满饮润枯喉。觉来下咽如脂滑，寒沁心脾爽似秋。”[②]这是清道光年间杨静亭所作《都门杂咏》中的一首竹枝词。杨氏为潞河（今北京通州）人，其赴陕西榆林官署任职后，仍不时想起京城各色食品，其中就有他歌咏的这家前门荷包巷奶酪铺的夏日奶酪。

① 〔宋〕孟元老撰，邓之诚注：《东京梦华录注》，第72页。
② 〔清〕杨静亭：《都门杂咏》，载《清代北京竹枝词》，第80页。

北京奶酪魏牌匾
（刘宝树摄）

清代外销画中的北京挑担沿街卖酪图（原图现藏法国国家图书馆，图片引自书格）

宫廷奶酪（刘宝树摄自北京奶酪魏）

据金云臻《燕居梦忆》所记，清末时，北京大街小巷到处都有奶茶铺，门面一般都不大，多为一间客座一间作坊，并有自养奶牛。至20世纪20年代末，奶茶铺减少，东西城仅剩下“二和顺”、“二和义”和“香蕾轩”等几家。其中有两家，一家在东安市场，一家在前门外门框胡同。金云臻认为，这两家的奶酪等乳制品“基本上保持产品特点，没有走样”。

金云臻提到的前门外门框胡同的这家奶酪铺，也使梁实秋先生念念不忘。梁先生指出，北平的酪铺，“最有名的一家是在前门外框儿胡同北头儿路西，我记不得他的字号了。……他家的酪，牛奶醇而新鲜，所以味道与众不同，大碗带果的尤佳，酪里面有瓜子仁儿，于喝咽之外有点东西咀嚼，别有风味。每途经其地，或是散戏出来，必定喝他两碗”[1]。

金云臻和梁实秋提到的这家奶酪铺，就是如今尚存的中华老字号北京“奶酪魏”。自清光绪十四年（1888）创办，中间虽曾歇业，但乘改革开放的春风，魏氏家族已坚守传承四世。1992年11月，田纪云副总理来到奶酪魏门店。田副总理不仅肯定了第三代传人所做的奶酪，还语重心长地说：“小吃是中国的饮食文化，不能失传啊！”[2] 2015年，政府相关部门向奶酪魏颁发了“北京市西城区非物质文化遗产”荣誉证书。

一个多世纪以来，奶酪魏之所以能够传承至今，首先是以真材实料精工细作赢得回头客。溥仪、溥杰、鲁迅、老舍、胡絜青、马连良和谢添等各界名人，都是光顾奶酪魏的常客。

溥杰先生住医院期间，一位在美国定居的朋友前来探望，溥老说特想喝奶酪魏的奶酪，他家的味道正宗。这位朋友也买了一份，边喝边赞不绝口。后来他专程登门拜访第三代传人魏广禄，邀请奶酪魏到美国设店，但被婉言谢绝了。他回到美国后，在洛杉矶一家报纸上刊发了半个版的文章盛赞奶酪魏。

其次是能主动随时代美食潮流不断推出新品。椰蓉奶糕、红豆双皮奶、乳香玉兔、杏仁豆腐、炒红果和果子干等，均是近年新上的品种。其中，杏仁豆腐和果子干还是老北京特殊风味时品，溥杰

① 梁实秋：《梁实秋散文》，中国广播电视出版社1989年版，第410—411页。
② 李其功：《边吃边聊》，世界知识出版社2007年版，第177—185页。

酪干（刘宝树摄自北京奶酪魏）

椰蓉奶糕（刘宝树摄自北京奶酪魏）

红豆双皮奶（刘宝树摄自北京奶酪魏）

乳香玉兔（刘宝树摄自北京奶酪魏）

炒红果（刘宝树摄自北京奶酪魏）

夫人爱新觉罗·浩在《食在宫廷》一书中，专门介绍了这两种既是清宫又是老北京民间的小食。

最后，历史上牛乳羊乳及其制品的名称也有两点需要说明。在古代文献中，从《齐民要术》至清宫御膳房档案中，牛奶多写作“牛乳”，奶皮、奶卷多写作“乳皮”“乳卷”，而在民间则多将“乳”称为“奶”或二者混用，表现出明显的书面语与口述语共存现象。

同时，在元代和清代的文献中，还出现了蒙古语和满语汉译名称。《饮膳正要》等书中所记的“马思哥油”，系指白酥油，为蒙古语汉译。“孙尼额芬”和“论温额芬”，即奶子饽饽和甜奶子饽饽，为满语汉译。这种语言现象的出现，反映了古代中华民族文化的交流与交融。